数控加工工艺与编程

第 2 版

主　编　朱秀荣　田　梅
副主编　王桂萍　张　鑫
参　编　谷占斌　刘　锋　胡　虹
主　审　于济群

机械工业出版社

本书根据应用型本科院校机械相关专业对学生的培养目标和企业需求，结合国家职业技能标准对数控车工、数控铣工和加工中心操作工的理论知识和技能要求编写。全书以FANUC数控系统加工工艺与编程为主线展开叙述，内容由浅入深、循序渐进，采用“理实一体化”的教学模式。全书共分为五章，主要内容包括：数控机床基础知识、数控机床编程基础与加工工艺、FANUC系统数控车床编程、FANUC系统数控铣床与加工中心编程、FANUC系统宏程序编程等。本书为配套齐全的新形态教材，扫描书中的二维码即可观看相关的微课视频。

本书可作为应用型本科院校、职业本科院校机械设计制造及其自动化和机械电子工程等专业的教材，也可作为职业院校数控专业的教材，还可供相关工程技术人员参考。

图书在版编目（CIP）数据

数控加工工艺与编程/朱秀荣，田梅主编．—2版．—北京：机械工业出版社，2024.2（2025.3重印）

ISBN 978-7-111-75202-8

Ⅰ.①数…　Ⅱ.①朱…②田…　Ⅲ.①数控机床－加工－教材②数控机床－程序设计－教材　Ⅳ.①TG659

中国国家版本馆CIP数据核字（2024）第043458号

机械工业出版社（北京市百万庄大街22号　邮政编码100037）
策划编辑：王晓洁　　责任编辑：王晓洁　关晓飞
责任校对：樊钟英　　封面设计：马若濛
责任印制：张　博
天津嘉恒印务有限公司印刷
2025年3月第2版第3次印刷
184mm×260mm·10.75印张·261千字
标准书号：ISBN 978-7-111-75202-8
定价：42.00元

电话服务　　网络服务
客服电话：010-88361066　　机　工　官　网：www.cmpbook.com
010-88379833　　机　工　官　博：weibo.com/cmp1952
010-68326294　　金　书　网：www.golden-book.com
封底无防伪标均为盗版　　机工教育服务网：www.cmpedu.com

前　言

本书秉承“以职业技能标准为依据，以企业需求为导向，以提高职业能力为核心”的理念，深入贯彻党的二十大关于实施人才强国战略，为培养造就大批德才兼备的高素质人才，根据国家职业技能标准对数控车工、数控铣工和加工中心操作工的理论知识和技能要求，结合应用型本科院校机械设计制造及其自动化、机械电子工程等专业对学生的培养目标和企业需求编写。本书具有以下特色：

1）编写中注重由浅入深、由易到难、循序渐进，以工学结合的人才培养模式实践为基础，遵循认知规律与能力形成规律设计教学体系，理论教学与实践教学相融合，采用“理实一体化”的教学模式。

2）注重教材的基础性、实用性和科学性，突出实践的重要性，紧密联系生产实际，编写中吸取“校企合作”的经验成果，企业一线技术人员参与编写。

3）本书为配套齐全的新形态教材，不仅在每章后面增加了拓展阅读，同时重点内容配套了多个微课视频，扫描书上的二维码即可观看。

4）与国家职业技能标准相互衔接，针对性强，适合于职业技能培训和企业需求，体现以职业能力为根本，以应用为核心，以“必需、够用”为原则。注重培养学生数控编程能力与加工能力，培养适应市场需求的高素质应用型人才。为培养造就卓越工程师、大国工匠、高技能人才奠定基础。

5）本书采用 FANUC 系统编程，为简化 FANUC 系统编程，设置系统默认单位为 mm，把机床参数 3401 的#0 设成“1”，使用整数编程。

本书由吉林工程技术师范学院朱秀荣、田梅任主编，吉林工程技术师范学院王桂萍、长春职业技术学院张鑫任副主编，吉林工程技术师范学院谷占斌、刘锋、胡虹参与编写。具体负责编写章节如下：王桂萍编写了第 1 章及思考与练习、第 3 章第 5 节、第 4 章第 4 节，张鑫编写了第 2 章、第 5 章及思考与练习，朱秀荣编写了第 3 章的第 1、2、3、4、6 节及思考与练习，田梅编写了第 4 章的第 1～3 节和第 5～8 节，谷占斌编写了第 4 章第 9 节，胡虹编写第 2 章的思考与练习，刘锋编写了第 4 章的思考与练习。全书由朱秀荣统稿和定稿，由长春职业技术学院于济群主审。

在本书编写过程中，参考了许多文献资料，在此谨向这些文献资料的作者和编写单位表示衷心感谢。编写过程中得到了吉林工程技术师范学院、长春市睿思数控科技有限公司的大力支持与帮助，在此深表谢意。

由于时间仓促，编者水平有限，书中难免存在缺点、错误，恳请使用本书的广大师生与读者批评指正。

编　者

二维码清单

名称	图形	名称	图形
数控机床的分类		固定形状粗车复合循环指令G73编程	
机床与数控技术		数控铣床与加工中心概述	
数控机床坐标系的建立		数控铣床与加工中心的对刀	
数控加工的工艺设计		数控铣床与加工中心镜像加工	
内外径粗车复合循环指令G71编程		数控铣床与加工中心钻孔循环指令	
端面粗车复合循环指令G72编程			

目　　录

前言
二维码清单
第 1 章　数控机床基础知识 …… 1
1.1　概述 …… 1
1.2　数控机床的分类 …… 2
1.3　常用数控机床与刀具 …… 5
1.3.1　数控车床与刀具 …… 5
1.3.2　数控铣床和加工中心与刀具 …… 7
1.4　数控加工技术的产生与发展 …… 11
1.4.1　数控机床的产生 …… 11
1.4.2　数控技术现状 …… 11
1.4.3　数控技术的发展 …… 13
拓展阅读 …… 17
思考与练习 …… 17
第 2 章　数控机床编程基础与加工工艺 …… 18
2.1　概述 …… 18
2.1.1　数控编程的概念 …… 18
2.1.2　数控编程的内容与步骤 …… 18
2.1.3　数控编程的方法 …… 19
2.2　数控机床的坐标系 …… 20
2.2.1　坐标系建立的原则 …… 21
2.2.2　坐标系的确定 …… 21
2.2.3　机床坐标系、机床原点、机床参考点 …… 22
2.2.4　工件坐标系、工件原点 …… 23
2.2.5　绝对坐标与相对坐标 …… 24
2.3　数控加工程序结构与格式 …… 24
2.3.1　程序的结构 …… 25
2.3.2　程序段格式 …… 25
2.4　数控加工工艺设计 …… 27
2.4.1　工艺分析与设计 …… 27
2.4.2　切削用量的选择 …… 32
2.4.3　工艺文件的编制 …… 33
2.5　数控编程中的数值计算 …… 34
2.5.1　基点的坐标计算 …… 34
2.5.2　节点的坐标计算 …… 35
拓展阅读 …… 36
思考与练习 …… 36

第 3 章 FANUC 系统数控车床编程 …… 37
3.1 FANUC 系统数控车床编程基础 …… 37
3.1.1 数控车床编程特点 …… 37
3.1.2 数控车床的坐标系 …… 37
3.2 数控车床常用功能指令 …… 38
3.2.1 准备功能 G 代码与辅助功能 M 代码 …… 38
3.2.2 数控车床刀具补偿功能 …… 40
3.2.3 坐标系设定 G50 与 G54 ~ G59 …… 44
3.2.4 基本指令 G00、G01 …… 45
3.2.5 圆弧插补 G02、G03 …… 47
3.3 单一固定循环指令 …… 51
3.3.1 内外径车削单一固定循环 G90 …… 51
3.3.2 端面车削单一固定循环 G94 …… 53
3.4 FANUC 系统数控车削复合循环指令 …… 55
3.4.1 精加工循环 G70 …… 55
3.4.2 内外径粗车复合循环 G71 …… 55
3.4.3 端面粗车复合循环 G72 …… 61
3.4.4 固定形状粗车复合循环 G73 …… 65
3.4.5 深孔钻循环 G74 …… 69
3.4.6 槽切削复合循环 G75 …… 71
3.5 螺纹切削指令 …… 73
3.5.1 螺纹切削单行程 G32 …… 73
3.5.2 螺纹切削单一固定循环 G92 …… 76
3.5.3 螺纹切削复合循环 G76 …… 79
3.5.4 双线螺纹与内螺纹 G76 …… 82
3.6 FANUC 数控车削编程综合实例 …… 84
3.6.1 综合实例一 …… 84
3.6.2 综合实例二 …… 87
拓展阅读 …… 91
思考与练习 …… 92
第 4 章 FANUC 系统数控铣床与加工中心编程 …… 96
4.1 数控铣床与加工中心概述 …… 96
4.1.1 数控铣床与加工中心编程基础 …… 96
4.1.2 常用铣削刀具 …… 97
4.1.3 平面铣削方式 …… 99
4.2 数控铣床与加工中心的对刀 …… 100
4.2.1 对刀的原理与目的 …… 100
4.2.2 对刀的方法 …… 101
4.3 数控铣床与加工中心常用指令 …… 103
4.3.1 准备功能 G …… 103
4.3.2 坐标系选择 G54 ~ G59 与 G92 …… 105
4.3.3 运动控制 G00 ~ G03 …… 106
4.3.4 刀具补偿 …… 108

4.3.5　单位设定与位置设定…… 112
4.3.6　辅助功能 M …… 114
4.4　子程序的指令…… 114
4.4.1　子程序的格式…… 114
4.4.2　子程序的应用…… 115
4.5　图形变换功能指令…… 116
4.5.1　镜像功能 G51.1、G50.1 …… 116
4.5.2　缩放功能 G51、G50 …… 118
4.5.3　旋转功能 G68、G69 …… 119
4.6　孔加工固定循环指令…… 121
4.6.1　孔加工动作和编程格式…… 121
4.6.2　钻孔循环 G81、G82 …… 123
4.6.3　深孔钻固定循环 G73、G83 …… 124
4.6.4　攻螺纹固定循环 G84、G74 …… 126
4.6.5　镗孔固定循环 G85 ~ G89 与取消钻孔循环 G80 …… 128
4.7　数控铣床与加工中心编程实例…… 129
4.7.1　钻孔循环编程实例…… 129
4.7.2　加工外轮廓工件编程实例…… 131
4.7.3　刀具半径补偿指令编程实例…… 132
4.8　数控铣床与加工中心综合实例…… 135
4.8.1　综合实例一（初级工样题） …… 135
4.8.2　综合实例二（中级工样题） …… 137
4.9　数控铣床与加工中心自动编程…… 140
4.9.1　典型 CAD/CAM 软件介绍 …… 140
4.9.2　图形交互自动编程…… 141
4.9.3　自动编程实例…… 142
拓展阅读 …… 144
思考与练习 …… 144
第 5 章　FANUC 系统宏程序编程 …… 146
5.1　宏程序概述…… 146
5.2　变量…… 147
5.3　宏程序函数…… 148
5.4　FANUC 数控加工系统的转移和循环功能 …… 149
5.5　数控车床宏程序编程实例…… 150
5.5.1　车削抛物线的宏程序设计…… 150
5.5.2　车削双曲线的宏程序设计…… 151
5.5.3　车削椭圆的宏程序设计…… 151
5.6　数控铣床与加工中心宏程序编程实例…… 153
5.6.1　椭圆的宏程序设计…… 153
5.6.2　半球（凸凹球）宏程序设计 …… 155
5.6.3　数控铣床（加工中心）铣削宏程序设计 …… 157
拓展阅读 …… 159
思考与练习 …… 160
参考文献 …… 162

第1章 数控机床基础知识

1.1 概述

1. 数控机床的概念

数控即数字控制（Numerical Control，NC），数控技术是指用数字化信息发出指令并实现自动控制的技术。计算机数控（Computer Numerical Control，CNC）是指用计算机实现部分或全部数控功能。采用数控技术的自动控制系统称为数控系统，采用计算机数控技术的自动控制系统称为计算机数控系统，其被控对象可以是生产过程或设备，如果被控对象是机床，则称为数控机床。

2. 数控机床的特点

1）具有柔性化和灵活性，当改变加工工件时，只要改变数控程序即可，所以适合于产品更新换代快的要求。

2）可以采用较高的切削速度和进给速度（或进给量）。

3）加工精度高，质量稳定。数控机床本身精度高，此外还可以利用参数的修改进行精度校正和补偿。

3. 数控机床的组成

（1）程序及程序载体　数控程序由数控机床自动加工工件的工作指令组成，包含切削过程中所必需的机械运动、工件轮廓尺寸、工艺参数等加工信息。编制程序的工作可以手工编制，也可以用数控机床以外的计算机自动编程系统来完成。对于几何形状比较简单的工件，由于程序段不多，可以采用手工编程；对于几何形状比较复杂的空间曲面工件，由于手工编程烦琐而费时且易出错，可采用自动编程的方法。

（2）输入装置　输入装置的作用是将程序载体上的数控代码信息转换成相应的电脉冲信号并传送至数控装置的存储器。根据程序控制介质的不同，输入装置可以是光电阅读机、录放机或磁盘驱动器。最早通过光电阅读机读取穿孔纸带，之后大量使用磁带机和磁盘驱动器。有些数控机床不使用任何程序存储载体，而是将程序清单的内容通过数控装置上的键盘，用手工的方式输入。也可以用通信方式将数控程序由编程计算机直接传送至数控装置。

（3）数控装置　数控装置是数控机床的核心，包括微型计算机、各种接口电路、显示器等硬件及相应的软件。它能完成信息的输入、存储、变换、插补运算以及各种控制功能。

数控装置接收输入装置送来的脉冲信号，经过编译、运算和逻辑处理后，输出各种信号和指令来控制机床的各个部分，并按程序要求实现规定的、有序的动作。这些控制信号是：各坐标轴的进给位移量、进给方向和速度的指令信号；主运动部件的变速、换向和起停指令信号；选择和交换刀具的刀具指令信号；控制冷却、润滑的起停，工件和机床部件松开、夹紧，分度工作台转位等辅助信号等。

数控装置具备的功能有：①多轴控制；②实现多种函数的插补；③信息转换功能，如英制/米制转换、坐标转换、绝对值/增量值转换；④补偿功能，如刀具半径补偿、长度补偿、传动间隙补偿、螺距误差补偿等；⑤多种加工方式选择，如可以实现各种加工循环、重复加工；⑥具有故障自诊断功能；⑦通信和联网功能等。

（4）强电控制装置　强电控制装置是介于数控装置和机床机械、液压部件之间的控制系统。其主要作用是接收数控装置输出的主轴变速、换向、起动或停止，刀具的选择和更换，分度工作台的转位和锁紧，工件的夹紧或松开，切削液的开或关等辅助操作的信号，经必要的编译、逻辑判断、功率放大后直接驱动相应的执行元件（如电器元件、液压元件、气动元件和机械部件等），以完成指令所规定的动作，从而实现数控机床在加工过程中的全部自动操作。

（5）伺服控制装置　伺服控制装置主要完成机床的运动及运动控制（包括进给运动、主轴运动、位置控制等），它由伺服驱动电路和伺服驱动电动机组成，并与机床上的执行部件和机械传动部件组成数控机床的进给系统。它接收来自数控装置的位置控制信息，并将其转换成相应坐标轴的进给运动和精确的定位运动，驱动机床执行机构运动。由于其是数控机床的最后控制环节，它的性能将直接影响数控机床的生产效率、加工精度和表面加工质量。

（6）机床的机械部件　与传统的普通机床相比，数控机床机械部件有如下特点：

1）采用了高性能的主轴及进给伺服驱动装置，机械传动结构得到简化，传动链较短。

2）机械结构具有较高的动态特性、动态刚度、阻尼刚度、耐磨性以及抗热变形性能。

3）较多地采用高效传动件，如滚珠丝杠螺母副、直线滚动导轨等。

4）主传动系统及主轴部件。主传动电动机已逐步被变频主轴电动机和交流调速电动机所代替，不再使用普通的交流异步电动机或传统的直流调速电动机。

5）进给系统。由于进给系统传动精度、灵敏性和稳定性将直接影响被加工工件的最后坐标精度和轮廓精度，因此，为减少摩擦阻力，进给系统普遍采用滚珠丝杠螺母副和滚动导轨。

6）数控回转工作台。数控回转工作台通常用来实现数控机床的圆周进给运动，除了用来进行各种圆弧加工或与直线进给联动进行曲面加工外，还可以实现精确的分度。

7）刀具及自动换刀系统。对于加工中心类的数控机床，还有存放刀具的刀库、自动刀具交换装置、自动交换工作台等部件。由于数控机床是按预先编制的程序自动进行加工的，因而数控机床所用刀具的标准化、系列化，以及编程前刀具的选用和加工前刀具的预调等都很重要。此外，自动换刀系统还应满足换刀时间短、刀具重复定位精度高、足够的刀具储存量、刀库占地面积小以及安全可靠等要求。

1.2　数控机床的分类

数控机床的分类

1. 按工艺方式分类

（1）金属切削类数控机床　这类数控机床包括数控车床、数控铣床、数控镗床、数控磨床、数控钻床、数控齿轮加工机床、加工中心等。尽管这些机床在加工工艺方面存在很大差异，具体的控制方法也各不相同，但它们都适合于单件、小批量和多品种的工件加工，具有很高的生产率和自动化程度。

（2）金属成形类数控机床　这类数控机床包括数控折弯机、数控弯管机、数控压力机等。

（3）数控特种加工及其他类型机床　这类数控机床包括数控电火花线切割机床、数控火焰切割机、数控三坐标测量机、数控电火花成形机床等。

2. 按伺服控制方式分类

按伺服控制方式分，最常用的数控机床可分为以下三类：

（1）开环数控机床　这类数控机床采用开环进给伺服系统，其数控装置发出的指令信号是单向的，没有检测反馈装置对运动部件的实际位移量进行检测，不能进行运动误差校正，因此步进电动机的步距角误差、齿轮和丝杠组成的传动链误差都将直接影响加工工件的精度。

这类机床通常为经济型、中小型数控机床，具有结构简单、价格低廉、调试方便等优点，但通常输出的转矩值大小受到限制，而且当输入的频率较高时，容易产生失步，难以实现运动部件的控制，因此已不能完全满足数控机床提高功率、运动速度和加工精度的要求。图1-1为开环控制的系统框图。

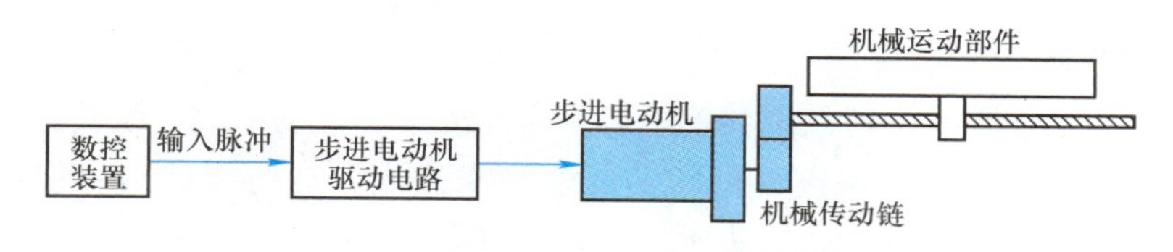

图1-1　开环控制的系统框图

（2）闭环数控机床　这类数控机床的位置检测装置安装在进给系统末端的执行部件上，该位置检测装置可实测进给系统的位移量或位置。数控装置将位移指令与进给系统端测得的实际位置反馈信号进行比较，根据其差值不断控制运动，使运动部件严格按照实际需要的位移量运动。还可利用测速元器件随时测得驱动电动机的转速，数控装置将速度反馈信号与速度指令信号相比较，对驱动电动机的转速随时进行修正。这类数控机床的运动精度主要取决于检测装置的精度，与机械传动链的误差无关，因此可以消除由于传动部件制造过程中存在的精度误差给工件加工带来的影响。图1-2为闭环控制的系统框图。

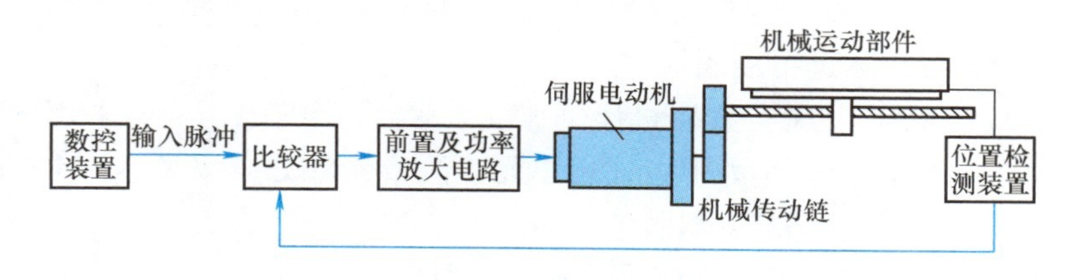

图1-2　闭环控制的系统框图

相比开环数控机床，闭环数控机床的精度更高，速度更快，驱动功率更大。但是，这类机床价格昂贵，对机床结构及传动链依然提出了严格的要求。闭环数控机床传动链的刚度、间隙，导轨的低速运动特性，机床结构的抗振性等因素都会增加系统调试困难，闭环系统设计和调整得不好，很容易造成系统的不稳定。所以，闭环控制数控机床主要用于一些精度要求很高的镗铣床、超精车床、超精磨床等。

（3）半闭环数控机床　这类机床的检测元件装在驱动电动机轴上或传动丝杠的端部，

可间接测量执行部件的实际位置或位移。这种系统的闭环环路内不包括机械传动环节，控制系统的调试十分方便，因此可以获得稳定的控制特性。由于采用高分辨率的测量元件，如脉冲编码器，因此可以获得比较满意的精度与速度。半闭环数控机床可以获得比开环系统更高的加工精度，但由于机械传动链的误差无法得到消除或校正，因此它的位移精度比闭环系统低。大多数数控机床采用半闭环控制系统。图1-3为半闭环控制的系统框图。

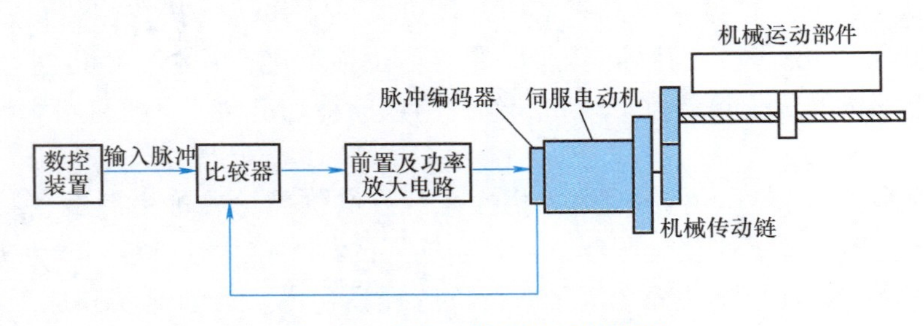

图1-3　半闭环控制的系统框图

3. 按控制系统功能水平分

按控制系统的功能水平，可以把数控机床分为经济型、普及型、高级型三类，分类标准主要由技术参数、功能指标、关键部件的功能水平来决定，这些指标具体包括CPU性能、分辨率、进给速度、伺服性能、通信功能、联动轴数等。

（1）经济型数控机床　这类数控机床通常为低档数控机床，一般采用8位CPU或单片机控制，测量元件的分辨率为10μm，进给速度为6~15m/min，采用步进电动机驱动，具有RS232接口。经济型数控机床最多联动轴数为2轴或3轴，具有简单阴极射线管字符显示或数码管显示功能，无通信功能。

（2）普及型数控机床　这类数控机床通常为中档数控机床，一般采用16位或更高性能的CPU，测量元件的分辨率在1μm以内，进给速度为15~24m/min，采用交流或直流伺服电动机驱动；联动轴数为3~5轴；有较齐全的阴极射线显像管（CRT）显示及很好的人机界面，大量采用菜单操作，不仅有字符，还有平面线性图形显示功能，人机对话、自诊断等功能；具有RS232或DNC接口，通过DNC接口，可以实现几台数控机床之间的数据通信，也可以直接对几台数控机床进行控制。

（3）高级型数控机床　这类数控机床通常为高档数控机床，一般采用32位或64位CPU，并采用精简指令集RISC作为中央处理单元，测量元件分辨率可达0.1μm，进给速度为15~100m/min，采用数字化交流伺服电动机驱动，联动轴数在5轴以上，有三维动态图形显示功能。高档数控机床具有高性能通信接口，具备联网功能，通过采用MAP（制造自动化协议）等高级工业控制网络或Ethernet（以太网），可实现远程故障诊断和维修，为解决不同类型不同厂家生产的数控机床的联网和数控机床进入FMS（柔性制造系统）及CIMS（计算机集成制造系统）等制造系统创造了条件。

4. 按机械加工运动轨迹方式分类

（1）点位控制数控机床（孔加工）　点位控制数控机床要求点在空间的位置准确，而不控制点到点之间的路径轨迹和精度。由于不控制运动轨迹，因此各坐标轴之间的运动是不相关的，在移动过程中不对工件进行加工。这类数控机床主要有数控钻床、数控坐标镗床、数控压力机等，如图1-4所示。

（2）直线控制数控机床（CNC车床）　所谓直线控制就是不仅要保证点的位置精度，而且要保证点与点之间进行直线切削，因此对移动速度也要进行控制，也称点位直线控制。在数控镗铣床上使用这种控制方法，可以在一次装夹箱式工件加工中对其平面和台阶完成铣削，然后再进行钻孔、镗孔加工，这样可以大大提高生产率。这类数控机床主要有比较简单的数控车床、数控铣床、数控磨床等，如图1-5所示。

（3）轮廓控制数控机床（斜线、曲面、曲线）　轮廓控制的特点是能够对两个或两个以上的运动坐标的位移和速度同时进行连续控制，它不仅要控制机床移动部件的起点与终点坐标，而且要控制整个加工过程中每一点的速度、方向和位移量，也称为连续控制数控机床。这类数控机床主要有数控车床、数控铣床、数控线切割机床、加工中心等，如图1-6所示。

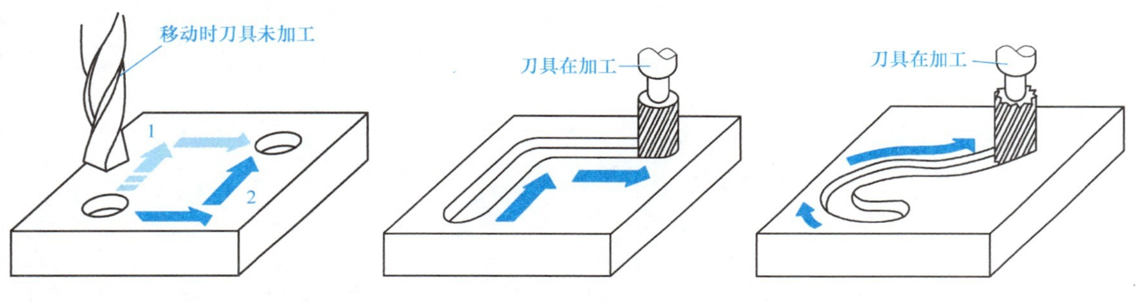

图1-4　点位控制加工示意图　　图1-5　直线控制加工示意图　　图1-6　轮廓控制加工示意图

5. 按联动轴分类

按照联动轴数的不同，可以将数控机床分为2轴联动控制数控机床、2.5轴联动控制数控机床、3轴联动控制数控机床、4轴联动控制数控机床等。

1.3　常用数控机床与刀具

1.3.1　数控车床与刀具

数控车床主要用于加工轴类和回转体工件，能自动完成内外圆柱面、圆弧面、端面、螺纹等工序的切削加工，适合于加工形状复杂、精度要求高的轴类或盘类工件。数控车床具有加工灵活、通用性强、能适应产品的品种和规格频繁变化的特点，能满足新产品的开发和多品种、小批量、生产自动化的要求。图1-7所示为沈阳机床股份有限公司生产的CKH6116型数控车床，该数控车床主轴转速为500～4000r/min，加工尺寸公差等级为IT6～IT7。

图1-7　CKH6116型数控车床

1. 数控车床的分类

（1）按主轴配置形式分　按主轴配置形式可

将数控车床分为卧式和立式数控车床两大类，其中卧式数控车床有水平导轨和斜置导轨两种形式。

（2）按刀架数量分　按刀架数量可将数控车床分为单刀架和双刀架数控车床两类。单刀架数控车床多采用水平导轨，两坐标控制；双刀架数控车床多采用斜置导轨，四坐标控制。

（3）按数控车床控制系统和机械结构的档次分　按数控车床控制系统和机械结构的档次可将数控车床分为经济型数控车床、全功能数控车床和车削中心。车削中心是在数控车床基础上发展起来的一种复合加工机床，可以在一次装夹后完成回转体工件的所有加工工序，包括车削内外表面、铣平面、铣槽、钻孔和攻螺纹等工序。车削中心除具有一般2轴联动数控车床的所有功能之外，其转塔刀架上装有能使刀具旋转的动力刀座，主轴具有可按轮廓成形要求连续回转运动和进行精确分度的 C 轴功能，该轴能与 X 轴或 Z 轴联动。有的车削中心还具有 Y 轴，与 X、Z 轴交叉构成三维空间，可进行端面和圆周上任意部位的钻削、铣削和螺纹加工等。

2. 数控车床的特点

数控车床与普通车床相比，具有如下特点：

1）能完成复杂型面轴类、套类、盘类的工件加工。

2）可以提高工件加工精度，稳定产品质量。由于数控车床是按照预定的程序自动加工，加工过程不需要人工干预，而且加工精度还可以利用软件来进行校正和修补，因此可以获得比机床本身精度还要高的加工精度及重复精度。

3）可以提高生产效率。一般一台数控车床比一台普通车床的生产效率高2~3倍。

4）大大减轻了工人的劳动强度，特别是在加工螺纹时。

5）减少了在制品数，从而加速了流动资金的周转，提高了经济效益。

3. 数控车床的组成

（1）机械部分　机械部分是整个机床的基础，数控车床主要由如下部件组成：床身、主轴箱、进给装置、刀架、尾座、卡盘、安全防护、托架、其他辅助装置等。

（2）电气部分　数控车床的电气部分由以下几部分组成：计算机数字控制（CNC）设备、可编程逻辑控制器（PLC）、进给驱动装置、主轴驱动装置、外围执行机构控制元件等。

（3）液压部分　一台完整的数控车床，液压部分是必不可少的，它主要用于主轴变速、换刀、夹紧或松开工件等。液压部分由动力元件、执行元件、控制元件和辅助元件组成。

数控车床除了上述三大部分外还有为了保证机床能正常进行加工的冷却系统，为保证机床机械系统正常运转的润滑系统以及排屑系统等。

4. 数控车床的刀具

（1）数控车床对刀具的要求　在数控车床或车削加工中心上车削工件时，应根据机床的刀架结构和可以安装刀具的数量，合理、科学地安排刀具在刀架上的位置，并注意避免刀具在静止和工作时，与机床、与工件以及与其他刀具之间的干涉。

在选择数控车床加工刀具时，应考虑以下问题：

1）数控刀具的类型、规格及尺寸公差等级能够满足数控车床加工要求。

2）可靠性高。要求刀具及附件必须具有很高的可靠性和较强的适应性。

3）精度高。为了适应数控车床加工精度高和自动换刀等要求，要求刀具必须有较高的精度。

4）寿命高。数控车床加工刀具，应尽量减少更换或修磨及对刀次数，从而提高数控车床加工效率，保证工件的加工质量。

5）断屑与排屑性能好。数控车床加工中，切屑易缠绕在工件和刀具上，会划伤工件已加工表面和损坏刀具，甚至会损坏设备和造成伤人等事故，影响数控车床的正常运行，所以要求刀具要有较好的断屑与排屑性能。

（2）数控车床刀具的类型

1）按刀具切削部分材料分类：高速钢刀具，硬质合金刀具，陶瓷刀具，立方氮化硼、金刚石和涂层刀具等。

2）按刀具结构形式分类：整体式和镶嵌式。

3）按刀具的切削用途分类：中心钻，外圆左偏粗车刀，外圆右偏粗车刀，外圆左偏精车刀，麻花钻，外圆车槽刀，外圆螺纹车刀，*Z* 向铣刀，45°端面刀，*X* 向铣刀，粗、精镗孔刀，如图 1-8 所示。

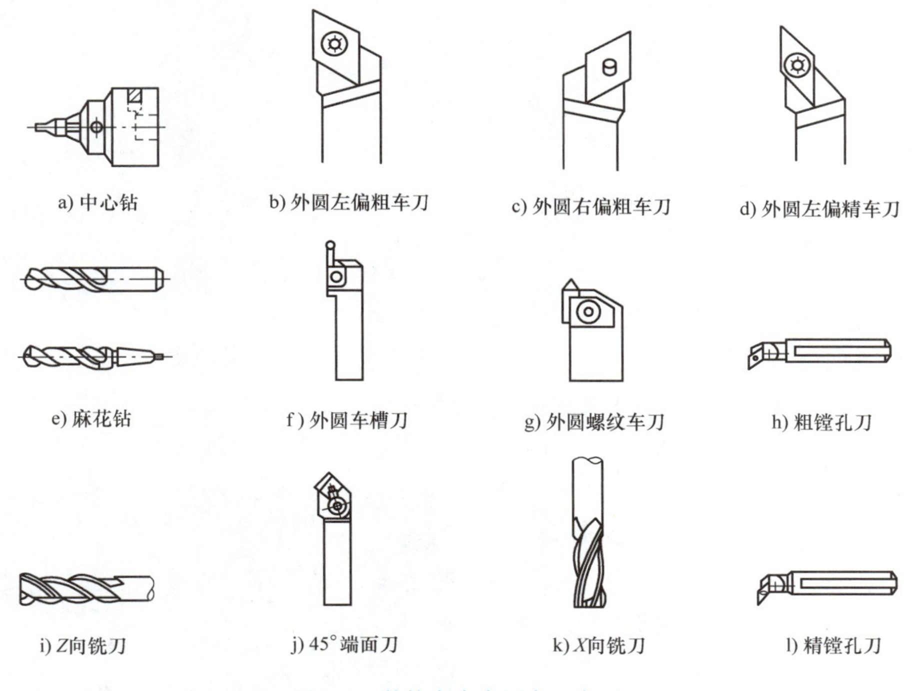

图 1-8　数控车床常用车刀类型

1.3.2　数控铣床和加工中心与刀具

数控铣床是在一般铣床的基础上发展起来的，两者的加工工艺基本相同，结构也有些相似。数控铣床又分为不带刀库数控铣床和带刀库数控铣床两大类，其中带刀库的数控铣床又称为加工中心。

数控铣床和加工中心都能够进行铣削、钻削、镗削及攻螺纹等加工，它们在结构、工艺和编程等方面有许多相似之处。

1. 全功能数控铣床与加工中心的区别

其区别主要在于数控铣床没有自动换刀装置，只能手动换刀，而加工中心具有刀具库和自动换刀装置，可将要使用的刀具预先存放于刀具库内，需要时通过换刀指令，由 ATC（自动换刀装置）自动换刀。

数控铣床是在普通铣床的基础上集成了数字控制系统，可以在程序代码的控制下较精确地进行铣削加工的机床。从数字控制技术特点看，由于数控机床采用了伺服电动机，应用数字技术实现了对机床执行部件工作顺序和运动位移的直接控制，传统机床的主轴箱结构被取消或部分取消了，因而机械结构也大大简化了。数字控制还要求机械系统有较高的传动刚度且无传动间隙，以确保控制指令的执行和控制质量的实现。同时，由于计算机水平和控制能力的不断提高，同一台机床上允许更多功能部件同时执行所需要的各种辅助功能，因而数控机床的机械结构比传统机床具有更高的集成化要求。

图 1-9 所示为 XJK7125 型立式数控铣床。

2. 数控铣床与加工中心的结构

数控铣床形式多样，不同类型的数控铣床在组成上虽有所差别，但却有许多相似之处。立式数控铣床主要由床身部分、铣头部分、工作台部分、床鞍部分、数控系统部分、立柱部分、钣金部分、电气部分、冷却部分、润滑部分、气动部分等组成。

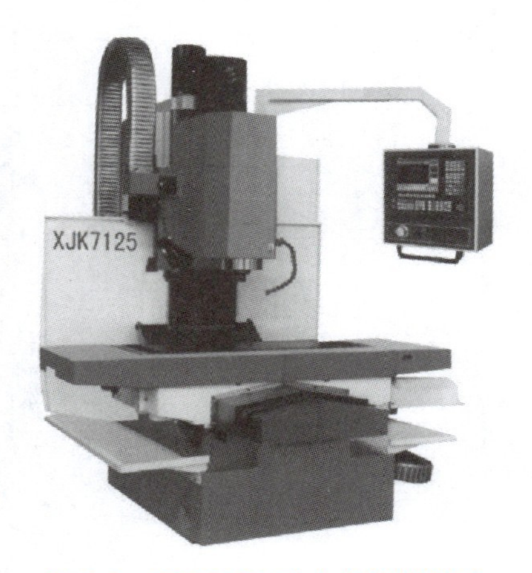

图 1-9　XJK7125 型立式数控铣床

3. 数控铣床与加工中心的加工范围

平面加工：数控铣床铣削平面可以分为对工件的水平面（*XY*）加工、正平面（*XZ*）加工和侧平面（*YZ*）加工，只要使用两轴半控制的数控铣床就能完成以上所说平面的铣削加工。

曲面加工：如果铣削复杂的曲面则需要使用三轴甚至更多轴联动的数控铣床。

加工中心具有一般数控机床的所有功能，它采用工艺集中原则，把车、镗、铣等工序集中到一台机床上来完成，打破了在一台数控机床上只能完成一两种工艺的传统观念。以立式加工中心为例（图 1-10），工件在一次装夹后，可以对工件的大部分加工表面进行铣削、镗削、钻孔、扩孔、铰孔和攻螺纹等多种加工；又如五面体加工中心机床，在一次装夹后可以完成除装夹面以外的箱体类工件所有表面的加工。由于工序的集中和自动换刀，加工中心可以有效地避免由于多次装夹造成的定位误差，减少机床的台数和占地面积，提高生产效率和加工自动化程度。加工中心适宜于加工形状复杂、要求较高、需

图 1-10　XH714A 型立式加工中心

多种类型的普通机床和众多的工艺设备经多次装夹和调整才能完成加工的工件。

数控铣床与加工中心除能进行铣削、钻削、镗削及攻螺纹等加工外，还能铣削 2～5 轴联动的各种平面轮廓和立体轮廓。

（1）3 轴数控铣床与加工中心　3 轴数控铣床与加工中心除具有普通铣床的功能外，还具有加工形状复杂的二维和三维轮廓的能力。这些复杂轮廓的工件加工有的只需 2 轴联动，如二维曲线、二维轮廓、二维区域加工；有的则需 3 轴联动，如三维曲面加工。它们所对应的加工相应称为 2 轴（或 2.5 轴）加工与 3 轴加工。

对于 3 轴加工中心，由于具有自动换刀功能，适于需要铣、钻、铰及攻螺纹等多工序加工的工件，如箱体等。

（2）4 轴数控铣床与加工中心　4 轴是指在 X、Y、Z 三个平动坐标轴基础上增加一个转动坐标轴，且 4 个轴一般可以联动。其中，转动轴可以作用于刀具（刀具摆动型），也可以作用于工件（工作台回转/摆动型），实际中多以工作台摆动旋转居多。4 轴加工可以获得比 3 轴加工更为广泛的工艺范围和更好的加工效果。

（3）5 轴数控铣床与加工中心　5 轴数控铣床与加工中心具有两个回转轴，相对于静止的工件来说，其合成运动可使刀具轴线的方向在一定的空间内任意控制，可获得比 4 轴加工更好的工艺范围和加工效果，特别适宜于三维曲面工件的高质量加工以及异形复杂工件的加工。一般认为，一台五轴联动机床的加工效率可以等于两台 3 轴联动机床。过去因为 5 轴联动机床的数控系统及主机结构复杂、价格高、编程技术难度大等原因，制约了其发展。现在由于电主轴的出现，使 5 轴联动加工所用的复合主轴头结构大为简化，制造难度和成本大幅度降低，数控系统价格差距缩小，因此促进了复合主轴头类型 5 轴联动机床和复合加工机床的发展。

4. 复合机床

（1）车削为主型　以车削加工为主的复合加工机床是车削复合中心（车铣中心）。车削复合中心是以车床为基础的加工机床，除车削用刀具外，在刀架上还装有能铣削加工的回转刀具，可以在圆形工件和棒状工件上加工沟槽和平面。这类复合加工机床常把夹持工件的主轴做成两个，既可同时对两个工件进行相同的加工，也可通过在两个主轴上交替夹持，完成对夹持部位的加工。

（2）铣削为主型　铣削为主型的含义主要指加工中心的复合化和加工中心的多轴化。以铣削为基型的复合化机床（铣车中心）除铣削加工外，还装载有一个能进行车削的动力回转工作台。5 轴控制的加工机床，除 X、Y、Z 3 轴可以控制外，为适应刀具姿势的变化，可以使各进给轴回转到特定的角度位置并进行定位。6 轴控制的复合加工机床可以模拟复杂形状工件进行加工。

（3）磨削为主型　磨床的多轴化，原来只在无心磨床上可见，多数以装卸作业自动化为目的，现在开发了一种能完成内圆、外圆、端面磨削的复合加工机。例如在欧洲，开发了综合螺纹和花键磨削功能的复合加工机。

（4）不同工种加工的复合化　使用复合机床加工，可以大大缩短工件的生产周期及提高工件加工精度。为了提高生产率，数控复合加工机床的研发和制造已成为数控机床的一种发展趋势，复合加工技术的发展将会给今后的生产带来革命性的巨变，工厂的生产模式、生产组织、生产管理都将发生变化，预示着一个完全加工时代即将到来，即在一台机床上从毛坯直接加工成工件成品，送入组装、总装，实现没有在制品、没有半成品、没有成品库的真正精益生产。

5. 数控铣床与加工中心的刀具

数控铣床与加工中心使用的刀具种类很多，主要分孔加工刀具和铣削刀具两大类，所用刀具正朝着标准化、通用化和模块化的方向发展。为满足高效和特殊的铣削要求，还发展了各种特殊用途的专用刀具。

（1）孔加工刀具　常用的孔加工所使用的刀具如图 1-11 所示。

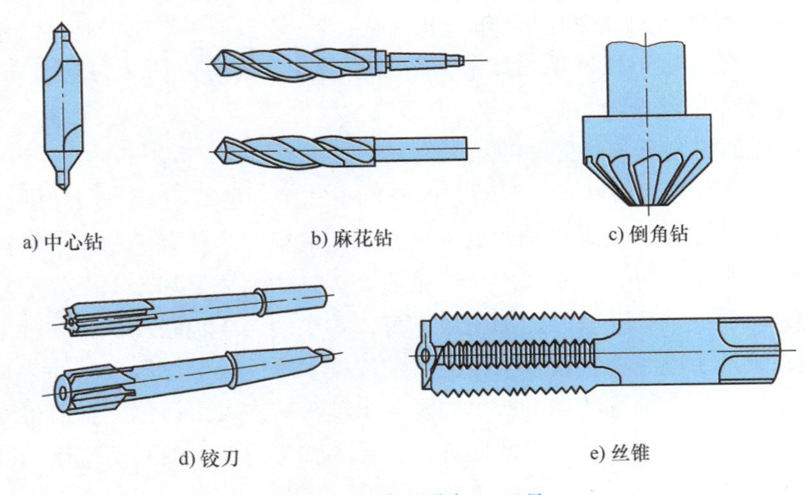

图 1-11　常用孔加工刀具

（2）铣削加工刀具　铣刀是刀齿分布在旋转表面上或端面上的多齿刀具。铣刀的类型及用途：

1）平面铣刀：加工平面铣刀主要有圆柱形铣刀和面铣刀两种，如图 1-12 所示。

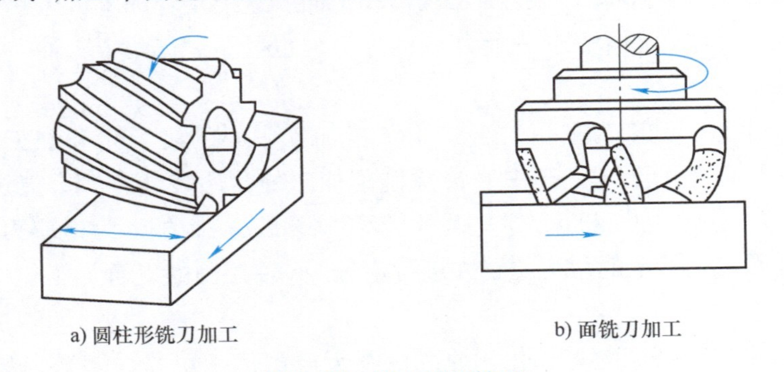

图 1-12　加工平面铣刀

2）沟槽铣刀：加工沟槽铣刀主要有三面刃铣刀、立铣刀、键槽铣刀、角度铣刀，如图 1-13所示。

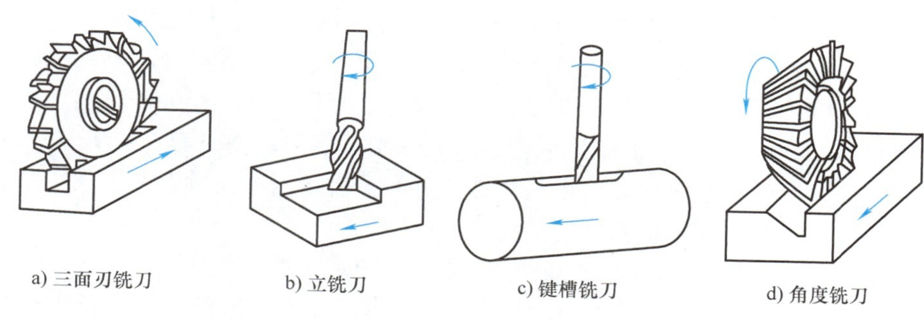

图 1-13　加工沟槽铣刀

1.4　数控加工技术的产生与发展

机床与数控技术

1.4.1　数控机床的产生

为解决单件、小批量、复杂型面工件加工的自动化并保证加工质量，一种用计算机以数字指令控制的数字控制机床应运而生，成为一种灵活、通用、能够适应产品频繁改型的“柔性”自动化机床。数控机床最大的特点就是，当改变所加工工件时，只需要向数控系统输入新的加工程序，而不需要对机床进行人工的调整和直接参与操作，就可以完成整个加工过程，而且生产效率和加工精度高，加工质量稳定，能高效优质地完成复杂型面工件的加工。

我国从 1958 年开始研究数控技术，从 20 世纪 70 年代开始，数控技术在车、铣、钻、镗、磨、齿轮加工、电加工等领域全面展开。20 世纪 80 年代，由于从日本、美国、德国等国家引进了数控系统与伺服系统的制造技术，我国的数控机床在性能和质量上产生了一个质的飞跃，数控机床的品种不断增多，规格越发齐全，许多技术复杂的大型数控机床、重型数控机床相继研制出来。目前，我国已有几十家机床厂能够生产不同类型的数控机床。

1.4.2　数控技术现状

1. 数控装置

数控装置的发展是数控技术和数控机床发展的关键，目前广泛采用以小型计算机、微处理器为核心的计算机数控（CNC）装置。数控装置当前的水平主要体现在以下几方面：

1）数控装置的微处理器由 8 位增加到 16 位、32 位，最近已开发出 64 位 CPU，并开始使用精简指令集运算芯片 RISC 作为 CPU，使运算速度得到进一步提高。大规模和超大规模集成电路及多微处理器的采用，使数控装置的硬件结构标准化、模块化、通用化，数控功能可根据需要进行组合和扩展。

2）数控装置配有多种遥控和智能接口，如 RS232 串行接口、RS422 高速远距离串行接口、DNC 接口等，配备 DNC 接口可以实现几台数控机床之间的数据通信，也可以直接对几台数控机床进行控制。采用 MAP 网络、以太网等，为解决不同类型、不同厂家生产的数控机床的联网和数控机床进入 FMS 和 CIMS 等制造系统创造了条件。

3）数控装置具有很好的可操作性能。彩色 CRT 显示器不仅能显示字符、平面图形，还能显示三维动态立体图形。数控装置具有很好的操作性能，普遍采用薄膜软按钮的操作面板，操作一目了然，大量采用菜单选择操作方法，使操作越来越方便。

4）数控装置的可靠性大大提高，平均无故障时间达到 10 000～36 000h。

5）在 20 世纪 90 年代产生了开放结构的数控系统。该数控系统具有友好的人机界面和开发平台，其硬件、软件和总线规范都是对外开放的，机床制造商可以在该开放系统的平台上增加适合的硬件和软件，构成自己的系统。

这里以 FANUC 最先进的 15*i*/150*i* 数控系统为例说明系统功能的发展。这是一台具有开放性、最多控制轴数为 24 轴、最多联动轴数为 24 轴、最多可控制 4 个主轴的 CNC 系统。该系统的功能以高速、超精为核心，并具有智能控制，特别适合于各种模具和复杂、高精的需 5 轴机床加工的工件。15*i*/150*i* 数控系统具有高精纳米插补功能，通过纳米插补可提供的数字伺服信号是以 1nm 为单位的指令，平滑了机床的移动量，降低了加工表面的表面粗糙度。当测量元件的分辨率为 0.001mm 时，进给速度可达 240m/min；15*i*/150*i* 数控系统具有高级复杂的功能，可进行各种数学插补，如直线、圆弧、螺旋线、渐开线、样条曲线等插补；具有高速内装的 PLC，可进行快速大规模顺序控制，以减少加工的循环时间。

2. 软件伺服驱动技术

伺服技术是数控系统的重要组成部分。广义上来说，采用计算机控制，控制算法采用软件的伺服装置称为软件伺服。对于现代数控系统，其伺服系统的电路、电动机及检测装置等的技术水平都有了极大的提高，伺服技术取得的最大突破可以归结为：交流驱动取代直流驱动；数字控制取代模拟控制。这两种技术突破的结果是产生了数字交流驱动系统，其被应用在数控机床的伺服进给和主轴装置中。伺服技术的发展水平主要体现在以下几个方面：

1）永磁同步交流电动机逐渐取代直流伺服电动机，提高了电动机的可靠性，降低了制造成本。

2）组成伺服驱动电路的位置、速度、电流控制环节实现了数字化，有的甚至可以进行全数字化控制；伺服系统的位置环和速度环均采用软件控制。

3）采用高速、高分辨率的位置检测装置组成半闭环和闭环位置控制系统。其中增量式位置检测编码器达到 10 000p/r（脉冲/转），绝对式编码器可达到 1 000 000p/r（脉冲/转）和 0.01μm/脉冲的分辨率。分辨率为 0.1μm 时，位移速度可达到 240m/min，极大提高了位置控制精度。

4）对于一些具有较大静止摩擦力的数控机床，新型的数字伺服系统具有补偿机床驱动系统静摩擦的非线性控制功能。

3. 编程技术

传统的脱机编程是由手工或编程计算机系统完成程序编制，然后再输入到数控装置里的。现代的数控系统可以将自动编程的很多功能植入数控装置里，使工件的加工程序可以在数控装置的操作面板上在线编制，因此在线编程又称为图形人机对话编程。在线编程过程中不仅可以处理几何信息，还可以处理工艺信息，数控装置中设有与该机床加工工艺相关的小型工艺数据库或专家系统，可以自动选择最佳工艺参数。

4. 数控机床的工况检测、监控及故障诊断

现代数控机床上装有各种类型的监控、检测装置。如装有工件尺寸检测装置，对工件加工尺寸进行定期检测，发现超差则及时发出报警或补偿信号；装有红外、超声等监控装置，

对刀具工况进行监控，发现刀具磨损超标或破损则及时报警，以便调换刀具，保证加工产品的质量；具有很好的故障自诊断功能和保护功能，目前 CNC 系统采用开机诊断、运行诊断、通信诊断、专家诊断等故障自诊断技术，对故障进行自动查找、分类、显示、报警，便于及时发现和排除故障；软件限位和自动返回功能避免了加工过程中出现超程情况而造成的工件报废和事故。

5. 机床的主机

为提高数控机床的动态性能，机床主机和伺服系统进行了很好的机电匹配，采用机电一体化的总体布局，电气总成在布局上和机床结构有机地融为一体，同时主机进行了优化设计。机床主机的优化具体表现在以下几个方面：

1）采用自动换刀装置、自动更换工件机构、数控夹盘、数控夹具等，集中工序以提高生产率和加工工件的几何精度；采用转位主轴刀架，形成了五面加工能力。

2）主运动部件不断实现电气化和高速化，提高了主运动的速度和调速范围。近年来采用的内装式主轴电动机，将主轴部件安装在电动机转子上，大大提高了主轴转速并减少了传动链，主轴转速可达 10 000 ~ 100 000r/min，而且仅用 1. 8s 就可从 0 升到最高转速。

3）采用机电一体化和全封闭式结构，将数控装置、强电控制装置、液压传动油箱等设备全部与主机集成为一体，结构紧凑，减少了管线和占地面积；工件加工区域完全封闭在可以窥视的罩壳内，并采用自动排屑装置，改善了加工环境和工作条件。

4）采用电动机无级调速驱动，缩短了机械传动链的长度，减小了噪声，提高了机械效率。

5）主机大件，如床身、立柱、横梁和工作台，采用焊接结构和合理的结构形式，在减轻机床自重的前提下，获得了高结构刚度和抗振性，改善了动态特性，保证了数控机床在主运动功率比同类型普通机床大得多的情况下，能进行稳定的切削。

6）采用低摩擦阻力的滚珠丝杠螺母副、静压丝杠螺母副、滚动导轨、静压导轨、贴塑导轨等传动元件和导向导轨，提高了传动刚度并减小了摩擦阻力，从而提高了进给运动的动态响应特性和低速运动平稳性，使工作台能对数控装置的指令做出准确的响应，能有效地避免所谓的“低速爬行”，从而提高了定位精度和运动平稳性。

1.4.3　数控技术的发展

1. 数控技术的发展史

从 1952 年世界上第一台数控铣床问世至今，随着微电子技术的不断发展，特别是计算机技术的发展，数控系统经历了从硬线数控到计算机数控两个阶段和从电子管数控到基于个人计算机平台的数控共五代的发展。数控技术产生与发展历程如图 1-14 所示。

1）1952 年美国研制出第一代数控机床，其数控系统由电子管、继电器、模拟电路组成，体积庞大，价格昂贵。

2）1959 年数控系统中开始广泛采用晶体管和印制电路板，数控系统跨入第二代。第二代数控系统体积缩小，成本有所下降。从 1960 年开始，一些工业国家如德国、日本等都陆续开发、生产并使用了数控机床。

3）1965 年出现了小规模集成电路，数控系统发展到第三代。第三代数控系统不仅体积小、功率消耗少，且可靠性提高，价格进一步下降。1967 年，英国首先把几台数控机床连接成具有柔性的加工系统，这就是最初的柔性制造系统（FMS），之后，美国、日本也相继进行了研发和应用。

以上这三代数控系统主要由电子管、晶体管、集成电路组成，称为硬线数控系统，有很多硬件和连线特点，电路复杂，可靠性不高。装有这类数控系统的机床称为普通数控机床（NC）。

4）随着计算机技术的发展，小型计算机的价格急剧下降，小型计算机开始取代专用数控计算机，使数控系统进入了以小型计算机化为特征的第四代，数控的许多功能由软件程序来实现。1970年，这种系统首次出现在美国芝加哥国际机床展览会上。

5）1974年，以微处理器为核心的数控系统问世，标志着数控系统进入第五代。微处理器数控系统的数控机床得到了飞速发展和广泛应用。

第四、五代数控系统主要由计算机硬件和软件组成，通常称为计算机数控系统（CNC），又由于其利用存储在存储器里的软件控制系统工作，因此也称为软件数控系统。这种系统容易扩大功能，柔性好，可靠性高。

数控系统经过多年的不断发展，功能越来越完善，使用越来越方便，可靠性越来越高，性能价格比越来越好。以FANUC数控系统为例，1991年开发成功的FS15系统与1971年开发的FS220系统相比，体积只有后者的1/10，加工精度提高了10倍，可靠性提高了30倍以上。

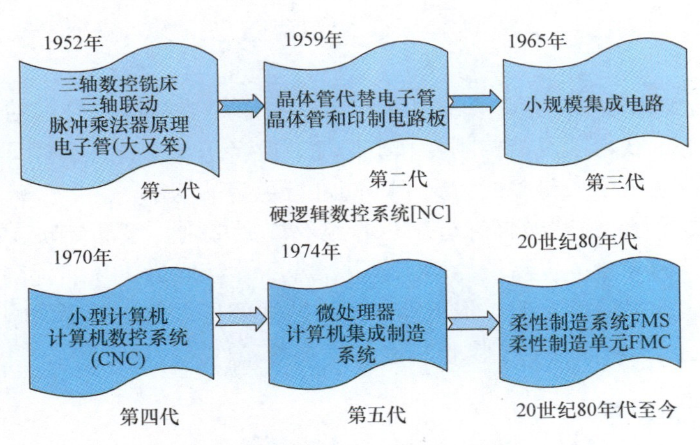

图1-14　数控技术产生与发展历程

2. 数控机床和数控系统的发展趋势

（1）高速化　速度和精度是数控机床的两个重要指标，它直接关系到加工效率和产品质量。高速切削可以减小背吃刀量，有利于克服机床振动，降低传入工件的热量及减小热变形，从而提高加工精度，改善加工表面质量。新一代高速数控机床车削和铣削的切削速度已达到5 000m/min以上，主轴转速在30 000r/min以上（有的高达100 000r/min），数控机床能在极短时间内实现升速和降速，以保持很高的定位精度；工作台的移动速度，在测量元件分辨率为1μm时，可达100m/min以上，在测量元件分辨率为0.1μm时，可达240m/min以上；自动换刀时间在1s以内，工作台交换时间在2.5s以内，并且高速化的趋势有增无减。

（2）高精度化　数控系统带有高精度的位置检测装置，并通过在线自动补偿（实时补偿）技术来消除或减小热变形、力变形和刀具磨损的影响，使加工一致性的精度得到保证，进一步提高了定位精度。普通数控加工的尺寸精度通常可达5μm，精密级加工中心的加工精度通常可达1μm，最高的尺寸精度可达0.01μm。随着现代科学技术的发展，对超精密加工技术不断提出新的要求。新材料、新工件的出现以及更高精度要求的提出等都需要超精密加工工艺，发展新型超精密加工机床，完善现代超精密加工技术，是适应现代科技发展的必由之路。

（3）多功能化　数控机床的发展已经模糊了粗、精加工工序的概念，加工中心的出现打破了传统的工序界限和分开加工的工艺规程。配有自动换刀机构（刀库容量可达100把以上）的各类加工中心，能在同一台机床上同时实现铣削、镗削、钻削、车削、铰孔、扩孔、攻螺纹等多种工序加工。现代数控机床还采用了多主轴、多面体切削，即同时对一个工件的不同部位进行不同方式的切削加工，减少了在不同数控机床间进行工序转换而引起的待工以及多次上下料的辅助时间。近年来，又相继出现了许多跨度更大的功能集中的超复合化数控机床。

（4）智能化　随着人工智能在计算机领域的应用，数控系统引入了自适应控制、模糊系统和神经网络的控制机理，使新一代数控系统具有自动编程、模糊控制、前馈控制、学习控制、自适应控制、工艺参数自动生成、三维刀具补偿、运动参数动态补偿等功能，而且人机界面极为友好，并具有故障诊断专家系统，使自诊断和故障监控功能更加完善。

（5）高柔性化　数控机床在提高单机柔性化的同时，正朝着单元柔性化和系统柔性化方向发展。柔性制造系统（FMS）是一种在批量生产下，高柔性和高自动化程度的制造系统，它综合了高效、高质量及高柔性的特点，解决了长期以来中小批量以及中大批量、多品种产品生产自动化的技术难题。为了适应柔性制造系统和计算机集成系统的要求，数控系统具有远距离串行接口，甚至可以联网，实现了数控机床之间的数据通信，也可以直接对多台数控机床进行控制。

（6）可靠性最大化　数控机床的可靠性一直是用户最关心的指标。数控系统将继续向高集成度方向发展，以减少元器件的数量来提高可靠性，同时使系统更加小型化、微型化；利用多CPU的优势，实现故障自动排除，增加可靠性。

此外，数控机床也在朝着模块化、专门化、个性化方向发展。数控机床结构的模块化，可以适应数控机床多品种、小批量加工工件的特点；数控功能的专门化，可以使机床性能价格比得到显著提高；个性化也是近几年来数控机床特别明显的发展趋势。

3. 先进制造系统

（1）数字控制系统　数字控制系统（DNC系统）是用一台计算机直接控制多台机床进行工件加工的系统，又称群控系统，它在20世纪60年代末开始出现。在DNC系统中，基本保留了原来数控机床的CNC系统，并与DNC系统的中央计算机组成计算机网络，实现了分级控制管理。

1）DNC系统具有如下特点：①具有计算机集中处理和分时控制的能力；②具有现场自动编程和对工件程序进行编辑和修改的能力，使编程与控制相结合，而且工件程序存储容量大；③具有生产管理、作业调度、工况显示监控和刀具寿命管理的能力。

2）间接型DNC系统：间接型DNC系统配有集中管理和控制的中央计算机，并在中央计算机和数控机床的数控装置之间加有通信接口，如图1-15所示。各机床的数控装置承担着原来的控制功能，中央计算机配备的大容量外存储器中存放着每台数控机床所需的工件加工计划和加工程序，可适时调至计算机的内存中。中央计算机根据需要以中断方式向发出请求的某台数控机床的通信接口传送所需的加工程序。间接型DNC系统比较容易建立，由于机床的数控装置未简化，硬件成本较高。

3）直接型DNC系统：在直接型DNC系统中，数控机床不再配备数控装置，只需配置一个简单的机床控制器（Machine Control Unit，MCU），用于数据传输、驱动控制和手工操作，原来由数控装置完成的插补运算由中央计算机或接口电路完成，如图1-16所示。

直接型DNC系统的数控机床，其控制功能主要由中央计算机软件执行，所以灵活性大，适应性强，可靠性也比较高，但是投资比较大。

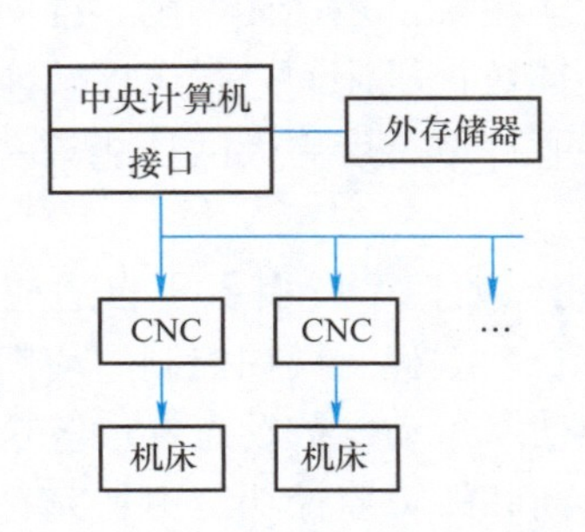

图1-15 间接型DNC系统

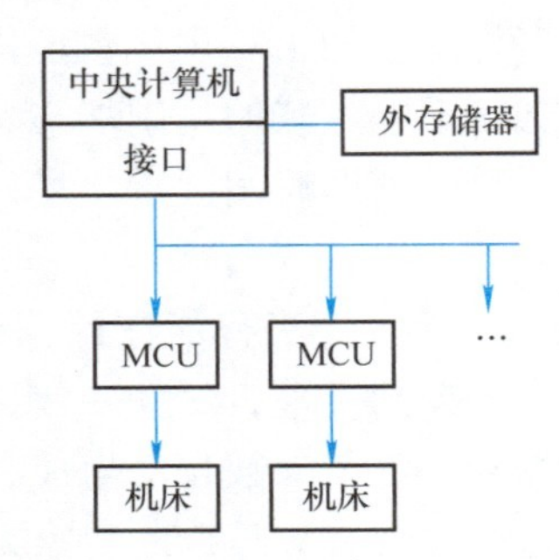

图1-16 直接型DNC系统

（2）柔性制造系统 柔性制造系统是一个以网络为基础、面向车间的开放式集成制造系统，它具有多台制造设备，由一个物料运输系统将所有设备连接起来，由计算机进行高度自动的多级管理与控制，适用于多品种、中小批量的工件制造。一个柔性制造系统加工对象的品种为5～300种，其中大多为30种以下。

柔性制造系统中的多台设备不限于切削加工设备，可以是电加工、激光加工、热处理、冲压剪切等设备，也可以是上述多种设备的综合。组成设备的台数并无定论，一般认为由5台以上设备组成的系统才是柔性制造系统。由于物料运输系统可将所有设备连接起来，因此柔性制造系统可以进行没有固定加工顺序和无节拍的随机自动制造。

柔性制造系统具有的功能有：作业调度、工件程序选择、工夹具管理、刀具破损或磨损检测、托盘交换、自动检测、诊断检查等。一般认为柔性制造系统应由以下三个子系统组成：

1）加工系统。加工系统可以由FMC（柔性制造单元）组成，但大多数由数控机床按DNC控制方式构成，可以实现自动更换刀具和工件并自动进行加工。

2）物流系统。物流系统包括工件和刀具两个物流系统。系统设有中央刀库，由工业机器人在中央刀库与各机床的刀库之间进行输送和更换刀具，工件和夹具的存储仓库多用立体仓库，由仓库计算机进行管理和控制。进行输送时大多使用有轨小车或无轨小车，小车的行车路线由电缆或光电引导。

3）信息流系统。信息流系统包括加工系统及其物流系统的自动控制、在线状态监控及其信号处理，以及在线检测和处理等。

柔性制造系统由于解决了零部件的存放、运输以及等待时间等问题，生产效率大大提高，由于装夹、测量、工况监控、质量控制等功能的采用，机床的利用率由单机的50%提高到80%，而且加工质量稳定。使用柔性制造系统的行业主要集中在汽车、飞机、机床、拖拉机以及某些家用电器行业。

（3）柔性制造单元

1）托盘交换式。托盘交换式FMC适用于非回转体工件或箱体工件的加工。托盘是固定工件的器具，通常在加工之前由操作者将相同或不同的工件分别安装在若干个托盘上；环形交换工作台为工件的输送和中间存储部件；托盘座在环形导轨上由环链拖动回转，每个托盘座上有地址识别码。当某个工件加工完毕后，由托盘交换装置将加工完毕的工件连同托盘拖回至环形交换工作台的空位，然后按指令将另一个待加工的工件连同托盘旋转到交换位置，由托盘交换装置将它送到机床工作台定位夹紧，准备加工。

2）工业机器人搬运式。对于回转体工件，通常采用工业机器人搬运的FMC组成形式。工业机器人在车削或磨削加工中心和缓冲储料装置之间进行工件的自动交换。由于工业机器人的抓取重量和抓取尺寸限制，工业机器人搬运式主要适合于小件或回转体工件的加工。

拓展阅读

胡双钱——机械行业的大国工匠

2006年，中国新一代大飞机C919立项，这是一个要制造上百万个零件的大工程，除了制造各种各样的零件，有时还要临时救急。一次，生产急需一个特殊零件，而从原厂调配需要几天的时间，为了不耽误工期，只能用钛合金毛坯来现场临时加工。这个艰巨的任务交给了胡双钱，“一个零件要100多万元，成本相当高，有36个孔，大小不一样，孔精度要求是0.24mm”，胡双钱用一双手和一台传统的铣钻床，仅用了一个多小时，就将36个孔全部加工完毕，并一次性通过检验。这也再一次证明了胡双钱“金属雕花”的技能。

思考与练习

1-1　数控机床具有哪些特点？

1-2　数控机床由哪几部分组成？

1-3　伺服控制装置的主要作用是什么？

1-4　先进制造技术包括哪些内容？

1-5　数控机床按伺服控制系统和加工运动轨迹方式分为哪几类？各有什么特点？

1-6　数控机床产生与发展经历了哪些阶段？

1-7　数控机床发展趋势是什么？

1-8　什么是柔性制造系统？

第 2 章　数控机床编程基础与加工工艺

2.1　概述

2.1.1　数控编程的概念

1. 数控编程过程

数控机床是按照事先编制好的数控程序自动地对工件进行加工的高效自动化设备。理想的数控程序不仅应该保证能加工出符合图样要求的合格工件，还应该使数控机床的功能得到合理的应用与充分的发挥，以使数控机床能安全、可靠、高效地工作。

在编制程序以前，编程人员应了解所用数控机床的规格、性能，数控系统所具备的功能及编程指令格式等。编制程序时，需要先对工件图样规定的技术要求、几何形状、尺寸及工艺要求进行分析，确定加工方法和加工路线，再进行数值计算，以获得刀具中心运动轨迹的位置数据。

2. 数控编程控制介质

按照数控机床规定采用的代码和程序格式，将工件的尺寸、刀具运动中心轨迹、位移量、切削参数（主轴转速、进给速度或进给量、背吃刀量等）以及辅助功能（换刀、主轴的正转与反转、切削液的开与关等）编制成数控加工程序后，在大部分情况下，都要将加工程序记录在加工程序控制介质（简称控制介质）上。常见的控制介质有磁盘、磁带、穿孔带等。通过控制介质将工件加工程序输入数控系统，由数控系统控制数控机床自动地进行加工。

数控程序编制也就是指由分析工件图样到程序检验的全部过程，如图 2-1 所示。

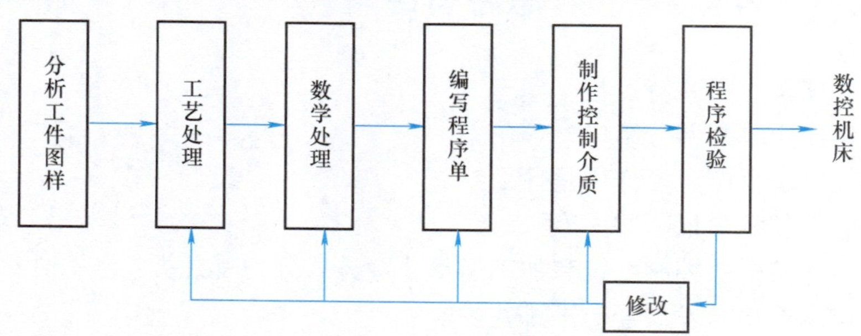

图 2-1　数控机床加工程序的编制过程

2.1.2　数控编程的内容与步骤

（1）分析工件图样　对工件图样进行分析，对工件材料、形状、毛坯类型、加工精度、技术要求等都要进行详细分析，同时分析工件在加工中如何保证这些指标。分析工件尺寸标注是否完整、正确，以及工件加工的可行性和经济性，明确加工的内容和要求。

（2）制订工艺方案　在工件图样分析的基础上，确定加工方案，包括选择合适的数控机床；选择、设计刀具和夹具；确定合理的走刀路线及选择合理的切削用量等。确定加工内容时，在保证工件加工质量的前提下，应尽量降低加工成本，提高加工效率，提高数控机床利用率。尽量减少工件装夹次数，缩短加工工艺路线，以使工序集中，高效加工。

（3）数值计算　在确定了工艺方案后，下一步需要根据工件的几何尺寸、加工路线，计算刀具中心的运动轨迹，以获得刀位数据。一般的数控系统均具有直线插补与圆弧插补的功能，对于加工由圆弧和直线组成的较简单的平面工件，只需要计算出工件轮廓上相邻几何元素的交点或切点的坐标值，即可得出各几何元素的起点、终点、圆弧的圆心坐标值。如果数控系统无刀具补偿功能，还应该计算刀具运动的中心轨迹。当较复杂的工件或工件的几何形状与控制系统的插补功能不一致时，就需要进行较复杂的数值计算。例如对非圆曲线（如渐开线、阿基米德螺旋线等）需要用直线段或圆弧段来逼近，在满足加工精度的前提下，计算出曲线各节点的坐标值。对于列表曲线、空间曲面加工程序的编制，其数学处理更为复杂，一般需要使用计算机辅助计算，否则难以完成。

（4）编写工件加工程序　在完成上述工艺处理及数值计算工作后，即可编写工件加工程序。程序编制人员使用数控系统的程序指令，按照规定的程序格式，逐段编写工件加工程序。程序编制人员应对数控机床的性能、程序指令及代码非常熟悉，才能编写出正确的加工程序。

（5）程序存储并校验　程序编写好之后，需将它存放在控制介质上，然后输入到数控系统，控制数控机床工作。一般来说，在正式加工之前，都要对程序进行检验。对于平面工件可用笔代替刀具，以坐标纸代替工件进行空运转画图，通过检查机床动作和运动轨迹的正确性来检验程序。在具有图形模拟显示功能的数控机床上可通过显示刀具轨迹或模拟刀具对工件的切削过程，来对程序进行检查。

（6）首件试切　对于复杂的工件，需要采用铝件、塑料或石蜡等易切材料进行试切。通过检查试件，不仅可确认程序是否正确，还可知道加工精度是否符合要求。若能采用与被加工工件材质相同的材料进行试切，则更能反映实际加工效果。当发现工件不符合加工技术要求时，可修改程序或采取尺寸补偿等措施。

2.1.3 数控编程的方法

在普通机床上加工工件时，应由工艺员制订工件的加工工艺规程。加工工艺规程中规定了所使用的机床和刀具、工件和刀具的装夹方法、加工顺序和尺寸、切削参数等内容，然后由操作者按工艺规程进行加工。在数控机床上加工工件时，首先要进行程序编制。将加工工件的加工顺序，工件与刀具相对运动轨迹的数据，工艺参数（主运动和进给运动速度，背吃刀量等）以及辅助操作（变速、换刀、切削液开和关、工件夹紧和松开等）等加工信息，用规定的文字、数字、符号组成的代码，按一定的格式编写成加工程序，并将程序的信息通过控制介质输入到数控装置，再由数控装置控制机床进行加工。从工件图样到编制工件加工程序和制作控制介质的全部过程，称为程序编制。

（1）手工编程　手工编程是指从工件图样到编制工件加工程序和制作控制介质的全部

过程（工艺过程确定、加工轨迹和尺寸的计算、程序编制及校验、控制介质制备、程序校验及试切等）都由人工完成。这就要求编程人员不仅要熟悉数控代码及编程规则，而且必须具备机械加工工艺知识和数值计算能力。

对于简单工件通常可以进行手工编程，但对于一些形状复杂的工件或空间曲面工件，编程工作量巨大，计算非常烦琐，花费时间长，且容易出错。

（2）自动编程　自动编程是指在编程过程中，除了分析工件图样和制订工艺方案由人工完成外，其余工作均由计算机辅助完成。

采用计算机自动编程时，数学处理、编写程序、检验程序等工作是由计算机自动完成的。由于计算机可自动绘制出刀具中心运动轨迹，使编程人员可以及时检查程序是否正确，需要时可及时修改，以获得正确的程序。又由于计算机自动编程时代替程序编制人员完成了烦琐的数值计算，可提高编程效率几十倍乃至上百倍，因此解决了许多手工编程无法解决的复杂工件的编程难题。

根据输入方式的不同，可将自动编程分为数控语言自动编程、数控语音自动编程和数控图形自动编程等。

1）数控语言自动编程，就是编程员用数控语言把被加工工件的有关信息（如工件的几何形状、材料、加工要求或切削参数、进给路线、使用刀具等）编制成一个简短的工件源程序，输入到计算机中，计算机则通过预先存入的自动编程系统对其进行前置处理，翻译工件源程序并进行刀位数据计算，最后由后置处理得到数控机床能够接受的指令单，也可以通过通信接口将后置处理的输出直接输入至数控系统的存储器中。

2）数控语音自动编程是随着电子技术发展起来的。语音编程是指用人说话作为输入介质，编程人员只需对着送话器说出各种基本操作，计算机即可自动编制工件的数控加工程序。

3）数控图形自动编程是利用图形输入装置直接向计算机输入被加工工件的图形，无须再对图形信息进行转换，大大减少了人为错误，比语音编程系统具有更多的优越性和更广泛的适应性，因此提高了编程的效率和质量。此外，由于 CAD 的输出结果是图形，故可利用 CAD 系统输出的信息生成 NC 指令单，因此，它能实现 CAD/CAM 集成化。正因为图形编程具有这样的优点，目前乃至将来一段时间内，它都是自动编程系统的发展方向，在自动编程方面占主导地位。

2.2 数控机床的坐标系

数控机床坐标系的建立

在数控机床上进行工件的加工，通常使用直角坐标系来描述刀具与工件的相对运动。对数控机床中的坐标系及运动部件的运动方向的命名，应符合 GB/T 19660—2005 的规定。

由于机床结构的不同，有的机床是刀具运动，工件固定，有的机床是刀具固定而工件运动。为编程方便，在描述刀具与工件的相对运动时，一律规定工件静止，刀具相对工件运动。

描述直线运动的坐标系是一个标准的笛卡儿直角坐标系，各坐标轴及其正方向满足右手定则。如图 2-2 所示，右手拇指代表 X 轴，食指代表 Y 轴，中指为 Z 轴，指尖所指的方向为各坐标轴的正方向，即增大刀具和工件距离的方向。

一般规定分别平行于 X 轴、Y 轴、Z 轴的第一组附加轴为 U 轴、V 轴、W 轴；第二组附加轴为 P 轴、Q 轴、R 轴。

当有旋转轴时，规定绕 X 轴、Y 轴、Z 轴的旋转轴分别为 A 轴、B 轴、C 轴，其方向满足右手螺旋定则，如图 2-2 所示。若还有附加的旋转轴，则用 D、E 定义，其与直线轴没有固定关系。

用 $+X'$、$+Y'$、$+Z'$、$+A'$、$+B'$、$+C'$ 表示工件相对于刀具运动的正方向，与 $+X$、$+Y$、$+Z$、$+A$、$+B$、$+C$ 方向相反。

2.2.1　坐标系建立的原则

1）假定刀具相对于静止的工件运动，当工件移动时，则在坐标轴符号上加“′”表示。

2）标准坐标系采用右手笛卡儿直角坐标系，如图 2-2 所示。

3）刀具远离工件的运动方向为坐标轴的正方向。

4）机床主轴旋转运动的正方向按照右手螺旋定则判定。

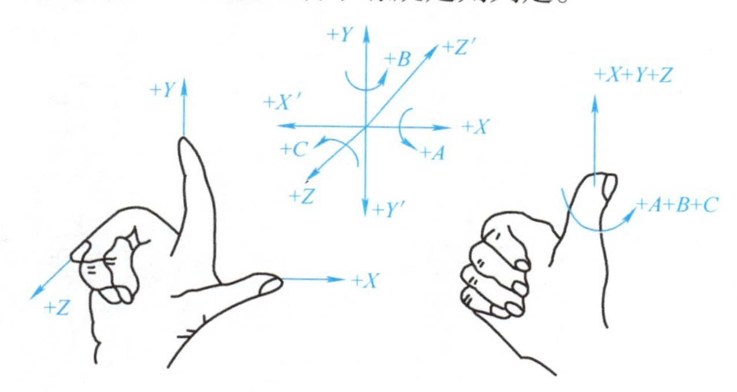

图 2-2　右手笛卡儿直角坐标系

2.2.2　坐标系的确定

1. 先确定 Z 轴

1）对于有单根主轴的机床，Z 轴的方向平行于主轴所在的方向，Z 轴的正方向为刀具远离工件的方向。机床主轴是传递主要切削动力的轴，可以表现为加工过程中带动刀具旋转，也可表现为带动工件旋转，如车床和内、外圆磨床的 Z 轴是带动工件旋转的主轴，而钻床、铣床、镗床的 Z 轴是带动刀具旋转的主轴。

2）当机床有几根主轴时，则规定垂直于工件装夹平面的主轴为主要主轴，与该轴平行的方向为 Z 轴的方向。

3）如果机床没有主轴，如数控悬臂刨床，则规定 Z 轴垂直于工件在机床工作台上的定位表面。

2. 再确定 X 轴

1）X 轴是水平方向，它平行于工件的装夹平面。

2）对于主轴带动工件旋转的机床，X 轴的方向在工件的径向上，平行于横向滑板的移动方向，刀具远离主轴中心线的方向为 X 轴的正方向，例如数控车床。

3）对于刀具旋转的机床，如果 Z 轴是水平（卧式）的，当从主要刀具的主轴向工件看时，向右的方向为 X 轴的正方向；如果 Z 轴是垂直（立式）的，当从主要刀具的主轴向立柱看时，X 轴的正方向指向右边。

4）对刀具或工件均不旋转的机床（如刨床），X 轴平行于主要进给方向，并以该方向为正方向。

3. Y 轴

Y 轴根据 Z 轴和 X 轴，按照右手笛卡儿直角坐标系确定。

4. 其他坐标轴

如在 X 轴、Y 轴、Z 轴主要直线运动之外另有第二组、第三组平行于它们的运动，可分别将它们的坐标轴定为 U 轴、V 轴、W 轴和 P 轴、Q 轴、R 轴。

5. 旋转轴 A、B、C

A、B、C 分别表示其轴线平行于 X、Y、Z 的旋转轴。

图 2-3 ~ 图 2-6 为几种常见数控车床、铣床和镗床坐标系。

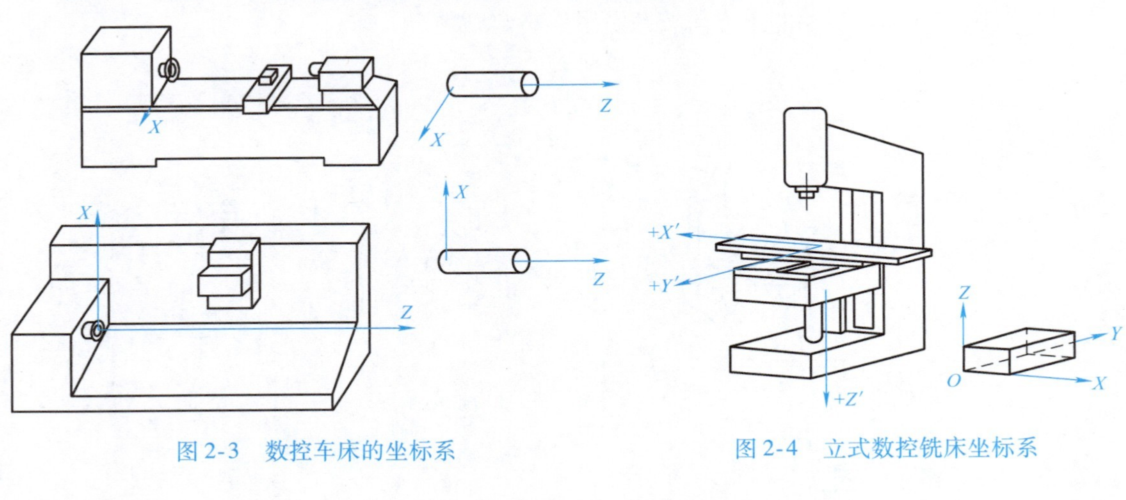

图 2-3　数控车床的坐标系

图 2-4　立式数控铣床坐标系

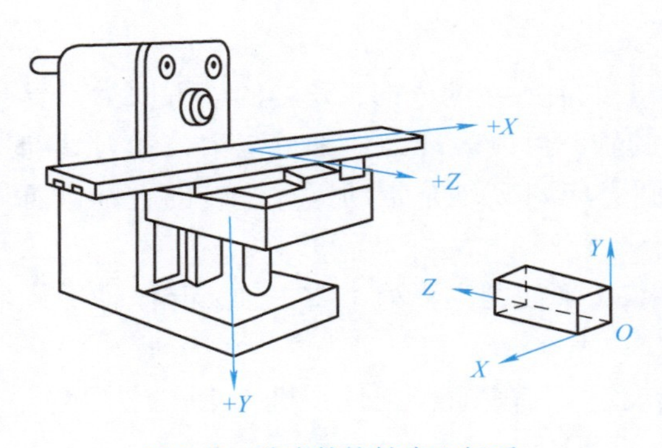

图 2-5　卧式数控铣床坐标系

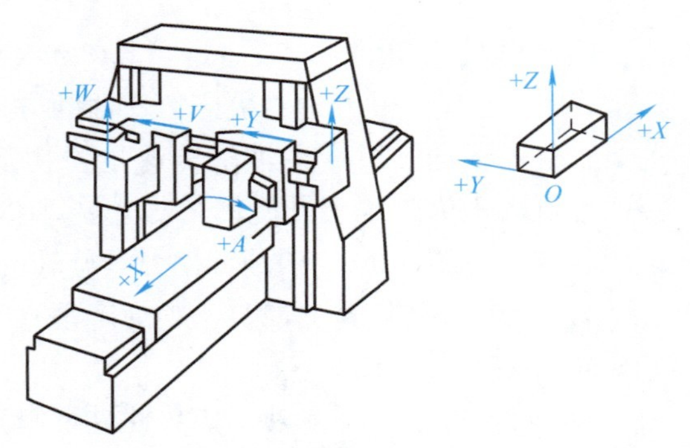

图 2-6　龙门式数控镗铣床坐标系

2.2.3　机床坐标系、机床原点、机床参考点

1. 机床坐标系

机床坐标系是机床上固有的坐标系，并设有固定的坐标原点，是按机床坐标系建立的原

则由数控机床制造商提供的。机床出厂时机床坐标系就已确定，用户不能修改。该坐标系与机床的位置检测系统相对应，是数控机床的基准，机床每次通电开机后应首先进行回零操作以建立机床坐标系。装有绝对编码器的数控机床不用回零操作也可以建立机床坐标系。

2. 机床原点

机床原点又叫机械原点或机械零点，它是机床坐标系的原点。该点是机床上的一个固定点，其位置由机床制造商确定，是机床坐标系的基准点。数控车床的机床原点一般设在卡盘前端面或后端面与主轴中心线的交点。数控铣床的机床原点，各生产厂商设的位置不一致，有的设在机床工作台左下角顶点，有的设在机床工作台的中心，还有的设在进给行程的终点。

3. 机床参考点

机床参考点是机床坐标系中一个固定不变的位置点，是用于对机床工作台、滑板与刀具相对运动的测量系统进行标定和控制的点。机床参考点通常设置在机床各运动轴正向极限位置，通过减速行程开关粗定位，而由零点脉冲精确定位。机床参考点相对于机床原点是一个已知值，也就是说，可以根据机床参考点在机床坐标系中的坐标间接确定机床原点的位置。机床接通电源后，通常都要做回零操作，使刀具或工作台访问参考点，从而建立机床坐标系。回零操作又称为返回参考点操作。当机床回零后，显示器即显示出机床参考点在机床坐标系中的坐标值，表明机床坐标系已建立。回零操作结束后，测量系统进行标定，置零或置一个定值。可以说“回零”操作是对基准的重新核定，可消除由于种种原因而产生的基准偏差。

机床参考点已由机床制造商测定后作为系统参数输入数控系统，并记录在机床说明书中，用户不得改变。

一般数控车床的机床原点、机床参考点位置如图 2-7 所示，数控铣床的机床原点、机床参考点位置如图 2-8 所示。但许多数控机床将机床参考点坐标值设置为零，此时机床坐标系的原点也就在机床参考点。

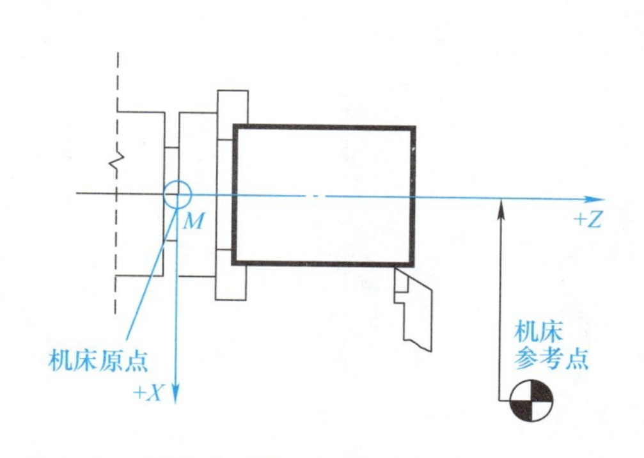

图 2-7　数控车床的机床原点、机床参考点

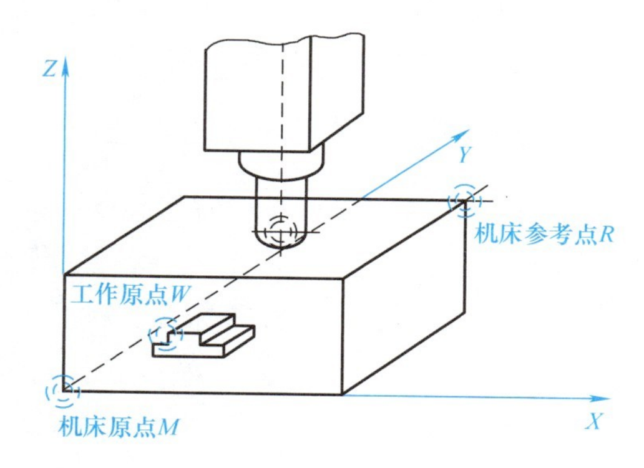

图 2-8　数控铣床的机床原点、机床参考点

2.2.4　工件坐标系、工件原点

1. 工件坐标系

工件坐标系是编程人员在编程和加工时使用的坐标系，是程序的参考坐标系，工件坐标系的位置以机床坐标系为参考点，一般在一台机床中可以设定 6 个工件坐标系。

2. 工件原点

工件图样给出以后，应首先找出图样上的设计基准，图样上其他各尺寸都是以该基准来进行标注的。同时，在工件加工过程中有工艺基准，设计基准应尽量与工艺基准统一。一般情况下，将该基准点作为工件原点。编程人员以工件图样上的某点为坐标原点建立工件坐标系，该点称工件原点（又称为程序原点），而编程时的刀具轨迹坐标点按工件轮廓在工件坐标系中的坐标确定。在加工时，工件随夹具装夹在机床上，这时测量出的工件原点与机床原点间的距离，称为工件原点偏置。在加工时，工件原点偏置能自动加到工件坐标系上，使数控系统可按机床坐标系确定加工时的绝对坐标值。因此，编程人员可以不考虑工件在机床上的实际装夹位置和装夹精度，而利用数控系统的原点偏置功能，通过工件原点偏置值，补偿工件在工作台上的位置误差。现在大多数数控机床都有原点偏置功能，使用起来很方便。

加工工件时，当工件装夹定位后，通过对刀和坐标系偏置操作建立起工件坐标系与机床坐标系的关系，确定工件坐标系在机床坐标系中的位置。

机床原点在机床制造出来后便被确定下来，所以，机床原点是机床坐标系中固有的点，不能随意改变。工件坐标系的原点是任意的，可以由编程人员自行设定，这就是两个坐标系不同之处，编程时切记不要混淆，如图 2-9 所示。

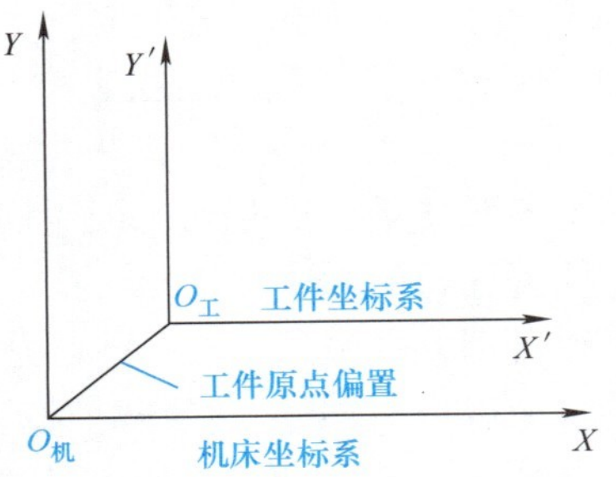

图 2-9 机床坐标系与工件坐标系

3. 选择工件原点的一般原则

1）工件原点选在工件的设计基准上，符合尺寸的标注习惯。

2）工件原点尽可能选在尺寸精度高、表面粗糙度值低的工件表面上。

3）对于结构对称的工件，工件原点应选在工件的对称中心上。

4）选择工件原点时应便于各基点、节点坐标的计算，减小编程误差。

5）工件原点的选择应便于对刀及测量，便于编程。

2.2.5 绝对坐标与相对坐标

运动轨迹的终点坐标是相对于起点计量的坐标系，称为相对坐标系（或称增量坐标系）。所有坐标点的坐标值均从某一固定坐标原点计量的坐标系，称为绝对坐标系。如图2-10中的 A、B 两点，若以绝对坐标计量，则 $X_A=30$，$Y_A=35$，$X_B=12$，$Y_B=15$。若以相对坐标计量，则 B 点的坐标是在以 A 点为原点建立起来的坐标系内计量的，则终点 B 的相对坐标为 $X_B=12-30=-18$，$Y_B=15-35=-20$。

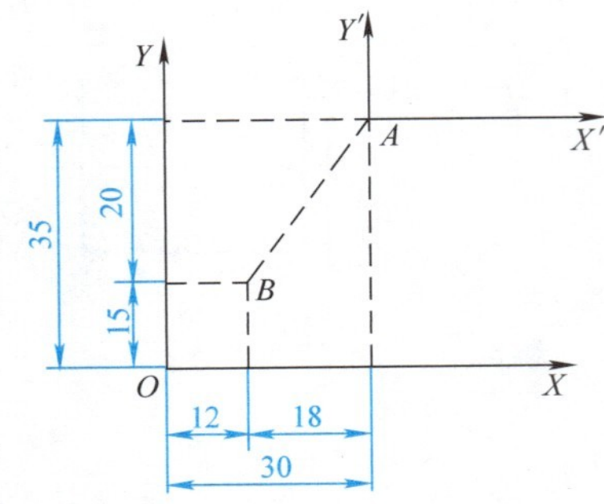

图 2-10 绝对坐标与相对坐标

2.3 数控加工程序结构与格式

典型的数控系统有以下几种：

1）国外的典型数控系统有 FANUC（日本）、SIEMENS（德国）、FAGOR（西班牙）等。

2）国内的典型数控系统有华中数控和广州数控等。

2.3.1　程序的结构

每种数控系统，根据其自身的特点及编程的要求，都有一定的程序格式。对于使用不同数控系统的数控机床，其程序格式也不相同。因此，编程人员必须严格按照机床说明书的规定格式进行编程。

程序的结构：每一个程序都由程序名、程序内容和程序结束三部分组成，程序中每一行称为一个程序段，每一程序段至少由一个程序字所组成，程序字由一个地址和数字组成，每一个程序段后加一个结束符，以表示一个程序段结束。

1. 程序名

程序名为程序的开始部分，为了区别存储器中的程序，每个程序都要有程序编号，在编号前采用程序编号地址码，该编号即程序名如在华中数控系统中采用“%”，在 FANUC 系统中采用英文字母“O”作为程序编号地址，其他系统也有采用“P”“:”等字母或符号的。

2. 程序内容

程序内容部分是整个程序的核心。它由许多程序段组成，每个程序段由一个或多个指令构成，它表示数控机床要完成的全部动作。程序开头的几个程序段，一般先进行选刀、换刀、设定切削用量、规定主轴转向、是否使用切削液等工作，还要用 G54 ~ G59 指令指出编程的原点。

3. 程序结束

程序结束是以程序结束指令 M02 或 M30 作为整个程序结束的符号，执行结束指令来结束整个程序。M30 与 M02 的不同点在于，前者程序结束后自动返回刚执行过的程序的起始处，准备接下去起动机床加工下一个（相同的）工件，而无须人工进行查找和调用等操作。后者是结束程序。程序结构如下：

```
O XXXX                              （程序名）
N10 G00 X40 Y30;
N20 G90 G00 X28 T01 S800 M03;
N30 G01 X-8 Y-5 F200;
N40 X0 Y0;                          （程序内容）
N50 X28 Y30;
N60 G00 X40;
N70 M30;                            （程序结束）
```

2.3.2　程序段格式

工件的加工程序是由程序段组成的。每个程序段由若干个数据字组成，每个字是控制系统的具体指令，它是由表示地址的英语字母、特殊文字和数字集合而成的。

程序段格式是指一个程序段中字、字符、数据的书写规则，通常有以下三种格式：

1. 字－地址程序段格式

字－地址程序段格式由语句号字、数据字和程序段结束组成。各字前有地址，各字的排列顺序要求不严格，数据的位数可多可少，不需要的字以及与上一程序段相同的续效字可以不写。该格式的优点是程序简短、直观，以及容易检验、修改，故该格式在目前广泛使用。字 - 地址程序段格式为：N_G_X_Y_Z_F_S_T_M_;

例如，N40 G01 X25 Y -36 F100 S500 T01 M03 ；

程序段内各字的说明：

（1）语句号字（N） 用以识别程序段的顺序号。用地址码 N 和后面的若干位数字来表示。例如：N40 表示该语句的顺序号为 40。

（2）准备功能字（G 功能字） G 功能是使数控机床做某种操作的指令，用地址符 G 和两位数字来表示，从 G00 至 G99 共 100 种。

（3）尺寸字（X、Y、Z 等） 尺寸字由地址码、+、- 符号及绝对值（或增量）的数值构成。

尺寸字的地址码有 X、Y、Z、U、V、W、P、Q、R、A、B、C、I、J、K、D 等，例如：X20 Y -40。

尺寸字的“+”可省略。表示地址码的拉丁字母的含义见表 2-1。

表 2-1 地址码字符表

字符	含　义	字符	含　义
A	绕 *X* 轴旋转	N	顺序号
B	绕 *Y* 轴旋转	O	程序号、子程序号的指定或不使用
C	绕 *Z* 轴旋转	P	暂停时间或程序中某功能的开始使用的顺序号
D	刀具半径补偿指令	Q	固定循环终止段号或固定循环定距
E	第二进给功能	R	固定循环中定距离或圆弧的半径等
F	进给速度的指令	S	主轴转速指令
G	指令动作方式	T	刀具编号指令
H	暂不指定，有的为补偿值地址	U	平行于 *X* 轴的附加轴
I	圆弧中心 *X* 轴向坐标	V	平行于 *Y* 轴的附加轴
J	圆弧中心 *Y* 轴向坐标	W	平行于 *Z* 轴的附加轴
K	圆弧中心 *Z* 轴向坐标	X	*X* 轴绝对坐标值
L	固定循环及子程序重复次数	Y	*Y* 轴绝对坐标值
M	辅助功能	Z	*Z* 轴绝对坐标值

（4）进给功能字（F） 它表示刀具中心运动时的进给速度，由地址码 F 和后面若干位数字构成。这个数字的单位取决于每个数控系统所采用的进给速度的指定表示方法。例如 F100 表示进给速度为 100mm/min，具体内容见所用数控机床编程说明书。

（5）主轴转速功能字（S） 由地址码 S 和其后的若干位数字组成，单位为转速单位（r/min）。例如：S800 表示主轴转速为 800r/min。

（6）刀具功能字（T） 由地址码 T 和若干位数字组成。刀具功能字的数字是指定的刀号。数字的位数由所用系统决定。例如：T04 表示第四号刀。

（7）辅助功能字（M 功能） 辅助功能表示一些机床辅助动作的指令，用地址码 M 和后面两位数字表示，从 M00 至 M99 共 100 种。

（8）程序段结束符 它写在每一程序段之后，表示程序结束。当用 EIA 标准代码时，结束符为“CR”，用 ISO 标准代码时为“NL”或“LF”，还有的系统用符号“;”或“+”

表示。

2. 使用分隔符的程序段格式

这种格式预先规定了输入时可能出现的字的顺序，在每个字前写一个分隔符“HT”，这样就可以不使用地址符了，只要按规定的顺序把相应的数字写在分隔符后面就可以了。

3. 固定程序段格式

这种程序段既无地址码也无分隔符，各字的顺序及位数是固定的，重复的字不能省略，所以每个程序段的长度都是一样的。这种格式的程序段长且不直观，目前很少使用。

2.4 数控加工工艺设计

数控加工的工艺设计

2.4.1 工艺分析与设计

在数控机床上加工工件，首先遇到的问题就是工艺问题。数控机床的加工工艺与普通机床的加工工艺有许多相同之处，也有许多不同，在数控机床上加工的工件的工艺规程通常要比普通机床所加工的工件工艺规程复杂得多。在数控机床加工前，要将机床的运动过程、工件的工艺过程、刀具的形状、切削用量和走刀路线等都编入程序，这就要求程序设计人员要有多方面的知识基础。合格的数控机床程序员首先应是一个很好的工艺人员，应对数控机床的性能、特点、切削范围和标准刀具系统等有较全面的了解，否则就无法做到全面周到地考虑工件加工的全过程以及正确、合理地确定工件的加工程序。

数控机床是一种高效率的设备，它的效率一般是普通机床的 2 ~ 4 倍。要充分发挥数控机床的这一特点，就必须熟练掌握其性能、特点及使用方法，同时还必须在编程之前正确地确定加工方案，进行工艺设计，再考虑编程。

1. 数控加工工艺主要内容

根据实际应用中的经验，数控加工工艺主要包括下列内容：

1）选择并决定工件的数控加工内容。

2）工件图样的数控工艺性分析。

3）数控加工的工艺路线设计。

4）数控加工工序设计。

5）数控加工专用技术文件的编写。

2. 数控加工工艺内容的选择

对于某个工件来说，并非所有的加工工艺过程都适合在数控机床上完成，而往往只是其中的一部分适合于数控加工，这就需要对工件图样进行仔细的工艺分析，选择那些最适合、最需要进行数控加工的内容和工序。在选择并做出决定时，应结合本企业设备的实际，立足于解决难题、攻克关键技术和提高生产效率，充分发挥数控加工的优势。在选择时，一般可按下列顺序考虑：

1）通用机床无法加工的内容应作为优选内容。

2）通用机床难加工，质量也难以保证的内容应作为重点选择内容。

3）通用机床效率低、工人手工操作劳动强度大的内容，可在数控机床尚存在富余加工能力的基础上进行选择。

一般来说，上述这些加工内容采用数控加工后，在产品质量、生产效率与综合效益等方面都会得到明显提高。

3. 不宜选择数控加工的内容

相比之下，下列一些内容则不宜选择数控加工：

1）占机调整时间长。如以毛坯的粗基准面定位加工第一个精基准面，要用专用工装协调的加工内容。

2）加工部位分散，要多次装夹、设置原点。这时，采用数控加工很麻烦，效果不明显，可安排通用机床加工。

3）按某些特定的制造依据（如样板等）加工的型面轮廓。主要原因是获取数据困难，容易与检验依据发生矛盾，增加编程难度。

4. 数控加工工艺性分析

在选择和决定数控加工内容的过程中，数控技术人员已经对工件图样做过一些工艺性分析，但还不够具体与充分。在进行数控加工的工艺分析时，还应根据所掌握的数控加工基本特点及所用数控机床的功能和实际工作经验，力求把这一前期准备工作做得更仔细、更扎实些，以便为下面要进行的工作铺平道路，减少失误和返工，不留隐患。

对图样的工艺性分析与审查，一般是在工件图样设计和毛坯设计以后进行的。特别是在把原来采用通用机床加工的工件改为数控加工时，工件设计都已经定型，如果再要求根据数控加工工艺的特点，对图样或毛坯进行较大的更改，一般是比较困难的，所以，一定要把重点放在工件图样或毛坯图样初步设定的工艺性审查与分析上。因此，编程人员要与设计人员密切合作，参与工件图样审查，提出恰当的修改意见，在不损害工件使用特性的范围内，更好地满足数控加工工艺的各种要求。

（1）尺寸标注应符合数控加工的特点　在数控编程中，所有点、线、面的尺寸和位置都是以编程原点为基准的。因此，工件图中最好直接给出坐标尺寸，或尽量以同一基准标注尺寸。这种标注法，既便于编程，也便于与尺寸之间的相互协调，会保持设计、工艺、检测基准与程序原点设置的一致性。由于工件设计人员往往在尺寸标注中较多地考虑装配等方面，而不得不采取局部分散的标注方法，这样会给工序安排与数控加工带来诸多不便。事实上，由于数控加工的精度及重复定位精度都很高，不会因产生较大的累积误差而破坏使用性能，因而改动局部的分散标注法为集中标注或坐标式尺寸标注是完全可以的。

（2）几何要素的条件应完整、准确　在程序编制中，编程人员必须充分掌握构成工件轮廓的几何要素参数及各几何要素间的关系。因为在自动编程时要对构成工件轮廓的所有几何元素进行定义，手工编程时要计算出每一个节点的坐标，无论哪一点不精确或不确定，编程都无法进行。但由于工件设计人员在设计过程中考虑不周或忽略，常常出现给出的参数不全或不清楚，也可能有自相矛盾之处，如圆弧与直线、圆弧与圆弧到底是相切还是相交或相离状态？这就增加了数学处理与节点计算的难度。所以，在审查与分析图样时，一定要认真仔细，发现问题及时找设计人员更改。

（3）定位基准可靠　在数控加工中，加工工序往往较集中，可对工件进行双面、多面的顺序加工，确定定位基准十分必要，否则很难保证两次装夹加工后两个面上的轮廓位置及尺寸协调。所以，如工件本身有合适的孔，最好就用它来做定位基准孔，即使工件上没有合适的孔，也要想办法专门设置工艺孔作为定位基准。如工件上实在无法制出工艺孔，可以考虑以工件轮廓基准边定位或在毛坯上增加工艺凸耳，制出工艺孔，在完成定位加工后再除去。

此外，在数控铣削工艺中也常常需要对工件轮廓的凹圆弧半径及毛坯的基准问题提一些特殊要求。

5. 数控加工工艺路线的设计

数控加工的工艺路线设计与用通用机床加工工件的工艺路线设计的主要区别在于它不是指从毛坯到成品的整个工艺过程，而仅是几道数控加工工序工艺过程的具体描述。因此，在工艺路线设计中一定要注意，由于数控加工工序一般均穿插于工件加工的整个工艺过程中，因而要与普通加工工艺衔接好。

另外，在通用机床加工时由工人根据自己的实践经验和习惯所自行决定的工艺问题，如工艺中各工步的划分与安排、刀具的几何形状、走刀路线及切削用量等，都是数控工艺设计时必须认真考虑的内容，并将正确地选择编入程序中。在数控工艺路线设计中主要应注意以下几个问题。

（1）工序的划分　根据数控加工的特点，数控加工工序的划分一般可按下列方法进行：

1）以一次装夹、加工作为一道工序。这种方法适合于加工内容不多的工件，加工完成后就能达到待检状态。

2）以同一把刀具加工的内容划分工序。有些工件虽然能在一次装夹中加工出很多待加工面，但考虑到程序太长，会受到某些限制，如控制系统的限制（主要是内存容量），机床连续工作时间的限制（如一道工序在一个工作班内不能结束）等。此外，程序太长会增加出错检索困难。因此程序不能太长，一道工序的内容不能太多。

3）以加工部位划分工序。对于加工内容很多的工件，可按其结构特点将加工部位分成几个部分，如内形、外形、曲面或平面。

4）以粗、精加工划分工序。对于易发生加工变形的工件，由于粗加工后可能发生变形而需要进行校形，故一般来说凡要进行粗、精加工的工件都要将工序分开。

总之，在划分工序时，一定要视工件的结构与工艺性、机床的功能、工件数控加工内容的多少、装夹次数及本企业生产组织状况灵活掌握。工件是采用工序集中的原则还是采用工序分散的原则，也要根据实际情况合理确定。

（2）顺序的安排

1）上道工序的加工不能影响下道工序的定位与夹紧，中间穿插有通用机床加工工序的也要综合考虑。

2）先进行内形内腔加工工序，后进行外形加工工序。

3）以相同定位、夹紧方式或同一刀具加工的工序，最好接连进行，以减少重复定位次数、换刀次数与挪动压板次数。

4）在同一次装夹中进行的多道工序，应先安排对工件刚度破坏较小的工序。

（3）数控加工工艺与普通加工工序的衔接　数控加工工序前后一般都穿插有其他普通加工工序，如衔接得不好就容易产生矛盾，因此在熟悉整个加工工艺内容的同时，要清楚数控加工工序与普通加工工序各自的技术要求、加工目的、加工特点，如要不要留加工余量、留多少，定位面与孔的精度要求及几何公差，对矫形工序的技术要求，对毛坯的热处理状态要求等，这样才能使各工序满足加工需要，且质量目标及技术要求明确，交接验收有依据。

数控工艺路线设计是下一步工序设计的基础，其设计质量会直接影响工件的加工质量与生产效率，设计工艺路线时应对工件图、毛坯图认真分析，结合数控加工的特点灵活运用普通加工工艺的一般原则，尽量把数控加工工艺路线设计得更合理一些。常见工艺路线流程如图 2-11 所示。

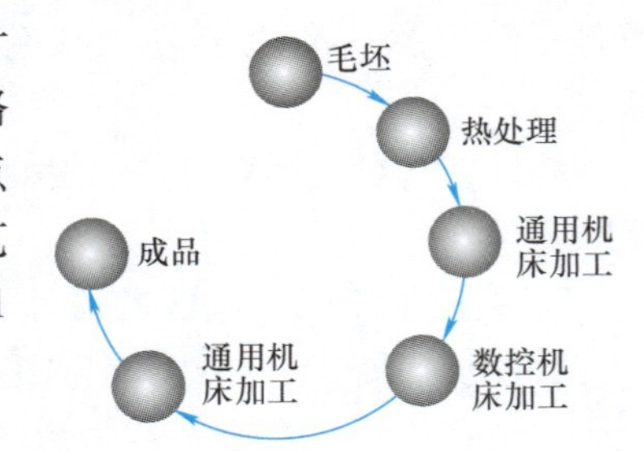

图 2-11　常见工艺路线流程

6. 数控加工工序的设计

当数控加工工艺路线设计完成后，各道数控加工工序的内容就已基本确定，要达到的目标已比较明确，便可以进行数控加工工序设计。

在确定工序内容时，要充分考虑到数控加工的工艺是十分严密的。因为数控机床虽然自动化程度较高，但自适应性差，它不能像通用机床那样，加工时可以根据加工过程中出现的问题比较自由地进行人为调整，即使现代数控机床在自适应调整方面做出了不少努力与改进，但自由度也不大。

数控加工工序设计的主要任务是进一步把本工序的加工内容、切削用量、工艺装备、定位夹紧方式及刀具运动轨迹都确定下来，为编制加工程序做好充分准备。

（1）确定走刀路线和安排加工顺序　在数控加工过程中，刀具时刻处于数控系统的控制下，因而每一时刻都应有明确的运动轨迹及位置。走刀路线就是刀具在整个加工工序中的运动轨迹，它不但包括了工步的内容，也反映了工步的顺序。走刀路线是编写程序的依据之一，因此，在确定走刀路线时，最好画一张工序简图，将已经拟订出的走刀路线画上去（包括进刀、退刀路线），这样可为编程带来不少方便。工步的划分与安排一般可随走刀路线来进行，在确定走刀路线时，主要考虑以下几点：

1）寻求最短加工路线，减少空刀时间以提高加工效率。

加工如图 2-12a 所示工件上的孔系。图 2-12b 所示的走刀路线 1 先加工外圈孔后，再加工内圈孔；如果改用图 2-12c 所示的走刀路线 2，可以减少空刀时间，大幅度提高加工效率。

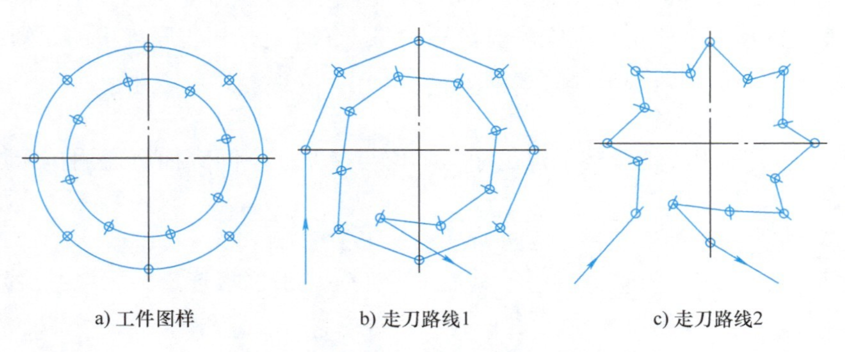

a) 工件图样　　b) 走刀路线1　　c) 走刀路线2

图 2-12　最短走刀路线的设计

2）为保证工件轮廓表面加工后的表面粗糙度要求，最终轮廓应安排在最后一次走刀中连续加工出来。

图 2-13a 所示为行切方式加工内腔走刀路线，能够切除内腔中全部余量，不伤轮廓，将

在走刀的起点和终点留下残余高度，达不到要求的表面粗糙度。采用图2-13b所示的走刀路线，先用行切法加工，最后沿圆周环切结束，表面精度较好，能获得较好的加工效果。采用图2-13c所示的环切方式（走刀路线3），也是一种较好的走刀方式，能获得较好的加工效果。

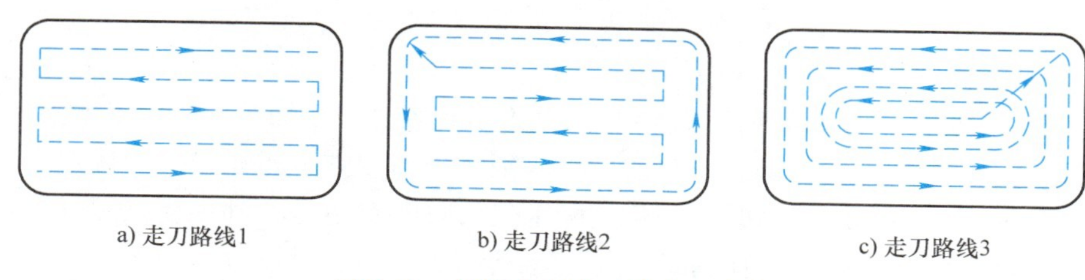

图2-13　铣削内腔的三种走刀路线

3）刀具的进刀、退刀（切入与切出）路线要认真考虑，以尽量减少在轮廓切削中停刀而留下刀痕，也要避免在工件轮廓面上垂直进刀和退刀，以免划伤工件。

4）要选择工件在加工后变形小的路线，对横截面积小的细长工件或薄板工件应分几次走刀，可采用对称去余量法安排走刀路线。

（2）定位基准与夹紧方案的确定　在确定定位基准与夹紧方案时应注意以下三点：

1）尽可能做到设计、工艺与编程计算的基准统一。

2）尽量做到工序集中，从而减少装夹次数，尽可能在一次装夹后加工出全部待加工表面。

3）避免采用占用机床加工时间的人工调整装夹方案。

（3）夹具的选择　由于夹具确定了工件在机床坐标系中的位置，即加工原点的位置，因而首先要求夹具能保证工件在机床坐标系中的正确坐标方向，同时协调工件与机床坐标系的尺寸。除此之外，主要考虑下列几点：

1）当工件加工批量小时，尽量采用组合夹具、可调试夹具及其他通用夹具。

2）当小批量或成批生产时才考虑采用专用夹具，但应力求结构简单。

3）夹具要开敞，其定位、夹紧机构元件不能影响加工中的走刀。

4）装卸工件要方便可靠，以缩短准备时间。有条件时，批量较大的工件应采用气动或液压夹具、多工位夹具。

（4）刀具的选择　数控机床对所使用的刀具有许多性能上的要求，只有达到这些要求才能使数控机床真正发挥效率。在选择数控机床所用的刀具时应注意以下几个方面：

1）良好的切削性能。现代数控机床正向着高速、高刚性和大功率方向发展，因而所使用的刀具必须能够承受高速切削和强力切削。同时，同一批刀具在切削性能和刀具寿命方面一定要稳定，这是由于在数控机床上为了保证加工质量，往往实行按刀具使用寿命换刀或由数控系统对刀具寿命进行管理。

2）较高的精度。随着数控机床、柔性制造系统的发展，要求刀具能实现快速和自动换刀；同时由于加工的工件日益复杂和精密，这就要求刀具必须具备较高的几何精度。对数控机床上所用的整体式刀具也提出了较高的精度要求，有些立铣刀的径向尺寸精度高达5μm，可满足精密工件的加工需要。

3）先进的刀具材料。刀具材料是影响刀具性能的重要环节。除了不断发展常用的高速钢和硬质合金钢材料外，涂层硬质合金刀具已在国外普遍使用。硬质合金刀片的涂层工艺是在韧性较大的硬质合金基体表面沉积一薄层（一般为5~7μm）高硬度的耐磨材料，把硬度和韧性高度地结合在一起，从而可改善硬质合金刀片的切削性能。

在如何使用数控机床刀具方面，也应掌握一条原则：对于不同的工件材质，切削用量三要素不同，选择切削速度（v_c）、背吃刀量（a_p）、进给量（f）三者互相适应的最佳切削参数。

（5）确定刀具与工件的相对位置　对于数控机床来说，在加工开始时，确定刀具与工件的相对位置是很重要的，它是通过对刀点来实现的。对刀点是指通过对刀确定刀具与工件相对位置的基准点。在程序编制时，不管实际上是刀具相对工件移动，还是工件相对刀具移动，都是把工件看作是静止的，而刀具看作是运动的。对刀点可以设在被加工工件上，也可以设在夹具上与工件定位基准有一定尺寸联系的某一位置。对刀点的选择原则如下：

1）所选的对刀点应使程序编制简单。

2）对刀点应选择在容易找正、便于确定工件的加工原点的位置。

3）对刀点的位置应在加工时检查方便、可靠。

4）有利于提高加工精度。

2.4.2　切削用量的选择

切削用量包括切削速度 v_c（m/s）、背吃刀量 a_p（mm）、进给速度或进给量 f（mm/min 或 mm/r）。对于不同的加工方法，需选择不同的切削用量，并编入程序中。具体数值应根据机床说明书中的要求和刀具寿命，查阅相关切削用量，再结合实际经验采用类比的方法来确定。

1. 背吃刀量 a_p

在机床、夹具、刀具和工件等的刚度允许的条件下，尽可能选较大的背吃刀量，以减少走刀次数，提高生产率。对于表面质量和精度要求较高的工件，要留足够的精加工余量。一般精加工余量取0.2~0.5mm。

2. 切削速度 v_c

编程时主轴转速 n（r/min）是根据最佳的切削速度 v_c 选取的。

$$n = \frac{1000v_c}{\pi D}$$

式中，D 为工件或刀具直径（mm）；v_c 为切削速度（m/min），取决于刀具和工件材料，通过切削用量手册查得。

3. 进给速度或进给量 f

根据工件的加工精度和表面粗糙度要求以及工件和刀具的材料选择。当加工精度和表面质量要求高时，进给速度选小些，一般选20~50mm/min。最大进给速度则受机床刚度和进给系统的性能限制，并与脉冲当量有关。

背吃刀量主要受机床刚度的限制，在机床刚度允许的情况下，尽可能使背吃刀量等于工件的加工余量，这样可以减少走刀次数，提高加工效率。对表面质量和精度要求较高的工件，要留有足够的精加工余量，数控加工的精加工余量可以比普通机床加工的余量小一些。切削速度、进给速度等参数的选择与普通机床加工基本相同，选择时要注意参考机床的使用说明书。在计算好各部位与各刀具切削用量后，最好能建立切削用量表，主要目的是方便编程。

2.4.3　工艺文件的编制

1. 数控加工工序卡

数控加工工序卡与普通加工工序卡有许多相似之处，所不同的是：草图中应注明编程原点与对刀点，对编程要进行简要说明（如所用机床型号、程序介质、程序编号、刀具半径补偿方式、镜像加工对称方式等）及切削参数（编入程序的主轴转速、进给速度、最大背吃刀量或宽度等）的确定。

在工序加工内容不是十分复杂的情况下，最好用数控加工工序卡，可以把工件草图、尺寸、技术要求、工序内容及程序要说明的问题集中反映在一张卡片上，做到一目了然。

2. 数控加工程序说明卡

实践证明，仅用加工程序和工艺规程来进行实际加工还有许多不足之处。由于操作者对程序的内容不清楚，对编程人员的意图不够理解，经常需要编程人员在现场进行口头解释、说明与指导，这种做法仅一两次还是可以的。但是，若程序是用于长期批量生产的，则编程人员很难每次都到达现场。再者，如果程序编制人员临时不在现场，或熟练的操作工人不在场或调离，麻烦就更多了，很有可能会造成质量事故或临时停产。因此，对加工程序进行必要的详细说明是很重要的，特别是对于那些需要长时间保留和使用的程序尤其重要。

根据应用实践，对加工程序需要做出说明的主要内容有：

1）所用数控设备型号及数控系统型号。

2）对刀点（程序原点）及允许的对刀误差。

3）加工原点的位置及坐标方向。

4）镜像加工使用的对称轴。

5）所用刀具的规格、图号及其在程序中对应的刀具号，必须按实际刀具半径（或长度）加大（缩小）补偿值的特殊要求（如用同一段程序、同一把刀具利用改变刀具半径补偿值做粗精加工时），要求更换刀具的程序段号。

6）整个程序加工内容的安排（相当于工步内容说明与工步顺序）。

7）子程序的说明。对程序中编入的子程序应说明其内容，让使用者明白子程序的用途。

8）其他需要作特殊说明的问题，如需要在加工中更换夹紧点（挪动压板）的计划停机程序段号，中间测量用的计划停机程序段号，允许的最大刀具半径和长度补偿值等。

3. 数控加工走刀路线图

在数控加工中，常常要注意并防止刀具在运动中与夹具、工件等发生意外的碰撞，为此必须设法告诉操作者关于编程中的刀具运动路线（如从哪里下刀，在哪里抬刀），使操作者在加工前就对刀具运动路线有所了解，并计划好夹紧位置及控制夹紧元件的高度，这样可以防止或减少上述事故的发生。此外，对有些被加工工件，由于工艺性问题，必须在加工中挪动夹紧位置，也需要事先告诉操作者：在哪个程序段前挪动，夹紧点在工件的什么地方，然后更换到什么地方，需要在什么地方事先备好夹紧元件等，以防出现安全问题。这些用程序说明卡和工序说明卡是难以说明或表达清楚的，如用走刀路线图加以附加说明，效果就会更好。

4. 编写要求

1）字迹工整、文字简练达意。

2）草图清晰、尺寸标注准确无误。

3）应该说明的问题要全部说得清楚、正确。

4）文图相符、文实相符，不能互相矛盾。

5）当程序更改时，相应文件要同时更改，需办理更改手续的要及时办理。

6）准备长期使用的程序和文件要统一编号，办理存档手续，建立相应的管理制度。

2.5　数控编程中的数值计算

2.5.1　基点的坐标计算

编程时的数值计算主要是计算工件加工轨迹的尺寸，即计算工件轮廓基点和节点的坐标或刀具中心轨迹基点和节点的坐标。

1. 基点

构成工件轮廓几何素线的交点或切点称为基点。数控机床一般只有直线和圆弧插补功能，因此，对于由直线和圆弧组成的平面轮廓，编程时主要是求出各基点的坐标。所谓基点就是构成工件轮廓几何素线的交点或切点，如直线与直线的交点，直线段和圆弧段的交点、切点及圆弧与圆弧的交点、切点等。根据基点坐标，就可以编写出直线和圆弧的加工程序。基点的计算比较简单，选定坐标原点以后，应用三角、几何关系就可以算出各基点的坐标，因此采用手工编程即可。

2. 坐标计算

例题　如图2-14所示为刀具中心从起点 S 到终点 H 的轨迹，各基点坐标计算（计算各点的增量）如下：

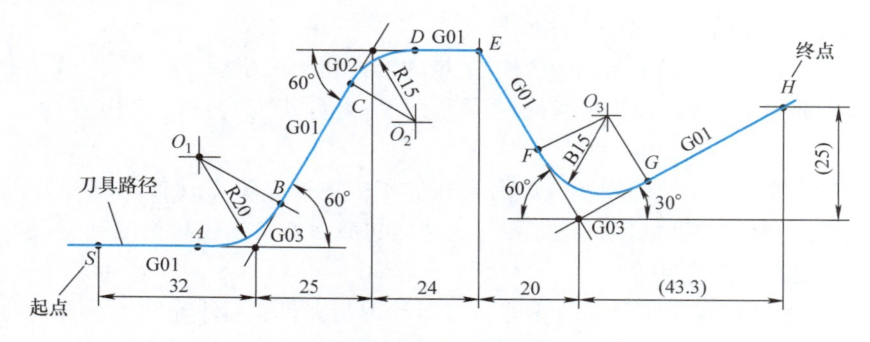

图2-14　走刀路线图

走刀路线 $S-A-B$，计算方法为：$X_A = 32 - 20\tan 30° = 32 - 11.547 = 20.453$

$X_B = 20\sin 60° = 17.321$；$Y_B = 20 - 20\cos 60° = 10$

……

可以看出，对于简单工件，基点计算也是很麻烦的，对于复杂工件，计算量就更大。为了提高编程效率，复杂工件应用软件自动编程更为简便。

2.5.2　节点的坐标计算

1. 节点

工件非圆曲线轮廓拟合线段中的交点或切点称为节点。

对于用实验或经验数据点表示，没有轮廓曲线方程的平面轮廓，如果给出的数据点比较密集，则可以用这些点作为节点，用直线或圆弧连接起来逼近轮廓形状。如果数据点较稀疏，则必须先用插值法将节点加密，或进行曲线拟合（如使用牛顿插值法、样条曲线拟合法、双圆弧拟合法等），然后再进行曲线逼近。对于空间曲面，则用许多平行的平面曲线逼近空间曲面，这时需求出所有的平面曲线，并计算出各平面曲线的基点或节点，然后按基点、节点划分各个程序段，编写各节点、基点之间的直线或圆弧加工程序。

2. 坐标计算

（1）等间距直线逼近法的节点计算　等间距直线逼近法节点计算的方法比较简单，其特点是使每个程序段的某一坐标增量相等，然后根据曲线的表达式求出另一坐标值，即可得到节点坐标。在直角坐标系中，可使相邻节点间的 X 坐标增量或 Y 坐标增量相等；在极坐标系中，可使相邻节点间的转角坐标增量或径向坐标增量相等。计算方法如图 2-15 所示。

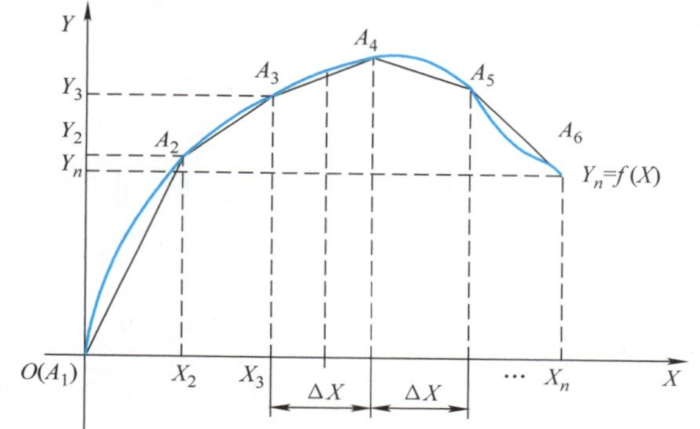

图 2-15　等间距直线逼近法求节点

由起点开始，每次增加一个坐标增量 ΔX，得到 X，将 X 代入轮廓曲线方程 $Y=f(X)$，即可求出 A_1 点的 Y_1 坐标值。X_n、Y_n 即为逼近线段的终点坐标值。如此反复，便可求出一系列节点坐标值。这种方法的关键是确定间距值，该值应保证曲线 $Y=f(X)$ 相邻两节点间的法向距离小于允许的程序编制误差，误差通常为工件公差的 1/10 ~ 1/5。在实际生产中，常根据加工精度要求，根据经验选取间距值。

（2）等弦长直线逼近法的节点计算　等弦长直线逼近法是使所有逼近线段的弦长相等，如图 2-16 所示。由于轮廓曲线 $Y=f(X)$ 各处的曲率不等，因而各程序段的插补误差 δ 不等，所以编程时必须使产生的最大插补误差小于允许的插补误差，以满足加工精度的要求。在用直线逼近曲线时，一般认为误差的方向是曲线的法线方向，同时误差的最大值产生在曲线的曲率半径最小处。

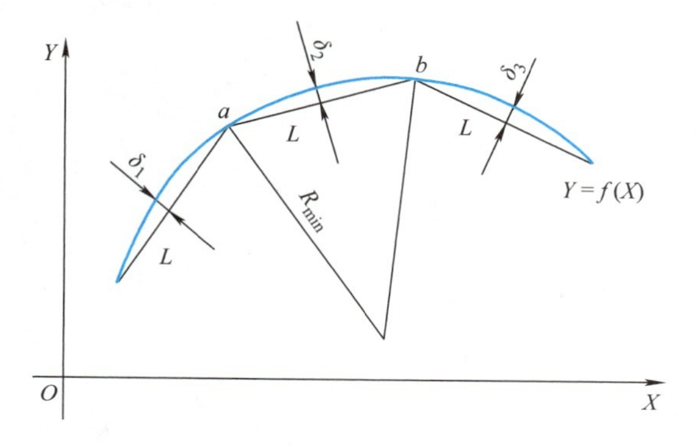

图 2-16　等弦长直线逼近法求节点

拓展阅读

陈行行——机械行业的大国工匠

在大国重器的加工平台上，他用极致书写精密人生。胸有凌云志，浓浓报国情，他就是中国工程物理研究院机械制造工艺研究所工人陈行行。

用在尖端武器装备上的薄薄壳体，通过陈行行的加工，产品合格率从难以逾越的50%提升到100%，优化了国家重大专项分子泵项目核心零部件动叶轮叶片的高速铣削工艺。他精通数控多轴联动加工技术、高速高精度加工技术和参数化自动编程技术，尤其擅长薄壁类、弱刚度类零件的加工工艺与技术，是一位一专多能的技术技能复合型人才。

思考与练习

2-1　简述数控编程的内容和步骤。
2-2　数控编程的方法有几种？各自的特点是什么？
2-3　对刀点有何作用？对刀点的选择原则是什么？
2-4　程序段中各程序字由什么组成？
2-5　坐标系建立的原则是什么？
2-6　机床坐标系和工件坐标系的区别是什么？
2-7　数控加工工序设计的主要任务是什么？工序设计的内容有哪些？
2-8　G指令和M指令的基本功能是什么？
2-9　什么是基点和节点？
2-10　数控工艺路线设计中主要应注意哪几个问题？
2-11　在确定数控机床加工工艺内容时，应首先考虑哪些方面的问题？
2-12　一个完整的程序由哪几部分组成？
2-13　如何确定工件坐标系？
2-14　什么是机床坐标系、工件坐标系、机床原点、机床参考点、工件原点？

第 3 章　FANUC 系统数控车床编程

3.1　FANUC 系统数控车床编程基础

3.1.1　数控车床编程特点

数控车床的主要编程特点如下：

1）在一个程序段中，可以采用绝对值编程（用 X、Z 表示）、增量值编程（用 U、W 表示）或者两者混合编程（X、W 或 U、Z 表示）。

2）径向尺寸编程（X 方向）分为直径编程和半径编程两种。当直径方向（X 方向）用绝对值编程时，X 以直径值表示；用增量值编程时，以径向实际位移量的二倍值表示，并附方向符号（正向可以省略）。通常系统默认为直径编程，也可以采用半径编程，但必须更改系统设定或通过编程指令进行切换。

3）X 向的脉冲当量应取 Z 向的一半。

4）车削加工毛坯余量较大时，为简化编程，数控装置备有不同形式的固定循环编程方法和复合循环编程方法，可以进行多次重复循环切削。

5）编程时，常认为车刀刀尖是一个点，而实际上为了提高刀具寿命和工件表面质量，车刀刀尖常被磨成一个圆弧。因此，当编制加工程序时，需要考虑对刀具进行半径补偿和刀尖位置确定。

3.1.2　数控车床的坐标系

1. 数控车床坐标系

数控车床的坐标系规定如图 3-1 所示，数控车床的机床原点处于主轴旋转中心与卡盘后端面的交点。图 3-1 中 O 点即为机床原点。

2. 机床参考点

机床参考点的固定位置由 Z 向和 X 向的机械挡块或者电气装置来限定，一般设在车床正向最大极限位置。

3. 工件坐标系和工件原点

工件坐标系设定后，显示屏上显示的便是车刀刀尖相对工件原点的坐标值，在被新的工件坐标系取代前一直有效。编程时，工件的各个尺寸坐标都是相对于工件原点而言的，工件坐标系一般设定在工件的右端面中心位置。

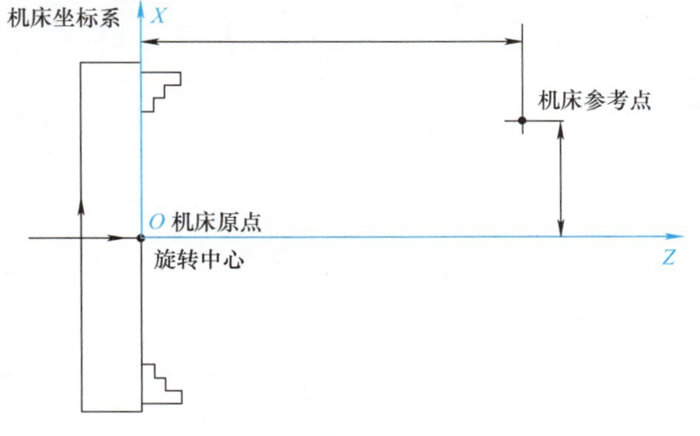

图 3-1　数控车床坐标系

图 3-2 所示为数控车床上常用的以工件右端面中心为工件原点建立的工件坐标系。

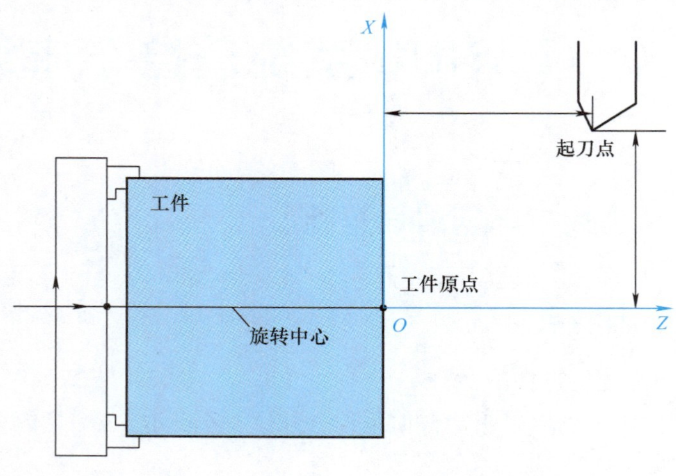

图 3-2　工件坐标系与工件原点

可见，工件坐标系的 *Z* 轴与主轴轴线重合，*X* 轴因工件原点的不同而异，各轴正方向与机床坐标系相同。

3.2　数控车床常用功能指令

不同的数控车床，其指令系统也不尽相同。此处以 FANUC 0*i* 数控系统为例，介绍数控车床的基本编程指令。

3.2.1　准备功能 G 代码与辅助功能 M 代码

1. 准备功能 G 代码

基本功能指令通常称为准备功能指令，用 G 代码表示，称为 G 代码编程。它是用地址字 G 和后面的两位数字来表示的，见表 3-1。

表 3-1　准备功能指令

代码	分组	意义	格式
G00	01	快速进给、定位	G00 X _ Z _
G01		直线插补	G01 X _ Z _ F _
G02		圆弧插补 CW（顺时针）	G02 X _ Z _ R _ F _ G02 X _ Z _ I _ K _ F _
G03		圆弧插补 CCW（逆时针）	G03 X _ Z _ R _ F _ G03 X _ Z _ I _ K _ F _
G04	00	暂停	G04 X _/P _ X 单位：s。P 单位：ms（整数）
G20	06	英制输入	G20
G21		米制输入	G21
G28	00	回归参考点	G28 X _ Z _
G29	00	由参考点回归	G29 X _ Z _

（续）

代码	分组	意义	格式
G32	01	螺纹切削（由参数指定绝对和增量值）	G32 X（U）_ Z(W)_ F _ F 是导程，单位为 mm/r
G40	07	刀具补偿取消	G40 G00/G01 X _ Z _
G41		左半径补偿	G41 G00/G01 X _ Z _ D_{nn}
G42		右半径补偿	G42 G00/G01 X _ Z _ D_{nn}
G50	00	设定工件坐标系/主轴最高转速限制	设定工件坐标系 G50 X _ Z _
G53	00	机械坐标系选择	G53 X _ Z _
G54	12	选择工件坐标系 1	G × × G00/G01X _ Z _
G55		选择工件坐标系 2	
G56		选择工件坐标系 3	
G57		选择工件坐标系 4	
G58		选择工件坐标系 5	
G59		选择工件坐标系 6	
G70	00	精加工循环	G70 P（*ns*）Q（*nf*）
G71		内、外圆粗车循环	G71 U（Δ*d*）R（*e*） G71 P（*ns*）Q（*nf*）U（Δ*u*）W（Δ*w*）F（*f*）S（*s*）T（*t*）
G72		端面粗车循环	G72 W（Δ*d*）R（*e*） G72 P（*ns*）Q（*nf*）U（Δ*u*）W（Δ*w*）F（*f*）S（*s*）T（*t*）
G73		封闭切削循环	G73 U（Δ*i*）W（Δ*k*）R（Δ*d*） G73 P（*ns*）Q（*nf*）U（Δ*u*）W（Δ*w*）F（*f*）S（*s*）T（*t*）
G74		车削钻孔循环（深孔钻循环）	G74 R（*e*） G74 X（U）_ Z(W)_ P（Δ*i*）Q（Δ*k*）R（Δ*d*）F（*f*）
G75		车削槽循环（宽槽或多槽）	G75 R（*e*） G75 X（U）_ Z（W）_ P（Δ*i*）Q（Δ*k*）R（Δ*d*）F（*f*）
G76		复合螺纹切削循环	G76 P（*m*）（*r*）（*a*）Q（Δd_{min}）R（*d*） G76 X（U）Z（W）R（*i*）P（*k*）Q（Δ*d*）F（*L*）
G90	01	直线车削循环	G90 X(U)_ Z(W)_ R _ F _
G92		螺纹车削循环	G92 X(U)_ Z(W)_ R _ F _
G94		端面车削循环	G94 X(U)_ Z(W)_ R _ F _
G96	02	恒线速度设置	G96 S _
G97		恒线速度取消	G97 S _
G98	05	进给速度（mm/min）	G98 F _
G99		进给量（mm/r）	G99 F _

2. 辅助功能 M 代码

辅助功能字也称 M 功能、M 指令或 M 代码。辅助功能字由地址符 M 和其后两位数字组成，有 M00 ~ M99 共 100 种。M 指令是控制机床在加工时做一些辅助动作的指令。

（1）M00　程序停止。执行 M00 指令后，自动运行停止，机床所有动作均被切断，以便进行某种手动操作。程序停止时，所有模态指令信息保持不变。重新按动循环启动按钮后，系统将继续执行后续的程序段。

（2）M01　选择停止。与 M00 相似，在包含 M01 的程序段执行以后自动运行停止。M01 与 M00 的区别是：只有当机床操作面板上的“选择停止”开关被按下时 M01 才有效，否则无效。可用循环启动按钮恢复自动运行。

（3）M02　程序结束。执行该指令后，表示程序内所有指令均已完成，因而切断机床所有动作，机床复位。但程序结束后，程序光标不返回到程序开头的位置。

（4）M30　程序结束并复位。执行该指令后，除完成 M02 的功能外，程序光标将自动返回到程序开始位置，同时为加工下一个工件做好准备。通常程序结束时采用该指令。

（5）M03　主轴正转（顺时针旋转）。

（6）M04　主轴反转（逆时针旋转）。

（7）M05　主轴停转。

（8）M06　换刀。M06 必须与相应刀号（T 代码）结合，才能构成完整的换刀指令。经济型数控车床无此功能。

（9）M07　雾状切削液打开。

（10）M08　液态切削液打开。

（11）M09　切削液关闭。

（12）M98　调用子程序。其指令格式为 M98 P _ L _。其中，P 后面写被调用的子程序的程序号，L 为重复调用的次数，当调用次数为 1 时，该参数可以省略不写。

（13）M99　子程序调用结束，返回主程序。子程序的格式为：

O _ _ _ _

…

M99

注意：在子程序开头，必须规定子程序号，以作为调用入口地址。在子程序结束时用 M99，以控制执行该子程序后返回主程序（主程序号与子程序号不能重复）。

FANUC 0*i* 数控系统常用辅助功能 M 代码见表 3-2。

表 3-2　FANUC 0*i* 数控系统常用辅助功能 M 代码

代码	模态	功能	代码	模态	功能
M00	非	程序暂停（无条件）	M07	是	切削液打开
M01	非	程序暂停（有条件）	M08	是	切削液打开
M02	非	程序结束	M09	是	切削液关
M03	是	启动主轴顺转（正转）	M30	非	程序结束并返回至程序起点
M04	是	启动主轴逆转（反转）	M98	非	调用子程序
M05	是	主轴停止	M99	非	子程序结束并返回主程序

3.2.2　数控车床刀具补偿功能

数控车床的补偿功能是其主要功能之一，它分为两大类，即刀具的位置补偿（亦称刀具尺寸补偿、轮廓补偿、偏置补偿）和刀尖圆弧半径补偿。这两类功能主要用来补偿刀具实际装夹位置、实际刀尖圆弧半径与理论编程位置、理论刀尖圆弧半径之差的一种功能。

假定以刀架中心作为程序原点，在实际刀具装夹以后，由于实际刀尖与程序原点不能重合，必然会存在着一定的偏移量，其偏移值主要表现在 X 向和 Z 向。如果测量出这两个偏移量，并将其输入到相应的存储器中，当程序执行到刀具补偿功能时，原来的程序原点就会被实际刀尖所取代，从而简化了编程。

当刀具磨损或者更换刀具以后，只要修正 X 向和 Z 向的偏移量即可自动实现补偿。

数控车床的刀具位置补偿包括刀具的几何补偿和磨损补偿。在实际编程时，通常都选用一把刀具作为标准刀具。实际刀具与标准刀具在 X 向和 Z 向的差值称为几何补偿；刀具理论值和实际值之间的偏差称为磨损补偿。

刀具位置补偿一般是用 T 指令来实现的。刀具半径补偿一般是用 G 代码来实现的。

系统对刀具的补偿或者取消，都是通过滑板的移动来实现的。

1. 刀具偏置补偿

机床的原点和工件的原点是不重合的，也不可能重合。加工前首先装夹刀具，然后回机床参考点，这时车刀的关键点（刀尖或刀尖圆弧中心）处于一个位置，随后将刀具的关键点移动到工件原点上（这个过程叫作对刀）。刀具偏置补偿是用来补偿以上两种位置之间的距离差异的，有时也叫作刀具几何偏置补偿，如图 3-3 所示。

（1）刀具偏置补偿　分为两类：一类是刀具几何偏置补偿，另一类是刀具磨损偏置补偿。刀具磨损偏置补偿用于补偿刀尖磨损量，如图 3-4 所示。

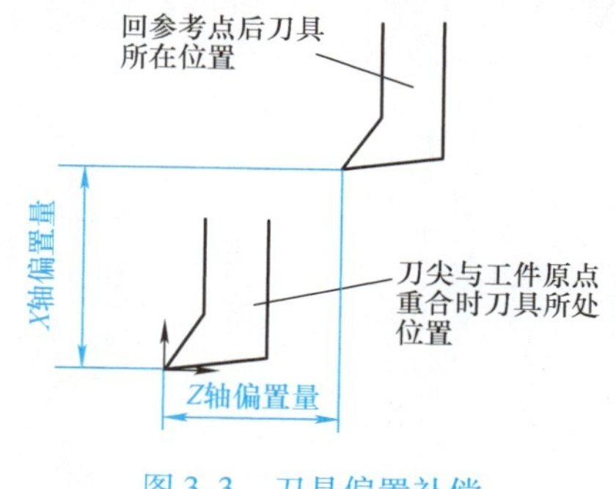

图 3-3　刀具偏置补偿

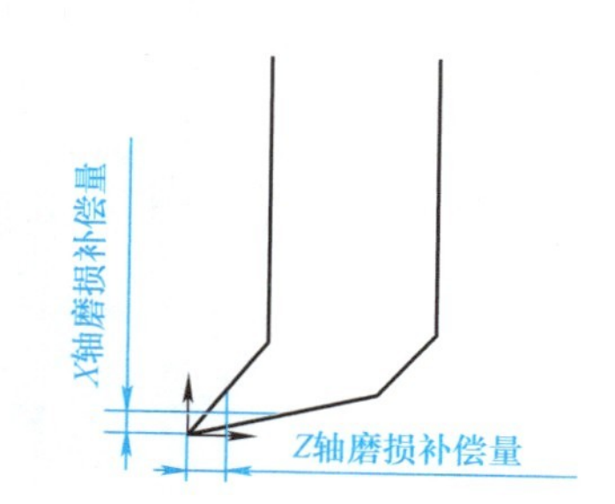

图 3-4　来自刀具磨损偏置的刀具几何补偿偏置

（2）刀具偏置指令　通常由 T 代码指定。在 FANUC 0*i* 系统中，T 代码的指定有两种方式，一种是 2 位数指令，另一种是 4 位数指令。

2 位数指令是指 T 地址后面跟两位数字，第一位数字表示刀号，第二位数字表示刀具磨损和刀具几何偏置号。例如，T12 表示调用第 1 号刀，调用第 2 组刀具磨损和刀具几何偏置。还有一种方法是把几何偏置和磨损偏置分开放置，用第一位数字表示刀号和刀具几何偏置号，用第二位数字表示刀具磨损偏置号。例如，T12 表示调用第 1 号刀，调用第 1 组刀具几何偏置，调用第 2 组刀具磨损偏置。

4 位数指令是指 T 地址后面跟四位数字，前两位数字表示刀号，后两位数字表示刀具磨损和刀具几何偏置号。例如，T0102 表示调用第 1 号刀，调用第 2 组刀具磨损和刀具几何偏置。同样，4 位数指令也可以把几何偏置和磨损偏置分开放置，用前两位数字表示刀号和刀具几何偏置号，用后两位数字表示刀具磨损偏置号。例如，T0102 表示调用第 1 号刀，调用第 1 组刀具几何偏置，调用第 2 组刀具磨损偏置。

偏置号的指定是由指定偏置号的参数设定的。例如，对 2 位数指令而言，当参数 5002

号第0位LD1设定为1时，用T代码末位指定刀具磨损偏置号；对于4位数指令而言，当参数5002号0位LD1设定为0时，用T代码末两位指定刀具磨损偏置号。

（3）刀具偏置号的两种意义　刀具偏置号既可用来开始偏置功能，又可用来指定与该号对应的偏置距离。当刀具偏置号后一位（2位数指令）为0时或者最后两位（4位数指令）为00时，则表明取消刀具偏置值。一般情况下，常用4位数指令指定刀具偏置。

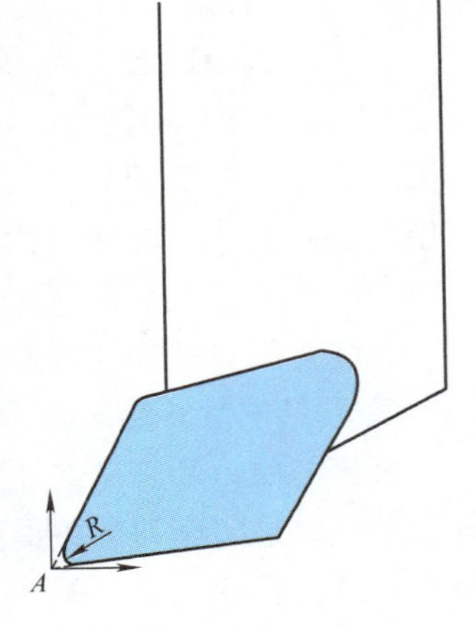

图3-5　假想刀尖A

2. 车刀刀尖半径补偿

数控车床是以刀尖对刀的，加工时所选用车刀的刀尖不可能绝对尖到是一个点，总有一个小圆弧。对刀时，刀尖位置是一个假想刀尖*A*，如图3-5所示，编程时，按照*A*点的轨迹进行程序编制，即工件轮廓与假想刀尖*A*重合。车削时，实际起作用的切削刃是圆弧与工件轮廓表面的切点。

当车锥面时，由于刀尖圆弧*R*的存在，实际车出的工件形状就会和工件图样上的尺寸不重合，如图3-6所示。图3-6中的虚线即为实际车出的工件形状，这样就会产生圆锥表面误差。如果工件要求不高，此量可以忽略不计，但是如果工件要求很高，就应考虑刀尖圆弧半径对工件表面形状的影响。

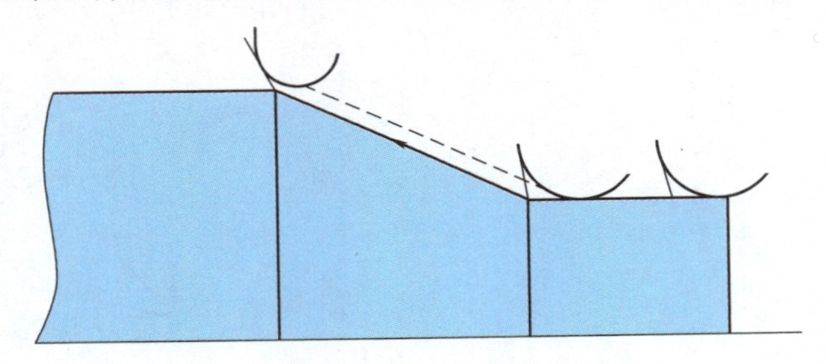

图3-6　车锥面产生的误差

当编制工件加工程序时，如果按照刀具中心轨迹编制程序，则应先计算出刀心的轨迹，即和工件轮廓线相距一个刀具半径的等距线，然后再对刀心轨迹进行编程。尽管用刀心轨迹编程比较直观，但是计算量会非常大，给编程带来不便。实际编程时，一般不需要计算刀具中心轨迹，只需按照工件轮廓编程，然后使用刀具半径补偿指令，数控系统就能自动地计算出刀具中心轨迹，从而准确地加工出所需要的工件轮廓。

刀具半径补偿用指令G41和G42来实现，它们都是模态指令，用指令G40来注销。顺着刀具运动方向看，刀具在被加工工件的左边，则用G41指令，因此，G41也称为左补偿；顺着刀具运动方向看，刀具在被加工工件的右边，则用G42指令，因此，G42也称为右补偿。

格式：G41/G42/G40　G01/G00 X(U)_ Z(W)_;

说明：X（U）、Z（W）为建立或者取消刀具补偿程序段中刀具移动的终点坐标。

G41、G42、G40指令只能与G00、G01结合编程，通过直线运动建立或者取消刀补，它们不允许与G02、G03等指令结合编程，否则将会报警。假想刀尖的方位是由切削时刀具的方向所决定的，FANUC 0*i* 用 0～9 来确定假想刀尖的方位，如图 3-7 所示。

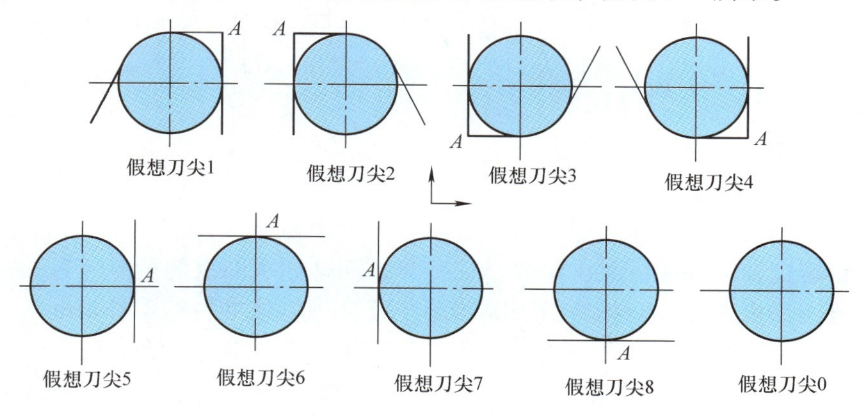

图 3-7　假想刀尖的方位

一般来说，如果既要考虑车刀位置补偿，又要考虑圆弧半径补偿，则可在刀具代码 T 中的补偿号对应的存储单元中存放一组数据：*X* 轴、*Z* 轴的位置补偿值，圆弧半径补偿值和假想刀尖方位（0～9）。操作时，可以将每一把刀具的四个数据分别设定到刀具补偿号对应的存储单元中，即可实现自动补偿。

3. 刀具位置号

对于不同的车刀来说，其刀尖圆弧中心与假想刀尖之间的方位关系是不同的，由此产生的过切或欠切的大小和方向也是不同的，因此执行 G41、G42 时需指定刀尖圆弧中心与假想刀尖之间的方位关系，即刀具位置号。当采用假想刀尖编程时，刀具位置号为1～8，当采用刀尖圆弧中心编程时，刀具位置号为 0 或 9，如图 3-8 所示。

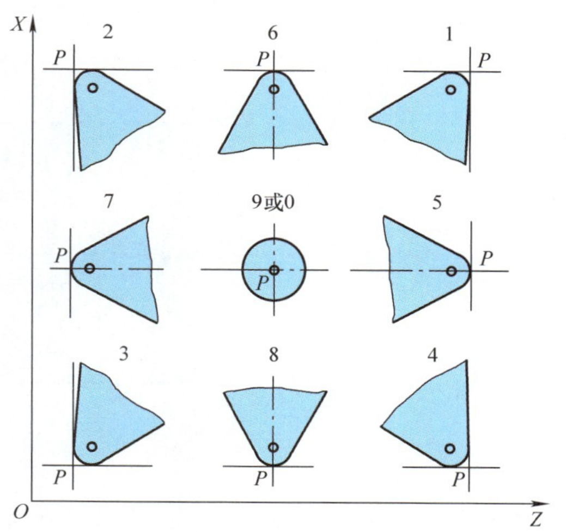

图 3-8　车刀刀具位置号

4. 刀具补偿的注意事项

1）G42（G41）与 G02（G03）指令不能在同一程序段中，可以与 G00 或 G01 指令写在同一程序段内，其下一程序段始点与刀尖圆弧中心连线应垂直于刀具路径。

2）必须用 G40 指令取消刀尖半径补偿，其前一程序段的终点与刀尖圆弧中心连线应垂直于刀具路径。

3）G42（G41）状态下不允许有两个连续的非移动指令，否则刀具在前面程序段终点垂直位置停止，而产生过切或欠切。

4）切断端面时，为防止在回转中心留下欠切小锥，刀具应切过轴线，过切量应大于刀具半径。

5）在靠近卡爪或工件端面处取消刀补时，为防止卡爪或端面被切，应提前取消刀补，提前量应大于刀具半径。

6）刀具补偿功能在固定循环中无效。

7）刀尖圆弧半径补偿需要与刀尖方位和圆弧半径同时使用，否则补偿功能无效。

3.2.3 坐标系设定 G50 与 G54 ~ G59

1. 工件坐标系设定指令 G50

格式：G50 X _ Z _;

说明：X、Z 表示刀具当前位置在工件坐标系中的坐标。

G50 指令通过设定刀具起点（即对刀点）与工件坐标系原点的相对位置关系来建立工件坐标系。在程序中利用 G50 指令及刀具当前位置，可以建立新的工件坐标系，实现坐标系的平移，该指令执行后只建立一个坐标系，刀具并不产生运动。所以在执行 G50 前必须将刀具放在程序所要求的位置上。

如图 3-9 所示，开始加工时刀尖的起始点设定如下：

1）欲设定 *XOZ* 为工件坐标系，则程序段为 G50 X121.8 Z33.9。

2）设定 *X′O′Z* 为工件坐标系，则程序段为 G50 X121.8 Z109.7。

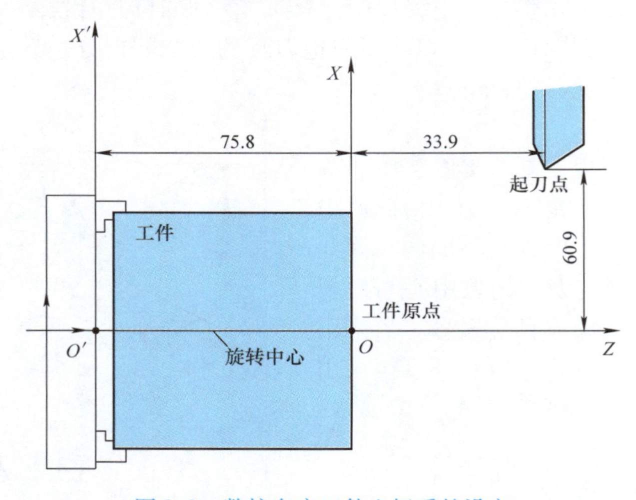

图 3-9 数控车床工件坐标系的设定

在这里一定要注意，*X* 方向的尺寸是坐标值的 2 倍，这种编程方法称为直径编程。另外，G50 是模态指令，设定后一直有效。实际加工时，当数控系统执行 G50 指令时，刀具并不运动，G50 指令只起预置寄存作用，用来存储工件原点在机床坐标系中的位置坐标。

> **注意：**G50 指令除了设定坐标系之外，还可以限制当前主轴最高转速，例如 G50 S1500，表示本程序最高转速为 1500r/min。

2. 工件坐标系的选择指令 G54 ~ G59

使用 G54 ~ G59 指令，可以在机床行程范围内设置 6 个不同的工件坐标系。这些指令和 G50 指令有很大区别。用 G50 指令设定工件坐标系，是在程序中用程序段中的坐标值直接进行设置；而用 G54 ~ G59 指令设置工件坐标系时，必须首先将 G54 ~ G59 指令所用的坐标值设置在原点偏置寄存器中，编程时再分别用 G54 ~ G59 指令调用，在程序中只写 G54 ~ G59 中的一个指令。例如，用 G54 指令设定图 3-10 所示的工件坐标系。

首先设置 G54 原点偏置寄存器：G54 X0 Z85；然后再在程序中调用：N10 G54。

显然，对于多工件的原点设置，采用 G54～G59 原点偏置寄存器存储所有工件原点与机床原点的偏置量，然后在程序中直接调用 G54～G59 指令进行原点偏置是很方便的。因为一次对刀就能加工一批工件，刀具每加工完一件后可回到任意一点，且不需再对刀，避免了每加工一件工件都要对刀的操作，所以大批量生产主要采用此种方式。

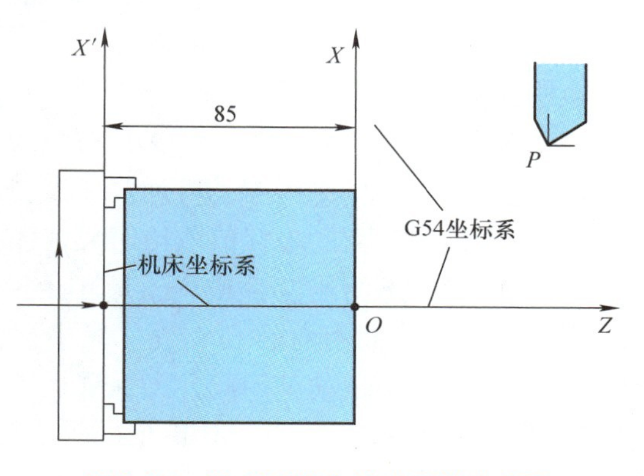

图 3-10　用 G54 指令设定工件坐标系

3.2.4　基本指令 G00、G01

必须注意，在数控车床的程序中，X、Z 后面跟的是绝对尺寸，U、W 后面跟的是增量尺寸。X、Z 后所有编入的坐标值全部以程序原点为基准，U、W 后所有编入的坐标值全部以刀具前一个坐标位置作为起始点来计算。

1. 快速点位移动 G00

格式：G00 X(U)_ Z(W)_;

说明：X(U)_、Z(W)_为终点坐标值。

1）执行该指令时，刀具以机床规定的进给速度（或进给量）从所在点以点位控制方式移动到终点。移动速度不能由程序指令设定，它的速度已由生产厂家预先调定。若编程时设定了进给速度（或进给量）F，则对 G00 程序段无效。

2）G00 为模态指令，只有遇到同组指令时才会被取替。

3）X、Z 后面跟的是绝对坐标值，U、W 后面跟的是增量坐标值。

4）X、U 后面的数值应乘以 2，即以直径方式输入，且有正、负号之分。

如图 3-11 所示，要实现从起点 *A* 快速移动到终点 *C*：其绝对值编程方式为 G00 X141.2 Z98.1（X 值是直径）。其增量值编程方式为 G00 U91.8 W73.4。

执行上述程序段时，刀具实际的运动路线不是一条直线，而是一条折线，首先刀具从点 *A* 以快速进给速度（或进给量）运动到点 *B*，然后再运动到点 *C*。因此，在使用 G00 指令时要注意刀具是否和工件及夹具发生干涉，对不适合联动的场合，两轴可单动。如果忽略这一点，就容易发生碰撞，而在快速运动状态下的碰撞就更加危险。

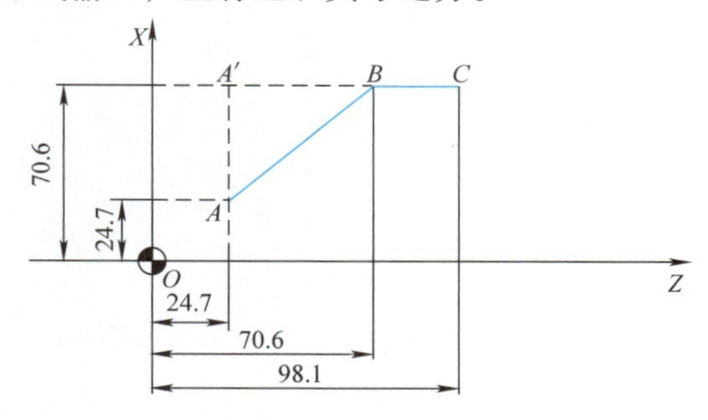

图 3-11　快速点定位

2. 直线插补 G01

直线插补也称直线切削，该指令使刀具以直线插补运算联动方式由某坐标点移动到另一坐标点，移动速度由进给功能指令 F 来设定。机床执行 G01 指令时，如果之前的程序段中无 F 指令，在该程序段中必须含有 F 指令。G01 和 F 都是模态指令。

格式：G01　X(U)_ Z(W)_ F _;

说明：X（U）、Z（W）为终点坐标，F 为进给速度（或进给量）。

如图 3-11 所示，由 *A* 到 *B*，G01 X141.2 Z70.6；G01 U91.8 W45.9。

1）G01 指令是模态指令，可加工任意斜率的直线。

2）G01 指令后面的坐标值取绝对尺寸还是取增量尺寸，由尺寸地址决定。

3）G01 指令进给速度（或进给量）由模态指令 F 决定。如果在 G01 程序段之前的程序段中没有 F 指令，而当前的 G01 程序段中也没有 F 指令，则机床不运动，机床倍率开关在 0% 位置时机床也不运动。因此，为保证运动，G01 程序段中必须含有 F 指令。

4）若 G01 指令前出现 G00 指令，而该句程序段中未出现 F 指令，则 G01 指令的移动速度按照 G00 指令的速度执行。

除完成直线插补功能外，G01 还可以实现自动倒角功能或自动倒圆角功能。

格式：G01 X _，C 或 R _；

　　　G01 Z _，C 或 R _；

例如：G01 X20，R1.5；系统会自动实现倒 *R*1.5mm 的圆角

　　　G01 X20，C1.5；系统会自动实现倒 1.5mm 的角

注意：采用自动倒角或倒圆角功能时，刀具位置一定在倒角或圆角的起点延长线上，而且终点位置也在相应坐标轴的延长线上。

例题 3-1　加工图 3-12 所示的工件，选右端面 *O* 点为程序原点，在编程之前计算各个点的坐标值后进行编程。工件由倒角、圆柱面、圆锥面组成，已粗加工完成，进行精加工编程。首先以右端面中心为原点，计算各点坐标值（40，0）、（50，－5）、（50，－45）、（80，－65）后进行精加工编程。以后刀架为基准，即轴线以上部分各点坐标编程。

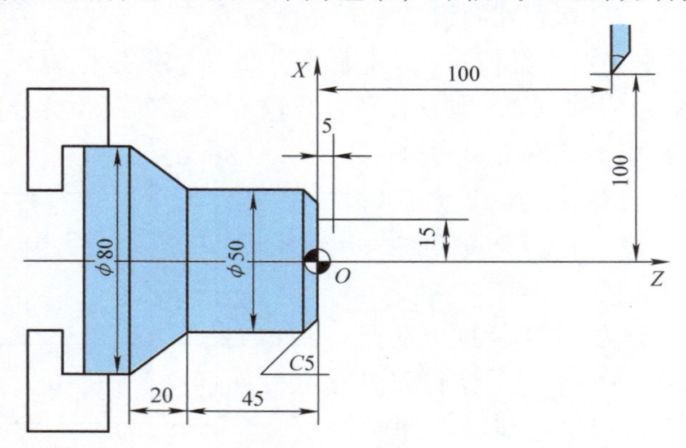

图 3-12　G00 与 G01 指令编程

注意：FANUC 系统编程时需带小数点，例如：G00 X20.0 Y10.0 或 G00 X20. Y10.，如果不带小数点，直接把机床系统参数 3401 #0 设为 1 就可以了。可写成 G00 X20 Y10。

程序（绝对值编程）如下：

```
O0301;                        程序名
N10 T0101;                    换 1 号刀
N20 S800 M03;                 主轴正转，转速为 800r/min
```

```
N30 G00 X30 Z5 G42;                                   快速进给到倒角延长线上，加右刀补
N40 G01 X50 Z-5 F0.3;（G01 X50, C5 F0.3;）           加工倒角
N50 Z-45;                                             加工 φ50mm 圆柱面
N60 X80 Z-65;                                         加工圆锥面
N70 G00 X200 Z100 T0100;                              退刀，取消刀补
N80 M05;                                              主轴停
N90 M30;                                              程序结束并复位
```

程序（增量值编程）如下：

```
O0302;                                                程序名
N10 T0101;                                            换1号刀
N20 S800 M03;                                         主轴正转，转速为800r/min
N30 G00 U-170 W-95 G42;                               快速进到起始点，加右刀补
N40 G01 U20 W-10 F0.3;                                加工倒角
N50 W-40;                                             加工 φ50mm 圆柱面
N60 U30 W-20;                                         加工圆锥面
N70 G00 U120 W165 T0100;                              退刀，取消刀补
N80 M05;                                              主轴停
N90 M30;                                              程序结束并复位
```

3.2.5　圆弧插补 G02、G03

圆弧插补指令使刀具在指定平面内按给定的进给速度（或进给量）做圆弧运动，切削出母线为圆弧曲线的回转体。顺时针圆弧插补用 G02 指令，逆时针圆弧插补用 G03 指令。

> **注意：** 数控车床是两坐标的数控机床，只有 X 轴和 Z 轴，在判断圆弧的逆、顺时针时，应按右手定则将 Y 轴也加上去考虑。观察者让 Y 轴的正向指向自己，即可判断圆弧的逆、顺方向。应该注意前置刀架与后置刀架的区别。

加工圆弧时，一般有两种方法，一种是采用圆弧的半径和终点坐标来编程，另一种是采用分矢量和终点坐标来编程。

1. 用圆弧半径 R 和终点坐标进行圆弧插补

格式：G02（G03）X(U)_ Z(W)_ R_ F_;

说明：“X（U）”和“Z（W）”为圆弧的终点坐标值，绝对值编程方式下用“X”和“Z”，增量值编程方式下用“U”和“W”。

“R”为圆弧半径，由于在同一半径的情况下，从圆弧的起点 A 到终点 B 有两个圆弧的可能性，为区分两者，规定圆弧对应的圆心角小于或等于180°时，用“+R”表示；反之，用“-R”表示。如图3-13中的圆弧1，所对应的圆心角为120°，所以圆弧半径用“+20”表示；如图3-13中的圆弧2，所对应的圆心角为240°，所以圆弧半径用“-20”表示。

“F”为加工圆弧时的进给速度（或进给量）。

例题3-2　如图3-14所示，走刀路线为 $A \rightarrow B \rightarrow C \rightarrow D \rightarrow E \rightarrow F$，试分别用绝对坐标方式和增量坐标方式编程。粗加工已完成，进行精加工。

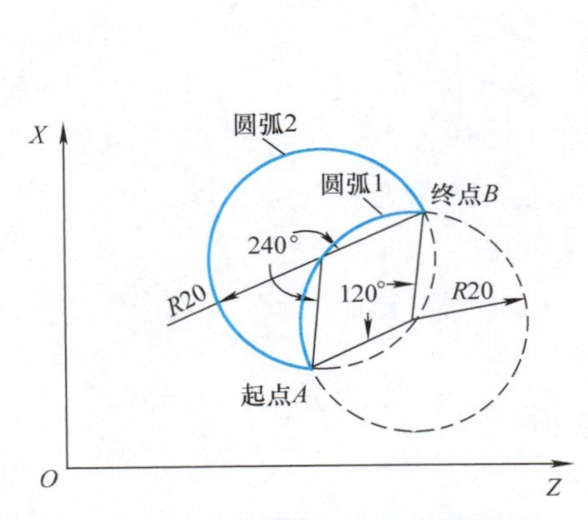

图 3-13　圆弧插补时的半径处理

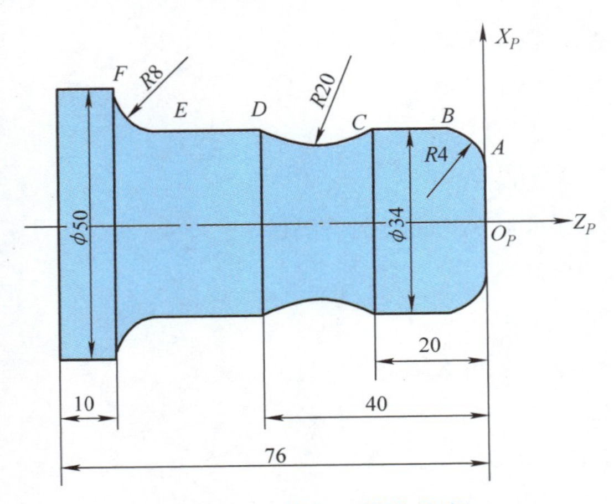

图 3-14　精加工轴外轮廓

(1) 图样分析　该轴由圆弧、外圆面组成。程序原点设置在工件前端面的中心位置。分析图样首先看有没有坐标原点，如果有坐标原点，按原点计算各个点坐标值；如果没有坐标原点，自己设在工件右端面中心位置，按此原点计算各个点坐标值，然后进行编程。

编程以后刀架为基准，即轴线以上部分，否则圆弧相反。

(2) 工艺编制　该工件采用自定心卡盘装夹定位，外轮廓可采用精车轮廓循环加工，车端面可采用手动操作的方法完成。粗加工已完成，进行精加工。

(3) 程序编写　图中以右端面中心处为坐标原点计算各个点坐标值：*X* 值为点的直径（直径编程），*Z* 点是距原点的位移。*A*（26，0）、*B*（34，－4）、*C*（34，－20）、*D*（34，－40）、*E*（34，－58）、*F*（50，－66）。编程如下：

绝对坐标编程

```
G03 X34 Z－4 R4 F0.2;          A—B
G01 Z－20;                     B—C
G02 X34 Z－40 R20;             C—D
G01 Z－58;                     D—E
G02 X50 Z－66 R8;              E—F
```

增量坐标编程

```
G03 U8 W－4 R4  F0.2;          A—B
G01 W－16;                     B—C
G02 X0（可省略）W－20 R20;     C—D
G01 X0（可省略）W－18;         D—E
G02 U16 W－8 R8;               E—F
```

例题 3-3　加工如图 3-15 所示工件，试编制精加工程序。程序原点设在工件右端面中心处。工件由圆柱面、圆弧组成，粗加工已完成。首先看图中有无坐标原点，其次以原点为准计算各个点坐标值（6，0）、（6，－20）、（14，－24）、（14，－32）、（20，－35）、（20，－72）、（40，－82）、（40，－102）、（52，－108）、（62，－113）。最后编写精加工程序。

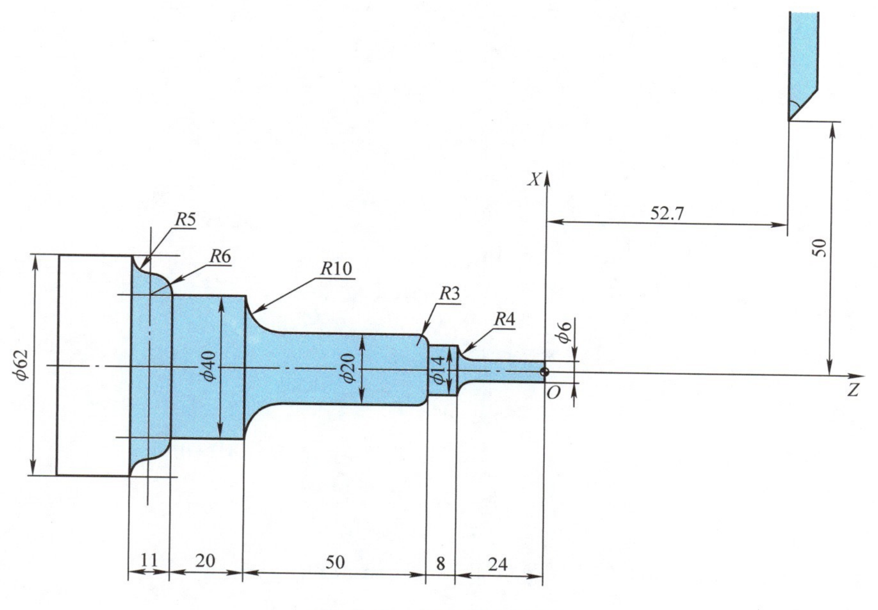

图 3-15　基本指令编程

O0303;	程序名
N10 T0101;	换 1 号刀
N20 S800 M03;	主轴正转，转速为 800r/min
N30 G00 X6 Z2;	快速进到起始点
N40 G01 Z-20 F0.2;	加工 ϕ6mm 圆柱面
N50 G02 X14 Z-24 R4;	加工 R4mm 圆弧
N60 G01 W-8 (Z-32);	加工 ϕ14mm 圆柱面
N70 G03 X20 W-3 (Z-35) R3;	加工 R3mm 圆弧
N80 G01 W-37 (Z-72);	加工 ϕ20mm 圆柱面
N90 G02 X40 W-10 (Z-82) R10;	加工 R10mm 圆弧
N100 G01 W-20 (Z-102);	加工 ϕ40mm 圆柱面
N110 G03 X52 W-6 (Z-108) R6;	加工 R6mm 圆弧
N120 G02 X62 W-5 (Z-113) R5;	加工 R5mm 圆弧
N130 G00 X100 Z52.7;	退刀
N140 M05;	主轴停
N150 M30;	程序结束并复位

2. 用分矢量和终点坐标进行圆弧插补

格式：G18 G02 (G03) X(U)_ Z(W)_ I _ K _ F _;

说明："X (U)" 和 "Z (W)" 为圆弧的终点坐标值，绝对值编程方式下用 "X" 和 "Z"，增量值编程方式下用 "U" 和 "W"。

"I" "K" 分别为圆弧的方向矢量在 X 轴和 Z 轴上的投影（"I" 为半径值）。圆弧的方向矢量是指从圆弧起点指向圆心的矢量，然后将其在 X 轴和 Z 轴上分解，分解后的矢量用其在 X 轴和 Z 坐标轴上的投影加上正负号表示，当分矢量的方向与坐标轴的方向不一致时取负号。如图 3-16 所示，图中所示 I 和 K 均为负值。

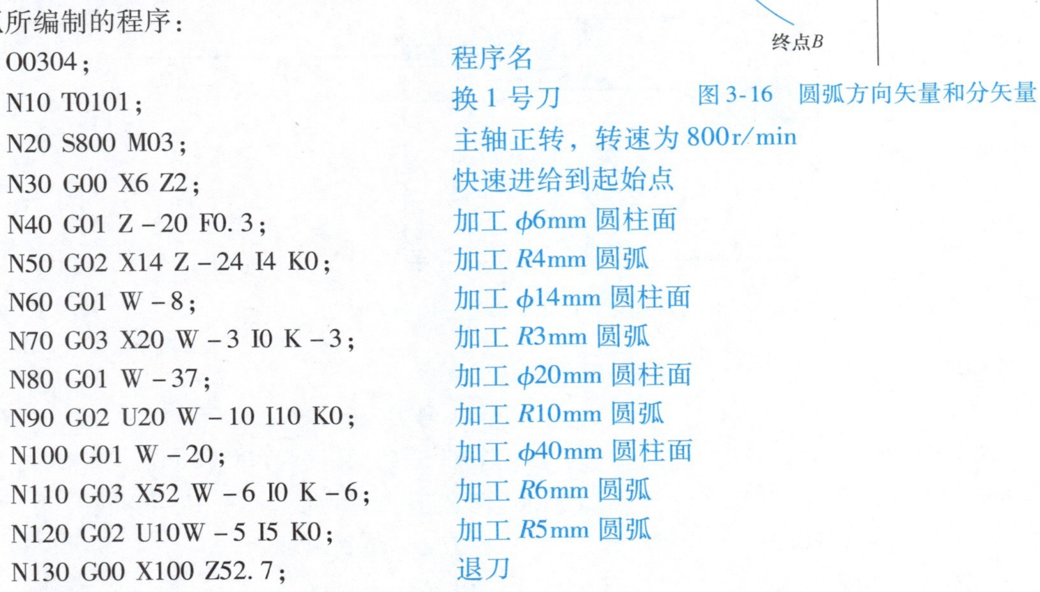

图 3-16 圆弧方向矢量和分矢量

“F”为加工圆弧时的进给速度（或进给量）。I＝（圆心 X 值－起点 X 值）/2；K＝圆心 Z 值－起点 Z 值。

例题 3-4 加工如图 3-15 所示工件，试用分矢量加工圆弧所编制的程序：

```
O0304;                          程序名
N10 T0101;                      换 1 号刀
N20 S800 M03;                   主轴正转，转速为 800r/min
N30 G00 X6 Z2;                  快速进给到起始点
N40 G01 Z-20 F0.3;              加工 φ6mm 圆柱面
N50 G02 X14 Z-24 I4 K0;         加工 R4mm 圆弧
N60 G01 W-8;                    加工 φ14mm 圆柱面
N70 G03 X20 W-3 I0 K-3;         加工 R3mm 圆弧
N80 G01 W-37;                   加工 φ20mm 圆柱面
N90 G02 U20 W-10 I10 K0;        加工 R10mm 圆弧
N100 G01 W-20;                  加工 φ40mm 圆柱面
N110 G03 X52 W-6 I0 K-6;        加工 R6mm 圆弧
N120 G02 U10W-5 I5 K0;          加工 R5mm 圆弧
N130 G00 X100 Z52.7;            退刀
N140 M05;                       主轴停
N150 M30;                       程序结束并复位
```

3. 进行圆弧插补时的注意事项

1）分清圆弧的加工方向，确定是顺时针圆弧，还是逆时针圆弧。

2）顺时针圆弧用 G02 指令加工，逆时针圆弧用 G03 指令加工。

3）数控车床开机后自动进入 XZ 坐标平面状态，故 G18 指令可以省略。

4）“X”“Z”后跟绝对尺寸，表示圆弧终点的坐标值；“U”“W”后跟增量尺寸，表示圆弧终点相对于圆弧起点的增量值。

5）用分矢量和终点坐标来加工圆弧时，应注意 I 虽然处于 X 方向，但是采用半径编程，即 I 的实际值不用乘以 2。

6）当 I 和 K 的值为零时，可以省略不写。

整圆编程时常用分矢量和终点坐标来加工，如果用圆弧半径 R 和终点坐标来进行编程，则整圆必须被打断成至少两段圆弧才能进行。可见，加工整圆用分矢量和终点坐标编程较为简单。

4. 暂停指令 G04

格式：G04 X（P）_；

说明：“X（P）”为暂停时间。“X”后用小数表示，单位为 s。

“P”后用整数表示，单位为 ms。如 G04 X2 表示暂停 2s；G04 P1000 表示暂停 1000ms。

G04 指令常用于车槽、镗平面、孔底光整以及车台阶轴清根等场合，可使刀具做短时间的无进给光整加工，以提高表面加工质量。执行该程序段后暂停一段时间，当暂停时间过后，继续执行下一段程序。G04 指令为非模态指令，只在本程序段有效。

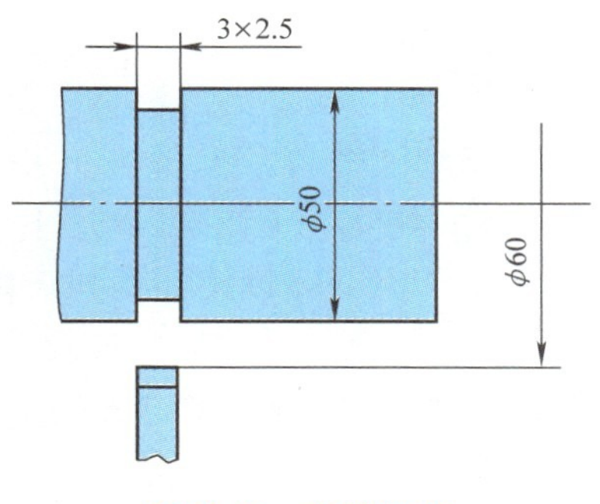

图 3-17　车槽加工

例题 3-5　图 3-17 所示为车槽加工，采用 G04 指令时主轴不停止转动，刀具停止进给 3s，程序如下：

N10 G01 U－15 （X45） F0. 2；

N20 G04 X3 （P3000）；

N30 G00 U15；

3.3　单一固定循环指令

3.3.1　内外径车削单一固定循环 G90

1. 车削内、外圆柱面指令 G90

格式：G90 X(U)_ Z(W)_ F _；

说明：切削过程如图 3-18 所示。图 3-18 中，R 表示快速移动，F 表示进给运动，加工顺序按 1、2、3、4 进行。U、W 表示增量值。

在增量编程中，地址“U”和“W”后面数值的符号取决于轨迹 1 和轨迹 2 的方向。在图 3-18 中，U 和 W 后的数值取负号。

例题 3-6　图 3-19 所示为 G90 车削圆柱表面固定循环实例。

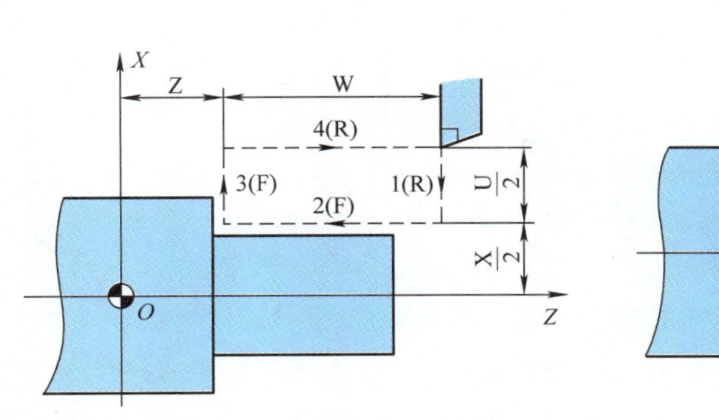

图 3-18　G90 车削圆柱表面固定循环

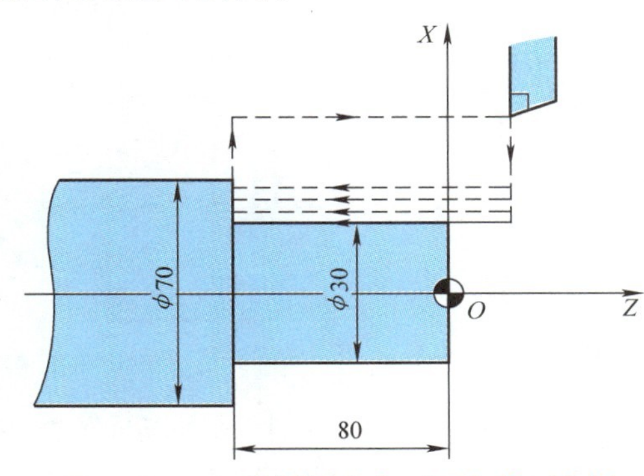

图 3-19　G90 车削圆柱表面固定循环实例

（1） 图样分析　小端直径 φ30mm，大端直径 φ70mm，长度 80mm，程序原点设在右端面中心位置。

（2） 工艺编制　自定心卡盘装夹定位，*Z* 向尺寸 80mm 不变，每次 *X* 向进给 10mm。

（3） 程序编写

N10 G90 X60 Z－80 F0. 3；　　单一固定循环 G90 编程

N20 X50；　　刀具移到 X50

N30 X40;　　　　　　　　　　刀具移到 X40

N40 X30;　　　　　　　　　　刀具移到 X30

2. 车削圆锥面 G90

格式：G90 X(U)_ Z(W)_ R _ F _;

说明："R"为锥体起点和终点的半径差。若工件锥面起点坐标大于终点坐标，"R"后的数值符号取正，反之取负，可等于0，如图3-20所示。图3-21中R表示快速移动，F表示进给运动，加工顺序按1、2、3、4进行。

"U""W"表示增量值。

算法：G90 X(Xb)　Z(Zb)　R($Xc/2-Xb/2$)　F(f);

G91 U($Xb-Xa$)　W($Zb-Za$)　R($Xc/2-Xb/2$)　F(f);

> **注意：**本固定循环指令既可用于轴的车削，也可用于内孔的车削，所以，"X""Z""R"后的值都可正可负。

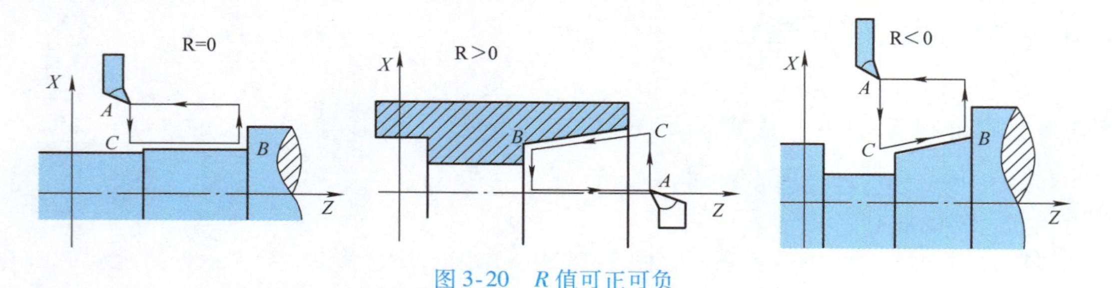

图3-20　*R*值可正可负

该循环可以执行纵向的直线以及锥度的切削循环。

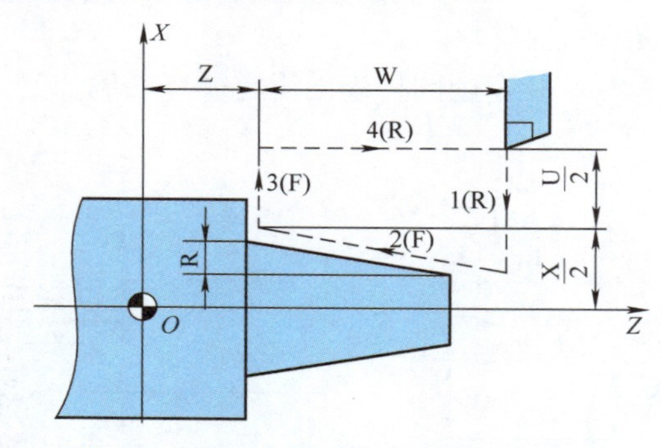

图3-21　G90车削圆锥表面固定循环路径

例题3-7　图3-22为采用G90进行圆锥表面固定循环切削加工的编程举例。

(1) 图样分析　直径ϕ20mm，ϕ30mm，ϕ40mm，$R-5$，程序原点设在工件左端面中心位置。

(2) 工艺编制　自定心卡盘装夹定位，Z向尺寸20mm不变，每次X向进给10mm。

(3) 程序编写

N10 G90 X40 Z20 R-5 F0.2;　　　　单一固定循环路径 $A \to B \to C \to D \to A$

N20 X30;　　　　单一固定循环路径 $A \to E \to F \to D \to A$

N30 X20;　　　　单一固定循环路径 $A \to G \to H \to D \to A$

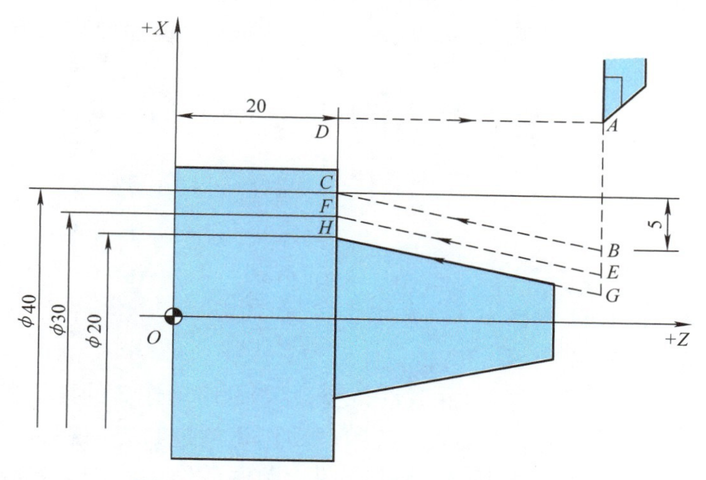

图 3-22　G90 车削圆锥表面固定循环实例

3.3.2　端面车削单一固定循环 G94

G94 指令用于在工件的垂直端面或锥形端面上进行毛坯余量较大的车削，或直接从棒料进行粗车时，以去除大部分毛坯余量。

1. 端面加工固定循环 G94 指令

G94 车削端面固定循环路径如图 3-23 所示。图中，R 表示快速移动，F 表示进给运动，加工顺序按 1、2、3、4 进行。

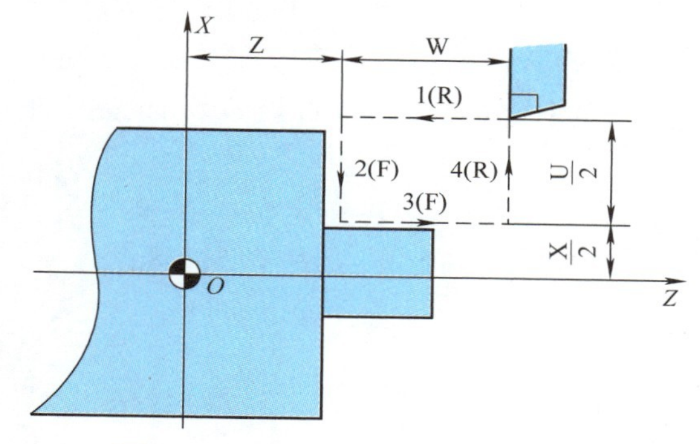

图 3-23　G94 车削端面固定循环路径

格式：G94 X(U)_ Z(W)_ F_;

说明："X (U)""Z (W)" 为终点坐标。"F" 为进给速度（或进给量）。

例题 3-8　图 3-24 为 G94 车削端面固定循环切削加工举例，按图 3-24 尺寸进行编程。

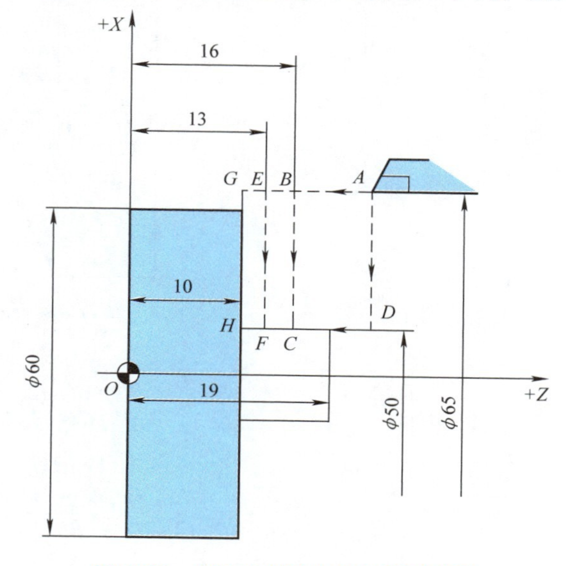

图 3-24　G94 车削端面固定循环实例

（1）图样分析　小端直径 ϕ50mm，大端直径 ϕ60mm，程序原点设在工件左端面中心位置。

（2）工艺编制　自定心卡盘装夹定位，*X* 向尺寸 50mm 不变，每次 *Z* 向进给 3mm。

（3）编程

N10 G94 X50 Z16 F0.2;　　端面循环路径 *A*→*B*→*C*→*D*→*A*

N20 Z13;　　端面循环路径 *A*→*E*→*F*→*D*→*A*

N30 Z10;　　端面循环路径 *A*→*G*→*H*→*D*→*A*

2. 车削圆锥面循环 G94 指令

格式：G94 X(U)_ Z(W)_ R _ F _;

说明："R" 为端面斜度线在 *Z* 轴的投影距离。若顺序动作 2 的进给方向在 *Z* 轴的投影方向和 *Z* 轴方向一致，则 "R" 取负值；若顺序动作 2 的进给方向在 *Z* 轴的投影方向和 *Z* 轴方向相反，则 "R" 取正值。在图 3-25 中，因为顺序动作 2 的进给方向在 *Z* 轴的投影方向和 *Z* 轴方向一致，所以 "R" 取负值。

例题 3-9　图 3-26 为有锥面的端面固定循环切削加工实例。

（1）图样分析　小端直径 ϕ15mm，大端直径 ϕ60mm，程序原点设在工件左端面中心位置。

（2）自定心卡盘装夹定位　*X* 向尺寸 15mm 不变，刀具终点坐标分别是：*C*（15，33.48）、*F*（15，31.48）、*H*（15，28.78）。

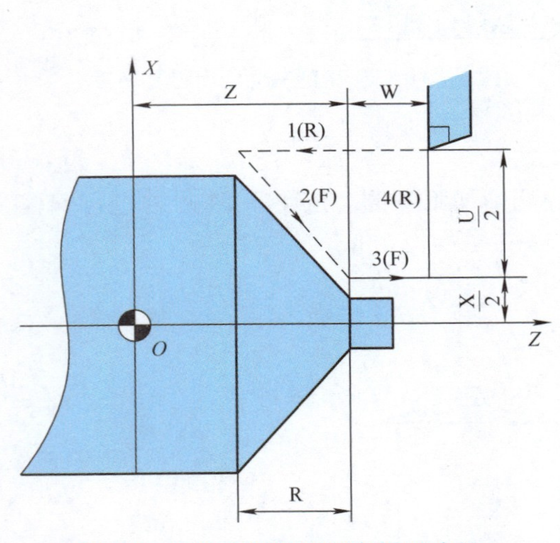

图 3-25　G94 车削锥面固定循环路径

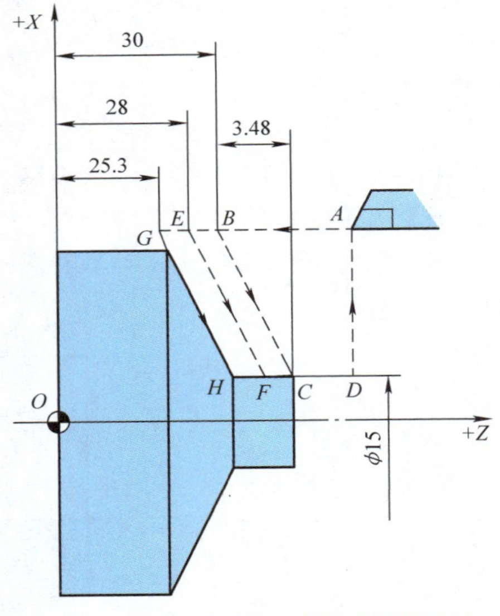

图 3-26　G94 车削锥面固定循环实例

（3）程序编写

N10 G94 X15 Z33.48 R−3.48 F0.3;　　锥面循环路径 *A*→*B*→*C*→*D*→*A*

N20 Z31.48;　　锥面循环路径 *A*→*E*→*F*→*D*→*A*

N30 Z28.78;　　锥面循环路径 *A*→*G*→*H*→*D*→*A*

3.4　FANUC 系统数控车削复合循环指令

在数控车床上加工圆棒料时，由于加工余量较大，加工时首先要进行粗加工，然后再进行精加工。进行粗加工时，需要多次重复切削，才能加工到规定尺寸，因此，编制的程序非常复杂。应用轮廓切削循环指令，只需指定精加工路线和粗加工的背吃刀量，数控系统就会自动计算出粗加工路线和加工次数，因此可以大大简化编程。

3.4.1　精加工循环 G70

G70 指令用于 G71、G72、G73 指令粗车工件后的精车循环，同时也是用来指定 G71、G72、G73 粗加工循环路径的指令。使用 G70 指令可实现精车循环。精车时的加工量是粗车循环时留下的精车余量，加工轨迹是工件的轮廓线。

格式：G70　P（*ns*）　Q（*nf*）；

说明：其中 P（*ns*）和 Q（*nf*）的含义与粗车循环指令中的含义相同。

在 G71 程序段中规定的 F、S、T 对于 G70 无效，但在执行 G70 指令时顺序号 *ns* 至 *nf* 程序段之间的 F、S、T 有效；当 G70 循环加工结束时，刀具返回到起点并读下一个程序段；*ns* 的程序段必须为 G00/G01 指令；G71 中 *ns* 至 *nf* 程序段不能调用子程序。在顺序号为 *ns* 到顺序号 *nf* 的程序段中，不应包含子程序。

3.4.2　内外径粗车复合循环 G71

G71 指令适用于圆柱毛坯料粗车内外径。G71 指令只需要指定精加工轮廓路线，CNC 系统便会根据 G71 给定的参数自动生成粗加工路线，将粗加工余量切削完成。

1. 外径粗车循环指令 G71

内外径粗车复合循环指令 G71 编程

格式：

G71 U（Δd）R（e）；

G71 P（*ns*）Q（*nf*）U（Δu）W（Δw）F（f）S（s）T（t）；

N（*ns*）…

…

N（*nf*）…

说明：Δd 为每次 X 向循环背吃刀量（半径值），单位为 mm，没有正、负号。切削方向取决于图 3-27 中的 *AA*1 方向。该值是模态的，直到其他值指定以前不改变。

e 为每次 X 向切削退刀量，单位为 mm，该值是模态的，直到其他值指定以前不改变。

ns 为精加工程序中的第一个程序段的顺序号。

nf 为精加工程序中的最后一个程序段的顺序号。

Δu 为 X 轴方向的精车余量（直径量），单位为 mm。

Δw 为 Z 轴方向的精车余量，单位为 mm。

f 为进给速度（或进给量）。

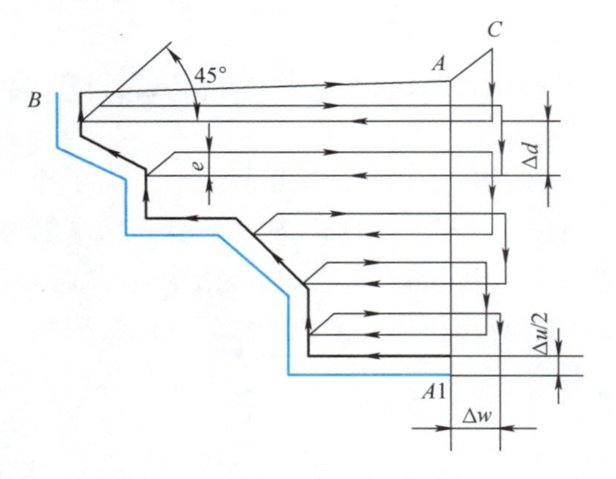

图 3-27　G71 粗车循环路径

s 为主轴转速。

t 为刀具。

f、s、t 仅在粗车循环程序段中有效，在顺序号 ns 至 nf 程序段中无效。

G71 指令一般用于加工轴向尺寸较长的工件，即所谓的轴类工件，在切削循环过程中，刀具是沿 X 方向进给，平行于 Z 轴切削。

G71 的循环过程如图 3-27 所示，图中 C 为粗加工循环的起点，A 是毛坯外径与端面轮廓的交点。只要给出 $AA'B$ 之间的精加工形状及径向精车余量 $\Delta u/2$、轴向精车余量 Δw 及背吃刀量 Δd 就可以完成 $AA'BA$ 区域的粗车工序。

注意：在从 A 到 A' 的程序段，不能指定 Z 轴的运动指令。

编程时注意以下几点

1）G71 粗加工程序段的第一句只能写 X 值，不能写 Z 或将 X、Z 同时写入。

2）该循环的起始点位于毛坯外径处。

3）该指令不能切削凹进形的轮廓。

例题 3-10　图 3-28 为外径采用粗车循环指令 G71 和精车循环指令 G70 的加工实例。毛坯为棒料，直径是 ϕ30mm，每次粗车循环背吃刀量为 1.5mm，退刀量为 0.5mm，进给量为 0.3mm/r，主轴转速为 600r/min，径向加工余量 0.8mm 和横向加工余量为 0.2mm，精加工时进给量为 0.1mm/r，主轴转速为 1000r/min。

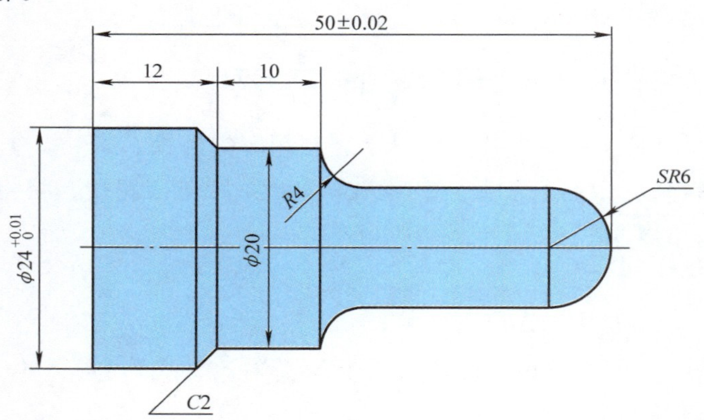

图 3-28　G71 粗车循环编程实例

（1）图样分析　该台阶轴由圆弧、外圆面、倒角等组成。程序原点设置在工件前端面的中心位置。计算各个点坐标值后编程。

（2）工艺编制　该工件采用自定心卡盘装夹定位，外轮廓可采用粗车轮廓循环和精车轮廓循环加工，车端面可采用手动操作的方法完成，加工工艺见表 3-3。

表 3-3　加工工艺

工步号	工步内容	刀具	切削用量		
			背吃刀量/mm	主轴转速/(r/min)	进给量/(mm/r)
1	车端面	T01	1	500	0.1
2	粗加工工件外轮廓	T01	1.5	600	0.3
3	精加工工件外轮廓	T01	0.8	1000	0.1

(3) 程序编写

```
O0005;                              程序名
N10 T0101;                          换1号刀
N20 M03 S600;                       主轴正转，转速为600r/min
N25 G99;                            进给量单位为mm/r
N30 G00 X32 Z2 G42;                 快速移动到循环起始点，加刀具半径补偿
N40 G71 U1.5 R0.5;                  粗车循环
N50 G71 P60 Q130 U0.8 W0.2 F0.3;    粗车循环
N60 G00 X0;                         快速移动到X0
N70 G01 Z0 F0.1;                    直线移动到Z0
N80 G03 X12 Z-6 R6;                 加工R6mm圆弧
N90 G01 Z-24;                       加工圆柱面
N100 G02 X20 W-4 R4;                加工R4mm圆弧
N110 G01 W-10;                      加工φ20mm圆柱面
N120 X24, C2;                       加工倒角
N130 Z-53;                          加工φ24mm圆柱面
N140 G00 X100 Z100;                 退刀
N150 M05;                           主轴停止
N160 M00;                           程序暂停，测量尺寸，补偿粗车循环误差
N170 M03 S1000;                     主轴正转，转速为1000r/min
N180 G00 X32 Z2;                    快速移动到循环起始点
N190 G70 P60 Q130;                  精加工
N200 G00 X100 Z100 G40;             退刀，取消刀具半径补偿
N210 T0202;                         换2号切断刀
N220 M03 S400;                      主轴正转，转速为400r/min
N230 G00 X32;                       快速进刀至X32，超过24mm即可
N240 G00 Z-53;                      快速移动到最左端
N250 G01 X-0.1 F0.1;                直线走刀切断工件
N260 G00 X100 Z100;                 退刀
N270 M30;                           程序结束并复位
```

例题 3-11 图 3-29 所示为外径采用粗车循环指令 G71 和精车循环指令 G70 的加工实例。毛坯为棒料，直径是 ϕ30mm，每次粗车循环背吃刀量为 2mm，退刀量为 0.5mm，进给量为 0.2mm/r，主轴转速为 500r/min，径向精加工余量为 0.8mm，横向精加工余量为 0.2mm，精加工时进给量为 0.1mm/r，主轴转速为 1000r/min。

(1) 图样分析　该台阶轴由倒角、外圆面、圆弧等组成。程序原点设置在工件前端面的中心位置。

(2) 工艺编制　该工件采用自定心卡盘装夹定位，外轮廓可采用粗车轮廓循环和精车轮廓循环加工，车端面可采用手动操作的方法完成，加工工艺见表 3-4。

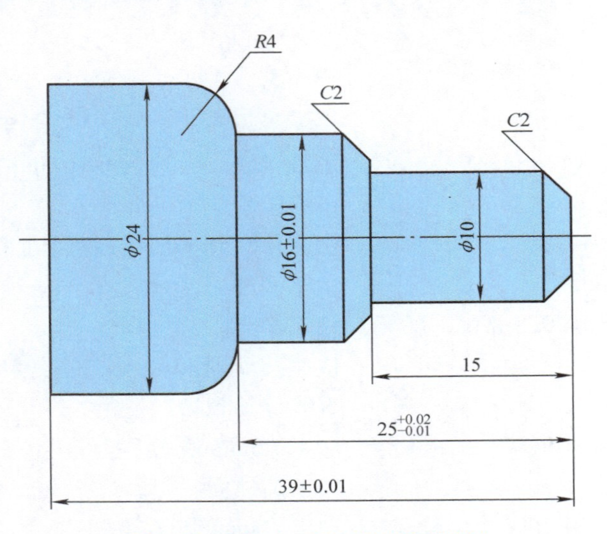

图 3-29　G71 与 G70 车削循环编程

表 3-4　加工工艺

工步号	工步内容	刀具	切削用量		
			背吃刀量/mm	主轴转速/(r/min)	进给量/(mm/r)
1	车端面	T01	1	500	0. 1
2	粗加工工件外轮廓	T01	2	500	0. 2
3	精加工工件外轮廓	T01	0. 8	1000	0. 1

(3) 程序编写

```
O1202;                                程序名
N10 T0101;                            换 1 号刀
N20 M03 S500;                         主轴正转
N25 G99;                              进给量单位为 mm/r
N30 G00 X32 Z2 G42;                   加刀具半径右补偿
N40 G71 U2 R0.5;                      背吃刀量 2mm，退刀量 0.5mm
N50 G71 P60 Q130 U0.8 W0.2 F0.2;      粗车循环
N60 G00 X6;                           快速进到 X6 或倒角延长线上点
N70 G01 Z0 F0.1;                      直线走刀到 Z0
N80 X10, C2;                          加工倒角
N90 Z-15;                             加工 ϕ10mm 圆柱面
N100 X16, C2;                         加工倒角
N110 Z-25;                            加工 ϕ16mm 圆柱面
N120 G03 X24 W-4 R4;                  加工 R4mm 圆弧
N130 G01 Z-39;                        加工 ϕ24mm 圆柱面
N140 G00 X100 Z100;                   退刀
N150 M05;                             主轴停止
```

```
N160 M00;                        程序暂停，测量尺寸，补偿误差
N170 M03 S1000;                  主轴正转，转速 1000r/min
N180 G00 X32 Z2;                 快速进到循环起始点
N190 G70 P60 Q130;               精加工
N200 G00 X100;                   退刀
N210 Z100 G40;                   退刀，取消刀具半径补偿
N220 M30;                        程序结束并复位
```

例题 3-12 图 3-30 为采用粗车循环指令 G71 和精车循环指令 G70 的加工外圆面实例。毛坯为棒料 ϕ50mm，每次粗车循环背吃刀量为 2mm，退刀量为 0.5mm，进给量为 0.2mm/r，主轴转速为 500r/min，X 向精加工余量为 2mm，Z 向精加工余量为 0.2mm，精加工时进给量为 0.1mm/r，主轴转速为 1000r/min。

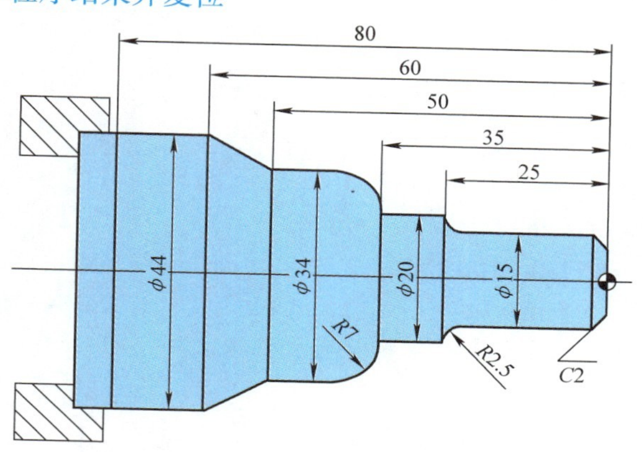

图 3-30 采用 G71 和 G70 的加工实例

（1）图样分析 该台阶轴由倒角、圆弧、外圆面、锥面组成。程序原点设置在工件前端面的中心位置。

（2）工艺编制 该工件采用自定心卡盘装夹定位，外轮廓可采用粗车轮廓循环和精车轮廓循环加工，车端面可采用手动操作的方法完成，加工工艺见表 3-5。

表 3-5 加工工艺

工步号	工步内容	刀具	切削用量		
			背吃刀量/mm	主轴转速/(r/min)	进给量/(mm/r)
1	车端面	T01	1	500	0.1
2	粗加工工件外轮廓	T01	2	500	0.2
3	精加工工件外轮廓	T01	2	1000	0.1

（3）程序编写

```
O1234;                           程序名
N10 T0101;                       换 1 号外圆车刀
N20 M03 S500;                    主轴正转，转速 500r/min
N30 G99;                         进给量单位为 mm/r
N40 G00 X52 Z2 G42;              循环起点，加刀补
N50 G71 U2 R0.5;                 每次背吃刀量为 2mm，退刀量为 0.5mm
N60 G71 P70 Q160 U2 W0.2 F0.2;   粗车循环
N70 G00 X0 ;                     快速进到 X0 或倒角延长线上的点
N80 G01 Z0 F0.1;                 直线走刀到 Z0
N90 G01 X15，C2;                 倒角加工
N100 Z-22.5;                     加工 φ15mm 圆柱面
```

N110 G02 X20 Z－25 R2.5；	加工 $R2.5$mm 圆弧
N120 G01 Z－35；	加工 $\phi20$mm 圆柱面
N130 G03 X34 W－7 R7；	加工 $R7$mm 圆弧
N140 G01 Z－50；	加工 $\phi34$mm 圆柱面
N150 G01 X44 Z－60；	加工圆锥面
N160 G01 X44 Z－80；	加工 $\phi44$mm 圆柱面
N170 M05；	主轴停
N180 M00；	程序暂停，测量尺寸，补偿误差
N190 M03 S1000；	主轴正转，转速 1000r/min
N200 G00 X52 Z2；	循环起点
N210 G70 P70 Q160；	精加工
N220 G00 X100 ；	退刀
N230 Z100 G40；	退刀，取消刀具半径补偿
N240 M30；	程序结束并复位

2. 内径粗车复合循环 G71 编程

格式：

G71 U（Δd）R（e）；

G71 P（ns）Q（nf）U（$-\Delta u$）W（Δw）F（f）S（s）T（t）；

N（ns）…

…

N（nf）…

说明：程序段中各地址的含义同外圆车削粗车循环 G71 相同。

外径编程：G71 U1 R0.5；

G71 P1 Q2 U0.5 W0.2 F0.2；

内径编程：G71 U1 R0.5；

G71 P1 Q2 U－0.5 W0.2 F0.2；

例题 3-13　用内径粗车复合循环编制图 3-31 所示工件的加工程序，要求循环起始点在（46，3），背吃刀量为 1.5mm（半径量），退刀量为 1mm，X 向精加工余量为 0.4mm，Z 向精加工余量为 0.1mm，原点在工件右端面中心处。

（1）图样分析　该内孔由倒角、圆弧、内圆面、锥面组成。程序原点设置在工件右端面的中心位置。

（2）工艺编制　该工件采用自定心卡盘装夹定位，内轮廓可采用粗车轮廓循环和精车轮廓循环加工，车端面可采用手动操作的方法完成，加工工艺见表 3-6。

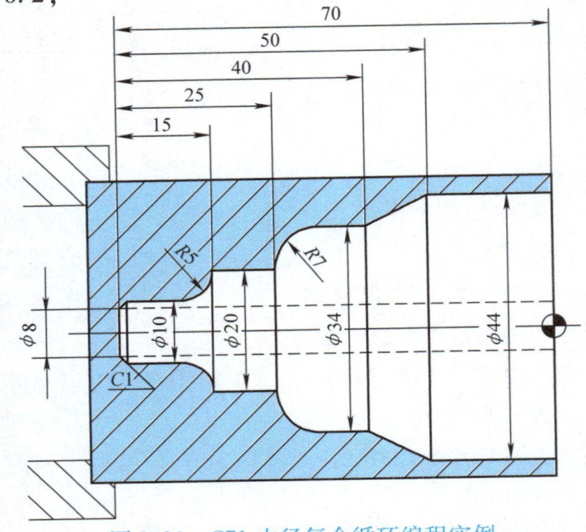

图 3-31　G71 内径复合循环编程实例

表 3-6　加工工艺

工步号	工步内容	刀具	切削用量		
			背吃刀量/mm	主轴转速/(r/min)	进给量/(mm/r)
1	车端面	T01	1	500	0.1
2	粗加工工件内轮廓	T01	1.5	600	0.2
3	精加工工件内轮廓	T01	0.4	1000	0.15

（3）程序编写

```
O1002;
N10 T0101;                                 换1号刀
N20 G00 X80 Z80;                           快速移动到换刀点位置
N30 M03 S600;                              主轴以600r/min正转
N40 G99;                                   进给量单位为mm/r
N50 X6 Z3 G41;                             快速进给到循环起点位置，加左刀补
N60 G71 U1.5 R1;                           背吃刀量1.5mm，退刀量1mm
N70 G71 P80 Q170 U-0.4 W0.1 F0.2;          内径粗切循环加工
N80 G00 X44;                               精加工轮廓开始，到ϕ44mm内孔尺寸
N90 G01 Z0 F0.15;                          直线走刀至Z0，进给速度为0.15mm/r
N100 G01 W-20;                             精加工ϕ44mm内圆
N110 U-10 (X34) W-10 (Z-30);               精加工内圆锥
N120 W-8;                                  精加工ϕ34mm内圆
N130 G03 X20 W-7 R7;                       精加工R7mm圆弧
N140 G01 W-10 (Z-55);                      精加工ϕ20mm内圆
N150 G02 U-10 (X10) W-5 R5;                精加工R5mm圆弧
N160 G01 Z-69;                             精加工ϕ10mm内圆
N170 U-2 (X8) W-1;                         精加工，倒C1mm角，精加工轮廓结束
N180 X4;                                   退出已加工表面
N190 G00 Z80;                              退出工件内孔
N200 X80;                                  回程序起点或换刀点位置
N210 M05;                                  回换刀点位置
N220 M00;                                  程序暂停，测量尺寸
N230 M03 S1000;                            主轴正转，转速1000r/min
N240 G00 X6 Z3;                            快速移动到循环起始点
N250 G70 P80 Q170;                         精加工
N260 G00 Z80;                              退刀
N270 G40 X80;                              退刀，取消刀具半径补偿
N280 M30;                                  主轴停、主程序结束并复位
```

端面粗车复合循环指令 G72 编程

3.4.3　端面粗车复合循环 G72

端面粗车循环指令 G72 一般用于加工端面尺寸较大的工件，即所谓的盘类工件，在切

削循环过程中，刀具是沿 Z 向进给，平行于 X 轴切削。

格式：

G72 W（Δd）R（e）；

G72 P（ns）Q（nf）U（Δu）W（Δw）F（f）S（s）T（t）；

N（ns）…

…

N（nf）…

说明：Δd 为每次 Z 向循环背吃刀量，单位为 mm，没有正、负号。

e 为每次 Z 向切削退刀量，mm。

ns 为指定精加工程序中的第一个程序段的顺序号。

nf 为指定精加工程序中的最后一个程序段的顺序号。

Δu 为 X 轴方向的精车余量（直径量），单位为 mm。

Δw 为 Z 轴方向的精车余量，单位为 mm。

f 为进给速度（或进给量）。

s 为主轴转速。

t 为刀具。

f、s、t 仅在粗车循环程序段中有效，在顺序号 ns 至 nf 程序段中无效。

G72 的循环过程如图 3-32 所示。图 3-32 中 C 为粗加工循环的起点，A 是毛坯外径与端面轮廓的交点。只要给出 $AA'B$ 之间的精加工形状及径向精车余量 $\Delta u/2$、轴向精车余量 Δw 及背吃刀量 Δd 就可以完成 $AA'BA$ 区域的粗车工序。

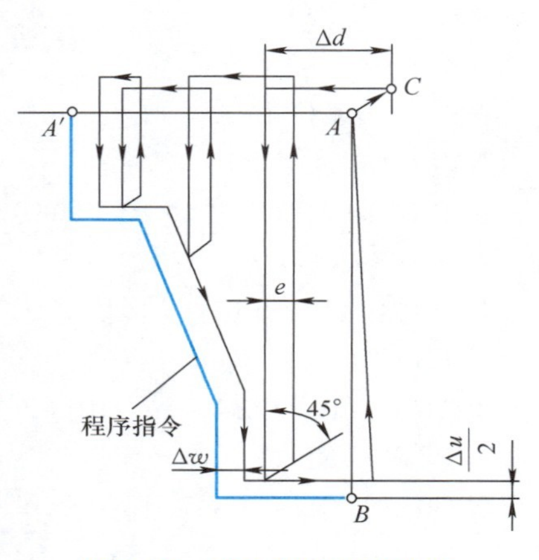

图 3-32　G72 粗车循环路径

注意：在从 A 到 A' 的程序段，不能指定 X 轴的运动指令。

编程中注意以下几点：

1）G72 精加工程序段的第一句只能写 Z 值，不能写 X 或将 X、Z 同时写入。

2）该循环的起刀点位于毛坯外径处。

3）该指令不能切削端面凹进形的形体轮廓，刀具轨迹沿 X 轴和 Z 轴方向必须单调变化。

4）由于刀具切削时的方向和路径不同，要调整好刀具装夹方向。

5）加工精加工轮廓轨迹是从左边向右切削。

例题 3-14　编制图 3-33 所示盘类工件的加工程序，切削 Z 向背吃刀量为 5mm。退刀量为 1mm，X 向精加工余量为 4mm，Z 向精加工余量为 2mm，原点在工件左端面中心处。

（1）图样分析　该台阶轴由外圆面、锥面等组成。程序原点设置在工件左端面的中心位置。

（2）工艺编制　该工件采用自定心卡盘装夹定位，外轮廓可采用粗车轮廓循环和精车轮廓循环加工，车端面可采用手动操作的方法完成，加工工艺见表 3-7。

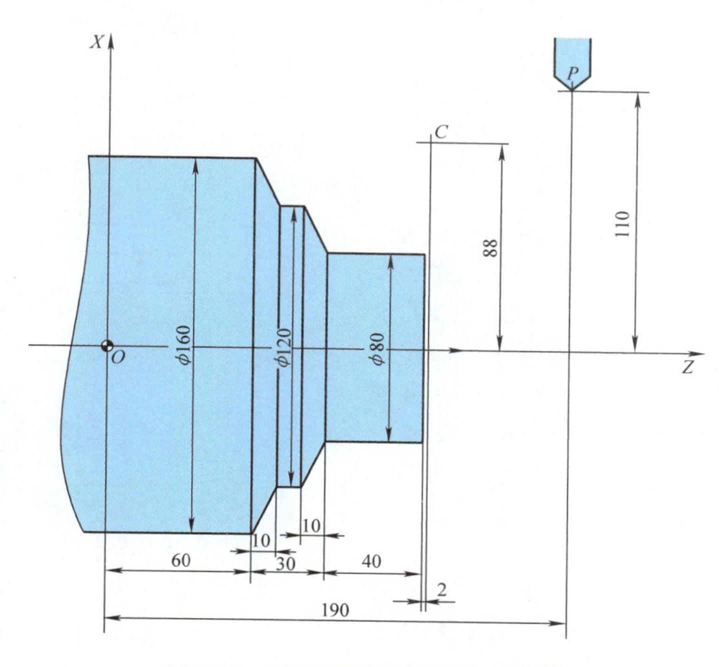

图 3-33 采用 G72 和 G70 的加工实例

表 3-7 加工工艺

工步号	工步内容	刀具	切削用量		
			背吃刀量/mm	主轴转速/(r/min)	进给量/(mm/r)
1	车端面	T01	1	500	0.1
2	粗加工工件外轮廓	T01	5	550	0.3
3	精加工工件外轮廓	T01	4	800	0.15

（3）程序编写

O0306;	程序名
N10 T0101;	换 1 号刀
N20 M03 S550;	主轴正转，转速 550r/min
N25 G99;	进给量单位为 mm/r
N30 G00 X176 Z132 G42;	快速进给到循环起始点，加刀具半径补偿
N40 G72 W5 R1;	背吃刀量 5mm，退刀量 1mm
N50 G72 P60 Q120 U4 W2 F0.3;	端面粗车循环
N60 G00 Z56 S800;	快速进给到最左侧的锥面延长线上
N70 G01 X160 F0.15;	直线走刀至大径处
N80 Z60;	直线走刀至 60mm 处
N90 G01 X120 Z70 F0.15;	加工圆锥面
N100 W10;	加工 ϕ120mm 圆锥面
N110 X80 W10;	加工圆锥面

```
N120 W42;                          加工 φ80mm 圆柱面
N130 G70 P60 Q120;                 精加工
N140 G00 X220 Z190 G40;            退刀，取消刀具半径补偿
N150 M05;                          主轴停止
N160 M30;                          程序结束并复位
```

例题 3-15 编制图 3-34 所示工件的加工程序，要求循环起始点在（80，2），背吃刀量为 1.5mm。退刀量为 1mm，X 向精加工余量为 0.8mm，Z 向精加工余量为 0.5mm，其中点画线部分为工件毛坯。粗加工转速为 500r/min，精加工转速为 1000r/min。

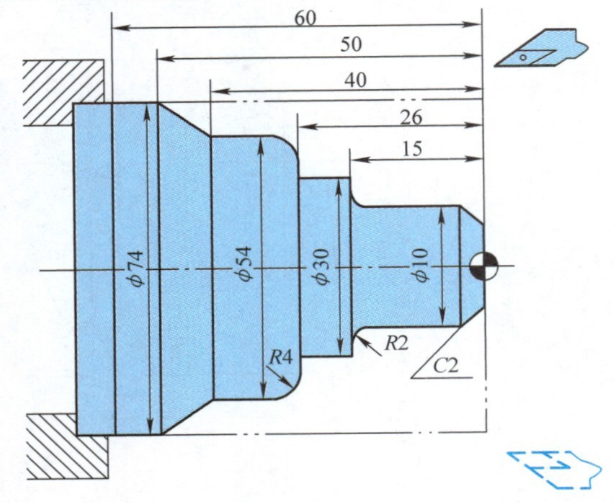

图 3-34 采用 G72 和 G70 的加工举例

（1）图样分析 该阶梯轴由倒角、圆弧、外圆面、外圆锥面组成。程序原点设置在工件右端面的中心。

（2）工艺编制 该工件采用自定心卡盘装夹定位，外轮廓可采用粗车轮廓循环和精车轮廓循环加工，车端面可采用手动操作的方法完成，加工工艺见表 3-8。

表 3-8 加工工艺

工步号	工步内容	刀具	切削用量		
			背吃刀量/mm	主轴转速/(r/min)	进给量/(mm/r)
1	车端面	T01	1	500	0.1
2	粗加工工件外轮廓	T01	1.5	500	0.2
3	精加工工件外轮廓	T01	0.8	1000	0.1

（3）程序编写

```
O0016;
N10 T0101;                         换 1 号刀
N20 G00 X100 Z80;                  快速进给至换刀点位置
N25 G99;                           进给量单位为 mm/r
N30 M03 S500;                      主轴以 500r/min 正转
N40 X80 Z2 G42;                    到循环起点位置，加刀具半径补偿
N50 G72 W1.5 R1;                   背吃刀量 1.5mm，退刀量 1mm
N60 G72 P70 Q160 U0.8 W0.5 F0.2;   端面粗切循环加工
N70 G00 Z-56 S1000;                精加工轮廓开始，到锥面延长线处
N75 G01 X74;
N76 Z-50;
N80 G01 X54 Z-40 F0.1;             精加工锥面
N90 Z-30;                          精加工 φ54mm 外圆
N100 G02 X46 W4 R4;                精加工 R4mm 圆弧
N110 G01 X30;                      精加工 Z-26 处端面
```

```
N120 Z-15;                  精加工 φ30mm 外圆
N130 X14;                   精加工 Z-15 处端面
N140 G03 X10 W2 R2;         精加工 R2mm 圆弧
N150 G01 Z-2;               精加工 φ10mm 外圆
N160 X4 W3;                 精加工倒 C2mm 角，精加工轮廓结束
N170 G70 P70 Q160;          精加工
N180 G00 X100;              退出已加工表面
N190 G40 Z80;               取消刀具半径补偿，返回程序起点位置
N200 M30;                   程序结束并复位
```

3.4.4 固定形状粗车复合循环 G73

固定形状粗车复合循环也称为封闭切削循环，可以切削固定的图形，适合切削铸造成形、锻造成形或者已粗车成形的工件。当毛坯轮廓形状与工件轮廓形状基本接近时，用该指令比较方便。

固定形状粗车复合循环指令 G73 编程

格式：

G73 U（Δi）W（Δk）R（Δd）；

G73 P（ns）Q（nf）U（Δu）W（Δw）F（f）S（s）T（t）；

N（ns）……

……

N（nf）……

说明：Δi 为 X 轴方向总的退刀量（半径值指定），单位为 mm。

Δk 为 Z 轴方向总的退刀量，单位为 mm。

Δd 为粗车循环次数。

ns 为指定精加工程序中的第一个程序段的顺序号。

nf 为指定精加工程序中的最后一个程序段的顺序号。

Δu 为 X 轴方向的精车余量（直径量），单位为 mm。

Δw 为 Z 轴方向的精车余量，单位为 mm。

f 为进给速度（或进给量）。

s 为主轴转速。

t 为刀具。

f、s、t 仅在粗车循环程序段中有效，在顺序号 ns 至 nf 程序段中无效。

G73 粗车循环路径如图 3-35 所示。精加工走刀路径应封闭，加工循环结束时，刀具返回到 A 点。D 为刀具起始点。

加工中注意以下几点：

1）该指令可以切削凹进的轮廓。

2）该循环的起刀点要大于毛坯外径。

3）X 轴的总退刀量是用毛坯外径减去轮廓循环中最小直径值除以 2。

例题 3-16 图 3-36 为 G73 循环加工实例。图中，X 向（单边）和 Z 向需要粗加工余量为 12mm，背吃刀量为 4mm，进给量为 0.3mm/r，X 向（单边）和 Z 向需要精加工背吃刀量

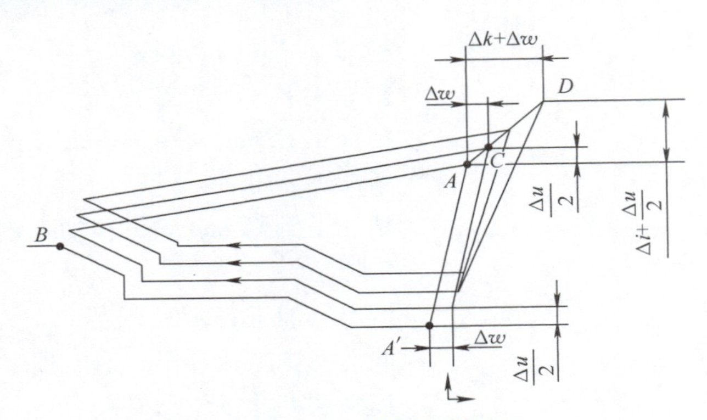

图 3-35 G73 粗车循环路径

为 2mm，进给量为 0.15mm/r，退刀量为 1mm。粗加工转速为 500r/mm，精加工转速为 800r/mm。

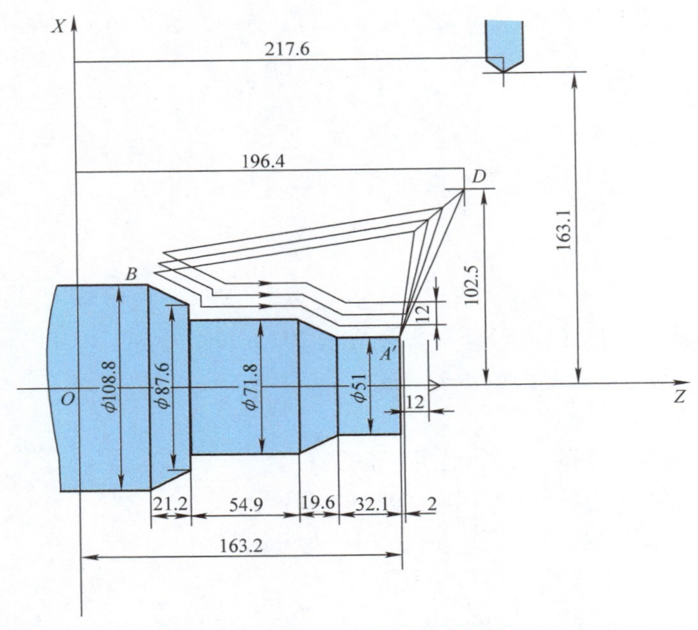

图 3-36 G73 循环加工实例

（1）图样分析 该阶梯轴由倒角、圆弧、外圆面、外圆锥面组成。程序原点设置在工件左端面的中心。

（2）工艺编制 该工件采用自定心卡盘装夹定位，外轮廓可采用粗车轮廓循环和精车轮廓循环加工，车端面可采用手动操作的方法完成，加工工艺见表 3-9。

表 3-9 加工工艺

工步号	工步内容	刀具	切削用量		
			背吃刀量/mm	主轴转速/(r/min)	进给量/(mm/r)
1	车端面	T01	1	500	0.1
2	粗加工工件外轮廓	T01	4	500	0.3
3	精加工工件外轮廓	T01	4	800	0.15

（3）程序编写

程序	说明
O0307；	程序名
N10 T0101；	换 1 号刀
N20 S500 M03；	主轴正转，转速 500r/min
N25 G99；	进给量单位为 mm/r
N30 G00 X205 Z196.4 G42；	快速进至起始点，加刀补
N40 G73 U12 W12 R3；	循环加工 3 次
N50 G73 P60 Q120 U4 W2 F0.3；	粗车循环加工
N60 G00 X51；	快速进到 X51
N70 G01 Z163.2 F0.15；	直线走刀至工件上点
N80 G01 W－32.1 F0.15；	精加工 ϕ51mm 外圆
N90 X71.8 W－19.6；	精加工锥面
N100 W－54.9；	精加工 ϕ71.8mm 外圆
N110 X87.6；	加工端面
N120 X108.8 W－21.2；	加工锥面
N130 G00 X205 Z196.4；	退刀
N140 M05；	主轴停止
N150 M00；	程序暂停，测量尺寸，补偿误差
N160 M03 S800；	主轴正转，转速 800r/min
N170 G00 X205 Z196.4；	退回循环起始点
N180 G70 P60 Q120；	精加工
N190 G00 X326.2 Z217.6 G40；	退回参考点，取消刀补
N200 M05；	主轴停止
N210 M30；	程序结束并复位

例题 3-17　编制图 3-37 所示工件的加工程序，要求循环起始点在（32，2），X 向（单边）和 Z 向需要精加工切除 2mm，退刀量为 1mm，加工外轮廓。毛坯 ϕ30mm，X 轴总退刀量用（最大径 30mm－最小径 10mm）/2＝10mm。

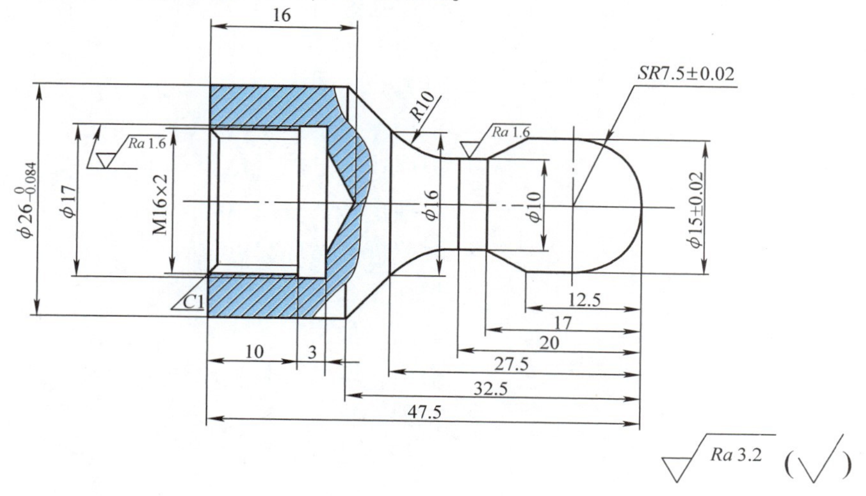

图 3-37　G73 加工实例

（1）图样分析　该工件由圆弧、外圆柱面、外圆锥面组成。程序原点设置在工件右端面的中心。

（2）工艺编制　该工件采用自定心卡盘装夹定位，外轮廓可采用粗车轮廓循环和精车轮廓循环加工，车端面可采用手动操作的方法完成，加工工艺见表3-10。

表3-10　加工工艺

工步号	工步内容	刀具	切削用量		
			背吃刀量/mm	主轴转速/(r/min)	进给量/(mm/r)
1	车端面	T01	1	500	0.1
2	粗加工工件外轮廓	T01	1	600	0.2
3	精加工工件外轮廓	T01	4	1000	0.1

（3）程序编写

```
O0307;                              程序名
N10 T0101;                          换1号刀
N20 M03 S600;                       主轴以600r/min正转
N25 G99;                            进给量单位为mm/r
N30 G00 X32 Z2 G42;                 快速到循环起点位置，加刀具半径补偿
N40 G73 U10 W1 R10;                 重复次数为10
N50 G73 P60 Q140 U4 W2 F0.2;        固定形状粗车循环加工
N60 G00 X0 S1000;                   精加工轮廓开始
N70 G01 Z0 F0.1;                    精加工到原点
N80 G03 X15 Z-7.5 R7.5;             精加工R7.5mm圆弧
N90 G01 Z-12.5;                     精加工φ15mm外圆
N100 X10 Z-17;                      精加工锥面
N110 Z-20;                          精加工φ10mm外圆
N120 G02 X16 Z-27.5 R10;            精加工R10mm圆弧
N130 G01 X26 Z-32.5;                精加工锥面
N140 G01 Z-47.5;                    精加工φ26mm外圆
N150 G00 X100 Z100;                 退刀
N160 M05;                           主轴停止
N170 M00;                           程序暂停，测量尺寸，补偿误差
N180 M03 S1000;                     主轴正转，转速1000r/min
N190 G00 X32 Z2;                    快速进到循环起点位置
N200 G70 P60 Q140;                  精加工
N210 G00 X100;                      退出已加工表面
N220 G40 Z100;                      退出，取消刀具半径补偿
N230 M05;                           主轴停止
N240 M30;                           主程序结束并复位
```

3.4.5　深孔钻循环 G74

在数控车床上进行钻、扩孔加工时，刀具在车床主轴中心线上加工，即 X 值为 0，刀具进给切削和退刀都是沿 Z 轴方向。

（1）手动直接钻、扩孔　先用中心钻定位，之后换钻孔刀具，均匀摇动尾座手轮，沿 Z 轴方向进行切削和退刀。

（2）G01 指令直接钻、扩孔　当工件孔深较小，精度要求较低（粗加工）时，可以直接用 G01 指令进行编程。加工过程是：首先将钻头沿 Z 轴移动到安全位置，然后移动 X 轴到主轴中心线，最后，将 Z 轴移动到钻孔的起始位置，用适合的进给速度（或进给量）使刀具做切削和返回运动。

```
…
N10 T0101;               换 1 号刀
N20 G97 S600 M03;        恒转速切削，主轴正转，转速 600r/min
N30 G00 Z5;              快速进到 Z5
N40 X0;                  进到中心点
N50 G01 Z-30 F0.1;       直线进给
N60 G00 Z2;              退刀
…
```

程序段 N50 为钻头的实际切削运动，切削完成后执行下一个程序段 N60，钻头沿 Z 轴方向退出工件。

钻孔时，钻孔刀具从孔中返回的第一个运动总是沿着 Z 轴方向的运动。端面深孔钻循环路径如图 3-38 所示。

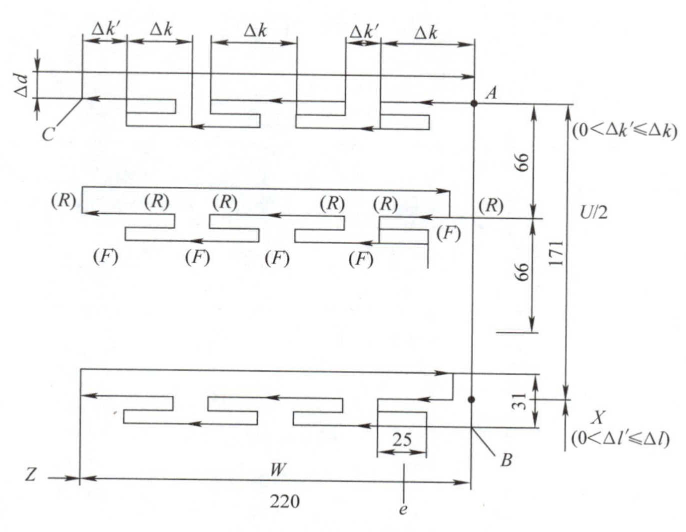

图 3-38　端面深孔钻循环路径 G74

（3）深孔钻循环指令 G74（啄式钻孔循环）

格式：G74 R（e）;

G74 X(U)_ Z(W)_ P(Δi)_ Q(Δk)_ R(Δd)_ F(f)_;

说明：e 为 Z 向啄式切削每次退刀量。

X（U）为孔中心坐标，钻深孔时 X0 不写。

Z（W）为 Z 向终点坐标值（孔深）。

Δi 为 X 向啄式背吃刀量，X 向移动量，即切槽时每刀背吃刀量，钻深孔时不写。不带符号，不能使用小数点。

Δk 为 Z 方向移动量，即 Z 向切削宽度，不带符号，不能使用小数点。

Δd 为刀具在切削槽底部的 Z 向的退刀量，符号总是正值，钻深孔时、切槽时不能使用，设为零。

f 为进给速度（或进给量）。

（4）注意事项

1）孔加工刀具的最大回转直径应小于预加工孔，且刀杆要保证一定的强度和刚度。

2）加工内孔轮廓时，切削循环起点、切出点的位置要保证刀具在内孔中移动而不干涉工件。起点、切出点的 X 值一般取比预加工孔直径稍小一点的值。

（5）加工路径

G74 指令可以实现端面钻削断屑加工，也可以用于端面割槽或镗削加工。

例题 3-18　深孔钻实例如图 3-39 所示，在工件上加工直径为 ϕ10mm 的孔，孔的有效深度为 50mm。工件端面及中心孔已加工。

（1）图样分析　该工件由内圆柱面组成。编程原点设置在工件右端面的中心位置。

（2）工艺编制　该工件采用自定心卡盘装夹定位，内轮廓可采用深孔钻循环 G74 加工，车端面可采用手动操作的方法完成，加工工艺见表 3-11。

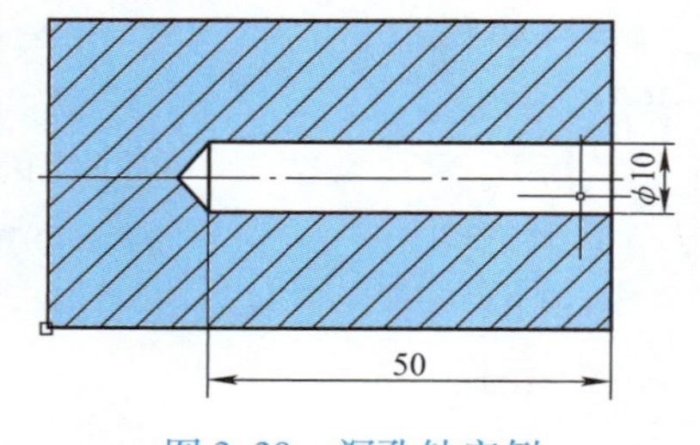

图 3-39　深孔钻实例

表 3-11　加工工艺

工步号	工步内容	刀具	切削用量		
			背吃刀量/mm	主轴转速/(r/min)	进给量/(mm/r)
1	车端面	T01	2	500	0.1
2	深孔钻削加工	T02	6	500	0.1

（3）程序编写

```
O3690;
N10 T0101;                       直径为 ϕ10mm 麻花钻
N20 M03 S500;                    主轴以 500r/min 正转
N30 G00 X0 Z5;                   到循环起点位置
N40 G74 R1;                      Z 向啄式切削每次退刀量
N50 G74 Z-50 Q6000 F0.1;         深孔钻循环加工
N60 G00 Z50;                     退出已加工表面
N70 X100;                        退刀
```

N80 M05;　　　　　　　　　主轴停
N90 M30;　　　　　　　　　主程序结束并复位

3.4.6　槽切削复合循环 G75

FANUC 数控车床有两种用于啄式切削的复合循环指令 G74 和 G75，G74 用于沿 Z 轴切削，用于啄式进给式钻孔；G75 用于沿 X 轴切削，多用于深槽、宽槽和多槽切削编程加工。

G75 指令沿 X 轴切削加工凹槽时，刀具不直接切削到槽底，而是沿 X 向进给切削一段距离后，快速后退一小段距离，再进给切削，再快速后退……如此反复，直到切削到槽底。这样操作主要目的是有利于断屑和排屑，在深槽粗加工和切断操作中很有用。

根据 G75 切削循环的特点，G75 切削循环常用于深槽、切断、宽槽和等距多槽切削，不能用于高精度槽的加工。G75 槽切削复合循环路径如图 3-40 所示。

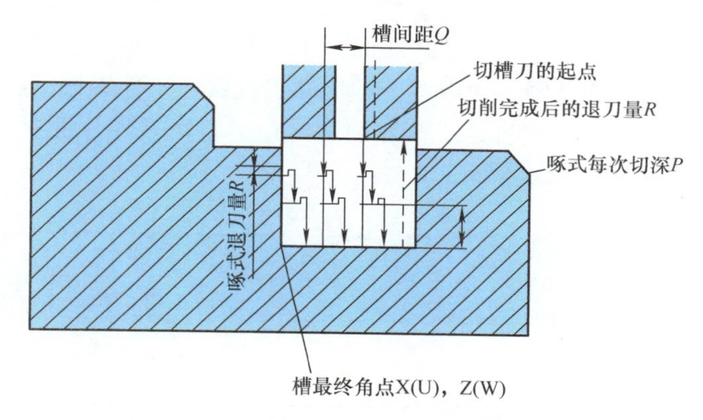

图 3-40　G75 槽切削复合循环路径

格式：

G75 R(e)；

G75 X(U)_ Z(W)_ P(Δi)_ Q(Δk)_ R(Δd)_ F(f)_ ；

说明：e 为 X 向啄式切削每次退刀量。

X（U）为最终凹槽槽底直径。

Z（W）为最终凹槽 Z 向位置值。

Δi 为 X 向啄式背吃刀量，X 向移动量，即每刀背吃刀量，不带符号，不能使用小数点，每刀背吃刀量 1mm 应写为 1000。

Δk 为 Z 向槽间距，Z 向移动量，即 Z 方向切削宽度，不带符号，不能使用小数点，根据切刀宽度确定。

Δd 为刀具在切削槽底部 Z 向的退刀量，符号总是正值，切槽时不能使用，设为零。

f 为进给速度（或进给量）。

加工时注意事项以下几点：

1）循环的切削区域由两部分组成，一是由刀具起点与切削槽的最终角点决定的矩形区域；二是与刀具刃宽相等的槽。即切削区域大小由刀具起点、槽最终角点和刀具刃宽决定。

2）G75 循环执行后，刀具重新回到刀具起点。G75 循环刀具起点选择要慎重，X 向位置选择要保证刀具与工件有一定的安全间隙，并且 Z 向位置与槽右侧相差一个刀具刃宽。

例题 3-19　G75 切削循环宽槽切削编程实例如图 3-41 所示，工件槽是一个较宽的径向槽，由尺寸 55mm 定位，槽宽 40mm，槽深 10mm，适合用 G75 循环编程加工。

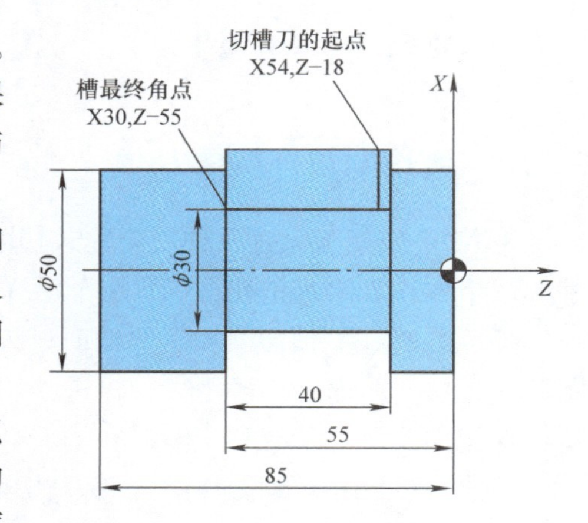

图 3-41　G75 宽槽循环加工

用刃宽为 3mm 的外切槽刀具加工，刀具起点在（X54，Z－18），刀具在 X 向与工件有 2mm 的安全间隙，刀位点 Z 向位置与槽右侧相差刃宽 3mm。槽最终角点坐标：（X30，Z－55），

X 向啄式背吃刀量 3mm，Z 向槽间距 2mm，相邻两刀有 1mm 重叠量。

（1）图样分析　该工件由圆柱面组成。程序原点设置在工件右端面的中心位置。

（2）工艺编制　该工件采用自定心卡盘装夹定位，槽可采用深孔钻循环 G75 加工，车端面可采用手动操作的方法完成，加工工艺见表 3-12。

表 3-12　加工工艺

工步号	工步内容	刀具	切削用量		
			背吃刀量/mm	主轴转速/(r/min)	进给量/(mm/r)
1	车端面	T01	2	500	0.1
2	槽加工	T02	3	500	0.2

（3）程序编写

```
O3503;                                  程序名
N10 T0202;                              换 2 号切槽刀
N20 M03 S500;                           主轴正转，转速 500r/min
N30 G00 X54 Z-18;                       切槽刀起点位置
N40 G75 R1;                             退刀 1mm
N50 G75 X30 Z-55 P3000 Q2000 F0.2;      宽槽循环加工
N60 G00 X100;                           X 向退刀
N70 Z100;                               Z 向退刀
N80 M05;                                主轴停止
N90 M30;                                结束并复位
```

例题 3-20　G75 切削循环用于等距多槽切削编程如图 3-42 所示，工件槽是等距多个径向槽，第一个槽由尺寸 30mm 定位，共有 5 个槽，槽间距 13mm，槽宽 3mm，槽深 10mm（$\phi60\sim\phi40$）。

槽的精度要求不高，各槽拟用刃宽为 3mm 的外切槽刀一次加工完成，刀具起点在（X64，Z－33），刀具在 X 向与工件有 2mm 的间隙，刀具 Z 向起始位置时，切削刃与第一个槽正对。槽最终角点坐标为（X40，Z－85）。设 X 向啄式背吃刀量为 2mm，Z 向槽间距为 13mm。

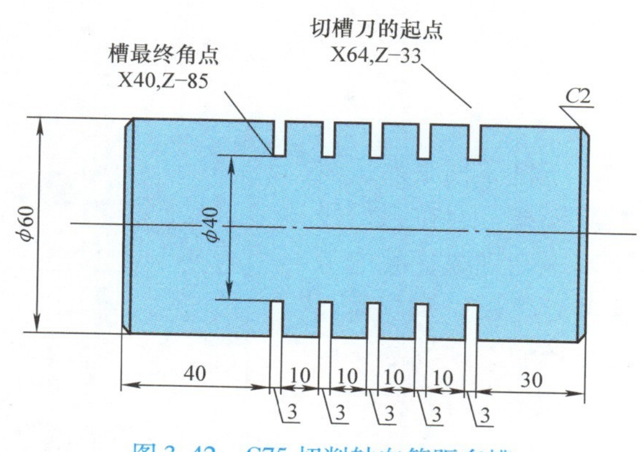

图 3-42 G75 切削轴向等距多槽

（1）图样分析 该工件由 5 个槽组成。尺寸如图 3-42 所示，编程原点设在工件右端面的中心位置。

（2）工艺编制 该工件采用自定心卡盘装夹定位，槽可采用深孔钻循环 G75 加工，车端面可采用手动操作的方法完成，加工工艺见表 3-13。

表 3-13 加工工艺

工步号	工步内容	刀具	切削用量		
			背吃刀量/mm	主轴转速/(r/min)	进给量/(mm/r)
1	车端面	T01	2	500	0.1
2	槽加工	T02	2	500	0.1

（3）程序编写

```
O3522;                                    程序名
N10 T0202;                                换 2 号切槽刀
N20 M03 S500;                             主轴正转，转速 500r/min
N30 G00 X64 Z-33;                         切槽刀起点位置
N40 G75 R1;                               退刀量 1mm
N50 G75 X40 Z-85 P2000 Q13000 F0.1;       多槽循环加工
N60 G00 X100;                             X 向退刀
N70 Z100;                                 Z 向退刀
N80 M05;                                  主轴停止
N90 M30;                                  程序结束并复位
```

3.5 螺纹切削指令

3.5.1 螺纹切削单行程 G32

G32 指令可以加工圆柱螺纹和圆锥螺纹（等螺距螺纹）。G32 和 G01 指令的根本区别是：它能使刀具直线移动的同时，使刀具的移动和主轴保持同步，即主轴转一周，刀具移动一个导程；而 G01 指令下刀具的移动和主轴的旋转位置不同步，用来加工螺纹时会产生乱牙现象。

用 G32 加工螺纹时，由于机床伺服系统本身具有滞后特性，存在滞后误差，会在起始段和停止段发生螺纹的螺距不规则现象，故应考虑刀具的引入长度（升速进刀段 δ_1）和超越长度（降速退刀段 δ_2），整个被加工螺纹的长度应该是引入长度、超越长度和螺纹长度之和，如图 3-43 所示。

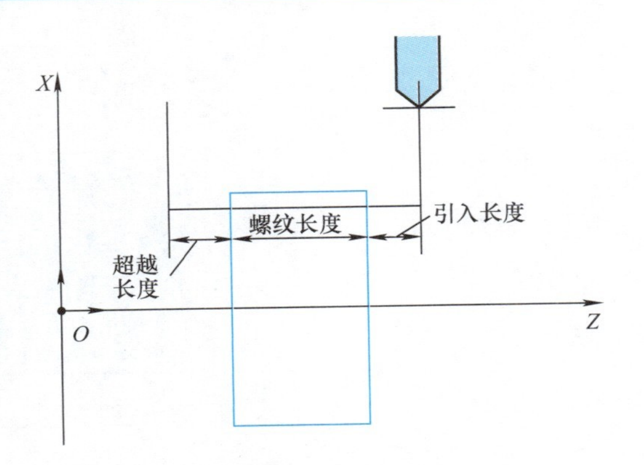

图 3-43　G32 螺纹加工

格式：G32 X(U)_ Z(W)_ R _ F _;

说明：X、Z 为绝对编程时，有效螺纹终点在工件坐标系中的坐标。

U、W 为增量编程时，有效螺纹终点相对于螺纹切削起点的位移量。

F 为螺纹导程，即主轴每转一圈，刀具相对于工件的进给值。

R 为锥螺纹起点半径和终点的半径差，有正、负值。

使用 G32 指令能加工圆柱螺纹、锥螺纹和端面螺纹。

外螺纹大径 = 公称直径 $-0.1P$（P 为导程，单线螺纹导程与螺距相同）

外螺纹小径 = 公称直径 $-2\times0.65P$（$0.65P$ 为螺纹单边牙高）

牙高 $=0.65P$

加工时注意以下几点：

1）从螺纹粗加工到精加工，主轴的转速必须保持一常数。

2）在没有停止主轴的情况下，停止螺纹的切削将非常危险，因此，螺纹切削时进给保持功能无效，如果按下进给保持按键，刀具在加工完螺纹后停止运动。

3）在螺纹加工中不使用恒定线速度控制功能。

4）在螺纹加工轨迹中应设置足够的升速进刀段 δ_1 和降速退刀段 δ_2，以消除伺服滞后造成的螺距误差。

例题 3-21　图 3-44 是圆柱螺纹加工实例，外圆直径 ϕ30mm，螺纹螺距为 1.5mm，引入长度 3mm，超越长度 1.5mm。实际大径 = 30mm − 0.1 × 1.5mm = 29.85mm，螺距为 1.5mm，从直径 ϕ30mm 开始计算切削量：0.8mm、0.6mm、0.4mm、0.15mm。

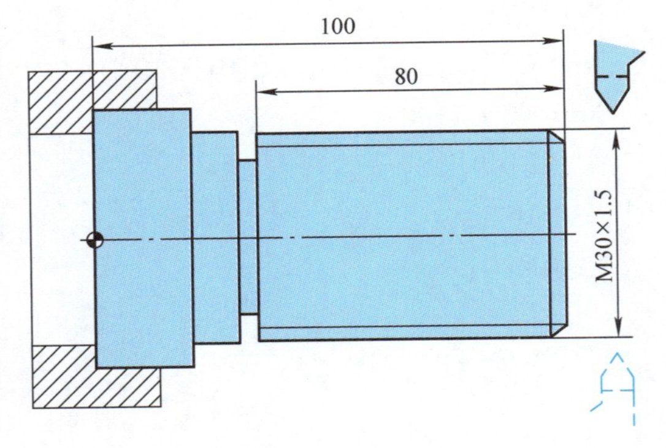

图 3-44　G32 切削螺纹

（1）图样分析　该工件由外圆、倒角、槽、螺纹等表面组成。其中外圆、倒角、槽已加工好，需加工 M30 × 1.5 螺纹。工件将一次装夹完成，程序原点设置在工件右端面的中心处。

（2）工艺编制　该工件采用自定心卡盘装夹定位，螺纹的车削将采用单行程螺纹切削指令加工完成。加工工艺见表 3-14，其中 T03 为螺纹车刀。

表 3-14 加工工艺

工步号	工步内容	刀具	切削用量		
			背吃刀量/mm	主轴转速/(r/min)	进给量/(mm/r)
1	装夹工件，伸出一定长度车端面	T01			
2	粗车外圆（含倒角）	T01			
3	精车外圆（含倒角）至尺寸要求	T01			
4	粗、精车槽至尺寸要求	T02			
5	粗、精车螺纹至尺寸要求	T03		360	
6	切断工件				

（3）分层背吃刀量　如果螺纹牙型较深，螺距较大，可分几次进给。每次的背吃刀量，可根据螺纹深度减精加工背吃刀量所得的差按递减规律分配。常用螺纹进给次数与背吃刀量见表3-15。

表 3-15 常用螺纹切削的进给次数与背吃刀量参考表（米制）

螺距/mm		1.0	1.5	2.0	2.5	3.0	3.5
牙深（单侧）/mm		0.65	0.975	1.3	1.625	1.95	2.275
背吃刀量/mm	1 次	0.7	0.8	0.9	1.0	1.2	1.5
	2 次	0.4	0.6	0.6	0.7	0.7	0.7
	3 次	0.2	0.4	0.6	0.6	0.6	0.6
	4 次		0.15	0.4	0.4	0.4	0.6
	5 次			0.1	0.4	0.4	0.4
	6 次				0.15	0.4	0.4
	7 次					0.2	0.2
	8 次						0.15

（4）程序编写

```
O0308;                      程序名
…
N10 T0303;                  换3号螺纹车刀
N20 M03 S360;               主轴正转，转速360r/min
N30 G00 X32 Z3;             螺纹起点
N40 G00 X29.2;              螺距1.5mm，从最大径30mm算起，第一次背吃刀量0.8mm
N50 G32 Z-81.5 F1.5;        螺纹加工
N60 G00 X32.0;              X向退刀
N70 Z3;                     Z向退刀
N80 X28.6;                  螺距1.5mm，第二次背吃刀量0.6mm
N90 G32 Z-81.5 F1.5;        螺纹加工
N100 G00 X32.0;             X向退刀
N110 Z3;                    Z向退刀
```

```
N120 X28.2；                 螺距1.5mm，第三次背吃刀量0.4mm
N130 G32 Z-81.5 F1.5；       螺纹加工
N140 G00 X32；               X向退刀
N150 Z3；                    Z向退刀
N160 X28.05；                螺距1.5mm，第四次背吃刀量0.15mm
N170 G32 Z-81.5 F1.5；       螺纹加工
N180 G00 X100；              X向退刀
N190 Z100；                  Z向退刀
…
N200 M30；                   程序结束并复位
```


3.5.2　螺纹切削单一固定循环 G92

简单螺纹切削循环指令 G92 可以用来加工圆柱螺纹（图 3-45）和圆锥螺纹（图 3-46）。该指令的循环路线与前述的 G90 指令基本相同，只是 F 后面的进给量改为螺纹导程即可。

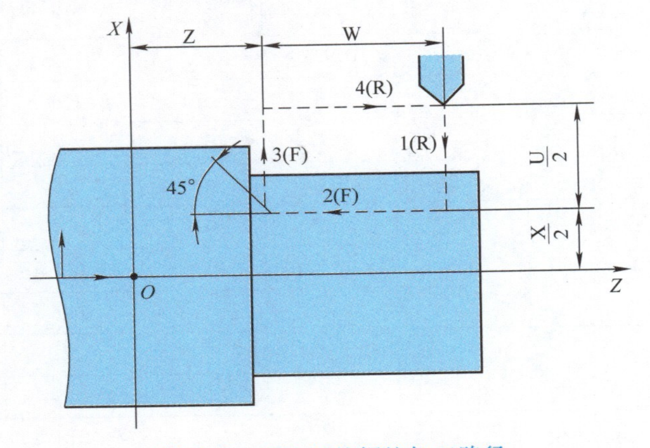

图 3-45　G92 圆柱螺纹加工路径

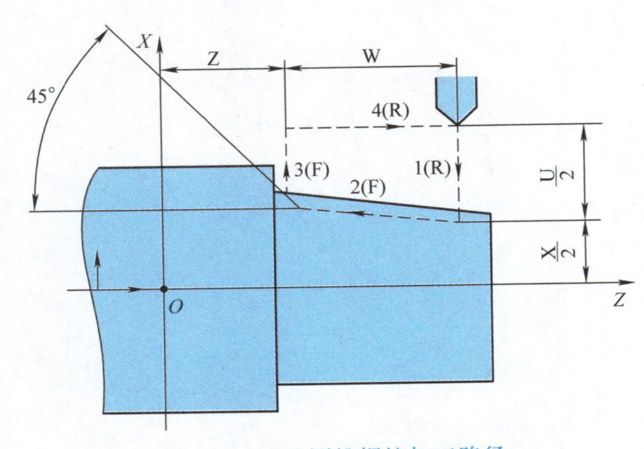

图 3-46　G92 圆锥螺纹加工路径

格式：G92 X(U)_ Z(W)_ R _ F _;

说明：X、Z 为螺纹终点坐标值。

U、W 为螺纹起点坐标到终点坐标的增量值。

R 为锥螺纹起点半径和终点的半径差。半径差是正就取正，是负就取负，即若工件锥面起点坐标大于终点坐标时，R 后的数值符号取正，反之取负，该值在此处采用半径编程。如果加工圆柱螺纹，则 R =0，此时可以省略。切削完螺纹后退刀按照45°退出，也可以垂直退刀。

螺纹加工中，随着背吃刀量的增加，刀片上的切削载荷会越来越大。对螺纹、刀具或两者的损坏可以通过保持刀片上的恒定切削载荷来避免。要保持恒定的切削载荷，可以逐渐减少螺纹加工深度，螺纹加工的一些数值通过经验公式来计算：

外螺纹大径 = 公称直径 $-0.1P$（P 为导程，单线螺纹导程与螺距相同）

外螺纹小径 = 公称直径 $-2\times0.65P$（$0.65P$ 为螺纹单边牙高）

牙高 $=0.65\times P$

螺纹切削时的进给次数与背吃刀量一般根据机械手册上推荐数据使用。

例题 3-22　G92 切削螺纹实例如图 3-47 所示，为圆柱螺纹加工实例，外圆直径 ϕ24mm，螺纹螺距为 2mm，引入长度为 4mm，超越长度为 2mm。外螺纹大径 = 公称直径 $-0.1P$（P 为螺距）$=24\text{mm}-0.1\times2\text{mm}=23.8\text{mm}$，

外螺纹小径 = 公称直径 $-2\times0.65P$（$0.65P$ 为螺纹单边牙高）$=24\text{mm}-1.3\times2\text{mm}=21.4\text{mm}$，

螺距为 2mm，从直径 ϕ24mm 开始计算背吃刀量：0.9mm，0.6mm，0.6mm，0.4mm，0.1mm。

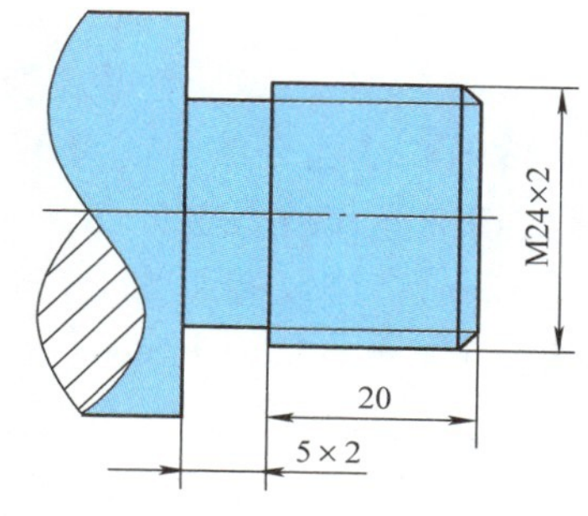

图 3-47　G92 切削螺纹实例

（1）图样分析　该工件由外圆、倒角、三角形螺纹、槽等表面组成，外圆、倒角、槽已加工完。程序原点均设置在工件右端面的中心处。

（2）工艺编制　该工件采用自定心卡盘装夹定位，螺纹车削将采用螺纹切削单一固定循环指令 G92 加以完成。加工工艺见表 3-16，其中 T01 为端面车刀，T02 为螺纹车刀。

表 3-16　加工工艺

工步号	工步内容	刀具	切削用量		
			背吃刀量/mm	主轴转速/(r/min)	进给量/(mm/r)
1	装夹工件，伸出一定长度，车端面	T01			
2	粗、精车螺纹大径	T01		360	
3	粗、精车螺纹至尺寸要求	T02		360	

（3）程序编写

```
O0308;
…
N10 T0202;                换 2 号螺纹车刀
```

```
N20 M03 S360;               主轴正转，转速360r/min
N30 G00 X26 Z4;             螺纹单一循环起点
N40 G92 X23.1 Z-22 F2;      螺纹的螺距为2mm时，第一次背吃刀量0.9mm，24mm
                            -0.9mm=23.1mm
N50 X22.5;                  第二次背吃刀量0.6mm，23.1mm-0.6mm=22.5mm
N60 X21.9;                  第三次背吃刀量0.6mm，22.5mm-0.6mm=21.9mm
N70 X21.5;                  第四次背吃刀量0.4mm，21.9mm-0.4mm=21.5mm
N80 X21.4;                  第五次背吃刀量0.1mm，21.5mm-0.1mm=21.4mm 最小径
N90 G00 X100;               X 向退刀
N100 Z100;                  Z 向退刀
…
N110 M30;                   程序结束并复位
```


注意： 螺纹切削循环同 G32 螺纹切削一样，在进给保持状态下，该循环在完成全部动作之后才停止运动。

例题 3-23 G92 锥螺纹切削循环实例如图 3-48 所示，试用 G92 指令编写如图 3-48 所示圆锥螺纹加工程序（螺纹切削导入距离取 6mm，导出距离取 3mm，*Z* 向螺距为 1.5mm）。螺纹螺距为 1.5mm，从直径 ϕ30mm 开始计算切削量：0.8mm，0.6mm，0.4mm，0.15mm。

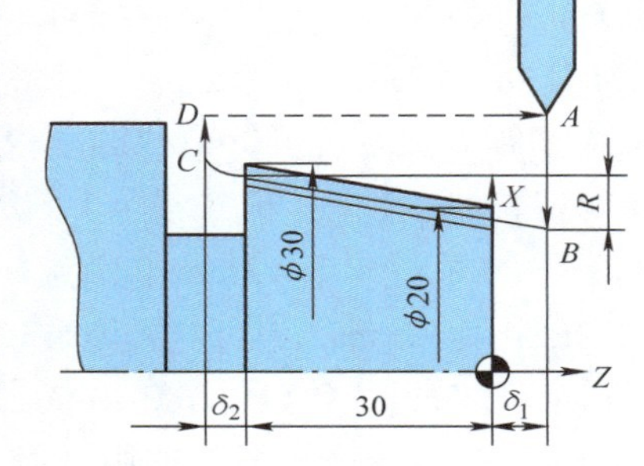

图 3-48 G92 锥螺纹切削循环实例

（1）图样分析　该工件由外圆、圆锥三角形螺纹、槽等表面组成，外圆、槽已加工完。编程原点均设置在工件右端面的中心处。

（2）工艺编制　该工件采用自定心卡盘装夹定位，螺纹车削将采用螺纹切削单一固定循环指令 G92 加以完成。加工工艺见表 3-17，其中 T01 为端面车刀，T02 为螺纹车刀。

表 3-17 加工工艺

工步号	工步内容	刀具	切削用量		
			背吃刀量/mm	主轴转速/(r/min)	进给量/(mm/r)
1	装夹工件，伸出一定长度，车端面	T01			
2	粗、精车螺纹大径，车外圆	T01		360	
3	粗、精车螺纹至尺寸要求	T02		330	

（3）程序编写

```
O0025;                      程序名
…
N10 T0202;                  换2号螺纹车刀
N20 M03 S330;               主轴正转，转速330r/min
```

```
N30 G00 X31 Z6;                         快速定位至切削起点
N40 G92 X29.2 Z-33 R-6.5 F1.5;          锥螺纹切削，螺距1.5mm第一次背吃刀量0.8mm
N45 X28.6 R-6.5;                        第二次背吃刀量0.6mm，29.2mm-0.6mm=28.6mm
N50 X28.2 R-6.5;                        第三次背吃刀量0.4mm，28.6mm-0.4mm=28.2mm
                                        注意：R值为负值
N60 X28.05 R-6.5;                       第四次背吃刀量0.15mm，28.2mm-0.15mm=
                                        28.05mm最小径
N70 X28.05 R-6.5;                       最小径再进行一次精加工
N80 G00 X100 Z100;                      退刀
…
N90 M30;                                程序结束并复位
```


3.5.3 螺纹切削复合循环G76

G76是各类螺纹粗、精车合用的螺纹切削复合循环。进刀方式与G32、G92两种螺纹切削方式的进刀区别是：G76循环用一个切削刃切削进刀，使刀尖负荷减小。G76也可以切削内螺纹，可以切削多线螺纹循环。

格式：

G76 P(m) (r) (α) Q(Δd_{min}) R(d);

G76 X(U)_ Z(W)_ R(i) P(k) Q(Δd) F(L);

说明：m为精加工重复次数1～99。

r为螺纹的倒角（倒棱）量，该参数单位为0.1L（L为导程），从0.01L到9.9L。

α为刀尖的角度（螺纹牙的角度）可从80°、60°、55°、30°、29°、0°这六个角度中选择一个，由两位数规定。

Δd_{min}为最小背吃刀量（半径值），车削过程中，当计算深度小于这个极限值时，背吃刀量按此值计算，该参数为模态量，单位为μm。

d为精加工余量（半径值），该参数为模态量，单位为mm。

X（U）、Z（W）为螺纹切削终点的坐标值，单位为mm。

i为螺纹锥度值（半径差值），当$i=0$时，为普通直螺纹加工，单位为mm。

k为螺纹牙高度（半径值），由近似公式得：螺纹牙高=0.65×螺距，单位为μm。

Δd为第一刀背吃刀量（半径值），单位为μm。

L为螺纹导程，单位为mm。

其中：m、r、α均为模态量，可由系统参数设定，由程序指令改变。例如：$m=2$，$r=1.2L$，$\alpha=60°$时，螺纹倒角量计算后除以0.1$L=r$，$r=1.2L/0.1L=12$，表示P021260。

G76循环进行单边切削，减小了刀尖的受力。第一次切削时背吃刀量为Δd，如图3-49所示，C点到D点的切削速度由F代码指定，而其他轨迹均为快速进给。切削参数如图3-50所示。

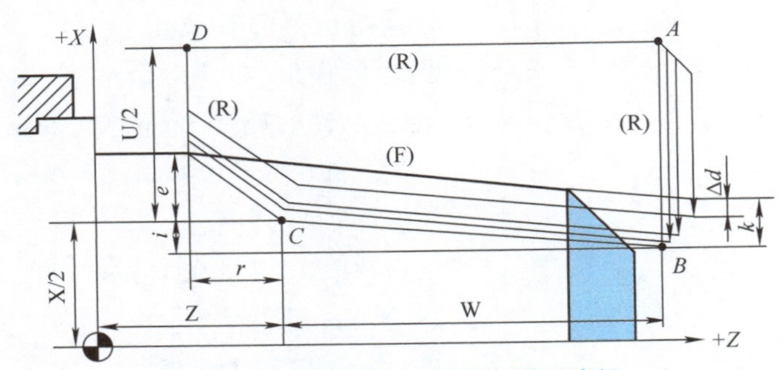

图 3-49　G76 螺纹切削复合循环路径

例题 3-24　图 3-51 为 G76 螺纹复合循环加工实例。图中外圆面已加工完，需要加工 5mm×2mm 的槽和 M32×2 的螺纹。外圆直径 ϕ32mm，螺纹螺距为 2mm，引入长度为 4mm，超越长度为 2mm。外螺纹大径 = 公称直径 −0.1P（P 为导程）。大径 = 32 − 0.1P = 32mm − 0.1×2mm = 31.8mm，小径 = 32 − 1.3P = 32mm − 1.3 × 2mm = 29.4mm，牙高 = 0.65 × P = 1.3mm。

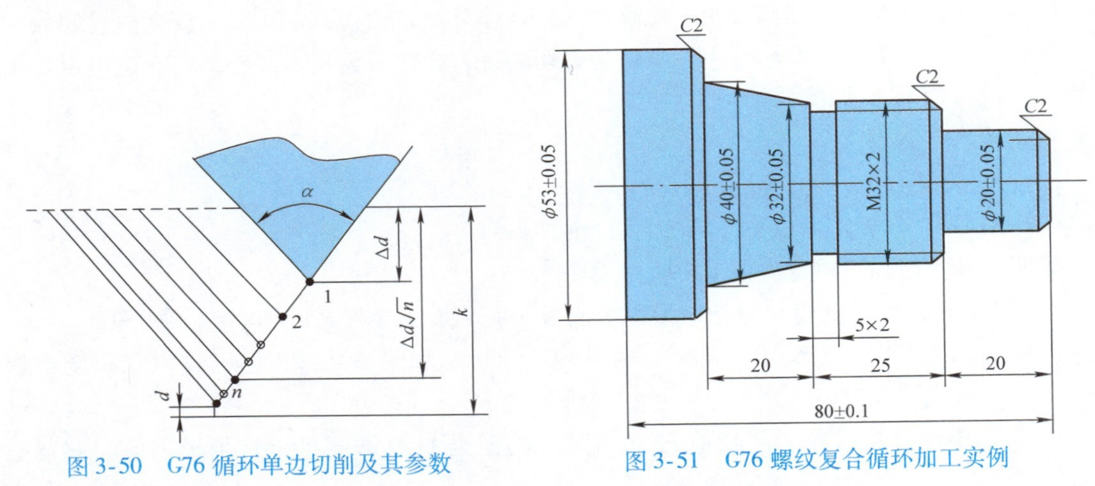

图 3-50　G76 循环单边切削及其参数

图 3-51　G76 螺纹复合循环加工实例

（1）图样分析　该工件由外圆柱面、外圆锥面、倒角、三角形螺纹、槽等表面组成，程序原点均设置在工件右端面的中心处。

（2）工艺编制　该工件采用自定心卡盘装夹定位，螺纹的车削将采用螺纹切削复合循环指令 G76 编程完成。加工工艺见表 3-18，其中 T01 为外圆车刀，T02 为切槽刀，T03 为螺纹车刀。

表 3-18　加工工艺

工步号	工步内容	刀具	切削用量		
			背吃刀量/mm	主轴转速/(r/min)	进给量/(mm/r)
1	外圆切削	T01	2	500	0.2
2	切槽 5mm×2mm	T02	2	400	0.1
3	粗、精车螺纹至尺寸要求	T03		330	

（3）程序编写

程序	说明
O3212；	程序名
N10 T0101；	换1号外圆车刀
N20 M03 S500；	主轴正转，转速500r/min
N30 G00 X60 Z2；	快速进到循环起点
N40 G71 U2 R0.5；	背吃刀量2mm，退刀量0.5mm
N50 G71 P60 Q150 U0.8 W0.2 F0.2；	粗车循环
N60 G00 X16；	精加工程序段，第1点 *X* 值
N70 G01 Z0 F0.1；	直线走刀Z0点
N80 X20，C2；	加工倒角
N90 Z－20；	加工 ϕ20mm外圆
N100 X31.8，C2；	加工倒角
N110 Z－45；	加工外圆
N120 X32；	加工端面
N130 X40 W－20（Z－65）；	加工锥面
N140 X53，C2；	加工倒角
N150 Z－80；	加工 ϕ53mm外圆
N160 G00 X100；	*X* 向退刀
N170 Z100；	*Z* 向退刀
N180 M05；	主轴停止
N190 M00；	程序暂停，测量尺寸，补偿误差
N200 M03 S1000；	主轴正转，转速1000r/min
N210 G00 X60 Z2；	快速进到起始点
N220 G70 P60 Q150；	精加工
N230 G00 X100；	退刀
N240 Z100 G40；	退刀，取消刀补
N250 T0202；	换2号切槽刀（刀宽3mm）
N260 M03 S400；	主轴正转，转速400r/min
N270 G00 X36；	槽的起点 *X* 值，必须超过槽两侧 *X* 值
N280 Z－45；	槽的起点 *Z* 值
N290 G01 X28 F0.1；	切到槽底，以槽两侧小径为准单边深2mm
N300 G00 X36；	退刀
N310 Z－43（W2）；	向右侧移动2mm，刀宽3mm
N320 G01 X28；	第二刀切槽，宽为5mm
N330 G00 X100；	*X* 向退刀
N340 Z100；	*Z* 向退刀
N350 T0303；	换3号螺纹车刀
N360 M03 S330；	主轴正转，转速330r/min
N370 G00 X34 Z－16；	螺纹循环起点

```
N380 G76 P020060 Q50 R0.1;            复合螺纹循环加工
N390 G76 X29.4 Z-42 R0 P1300 Q300 F2; X向退刀
N400 G00 X100;                        Z向退刀
N410 Z100;                            退刀
…
N420 M30;                             程序结束并复位
```

3.5.4　双线螺纹与内螺纹G76

1. 双线螺纹编程

加工如图3-52中M24×2螺纹，螺距2mm。大径 = 24mm - 0.1×2mm - 23.8mm，小径 = 24mm - 1.3×2mm = 21.4mm，导程 = 螺距×线数 = 2mm×2 = 4mm，试编写双线螺纹加工程序。

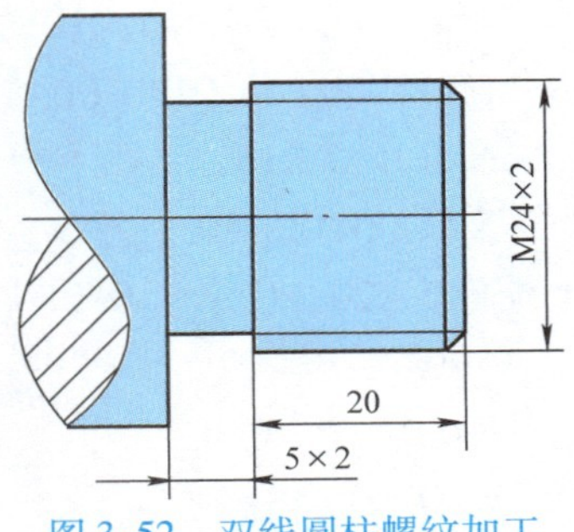

图3-52　双线圆柱螺纹加工


```
O4560;(G92编程)                程序名
…
N10 T0303;                     换3号螺纹车刀
N20 M03 S400;                  主轴正转，转速400r/min
N30 G00 X26 Z4;                第一螺纹起点
N40 G92 X23.1 Z-22 F4;         导程为4mm，从24mm计算第一次背吃刀量0.9mm
N50 X22.5;                     第二次背吃刀量0.6mm
N60 X21.9;                     第三次背吃刀量0.6mm
N70 X21.5;                     第四次背吃刀量0.4mm
N80 X21.4;                     第五次背吃刀量0.1mm
N90 G00 X26 Z6;                第二螺纹起点，刀具退出一个螺距
N100 G92 X23.1 Z-22 F4;        导程为4mm
N110 X22.5;                    第二次背吃刀量0.6mm
N120 X21.9;                    第三次背吃刀量0.6mm
N130 X21.5;                    第四次背吃刀量0.4mm
N140 X21.4;                    第五次背吃刀量0.1mm
N150 G00 X100;                 刀具退出
N160 Z100;                     Z向退刀
N170 M30;                      程序结束并复位

O4561;(G76编程)                程序名
…
N10 T0303;                     换3号螺纹车刀
N20 M03 S400;                  主轴正转，转速400r/min
N30 G00 X26 Z4;                第一螺纹起点
```

```
N40 G76 P020060 Q50 R0.1;                   第一条螺纹线加工
N50 G76 X21.4 Z-23 R0 P1300 Q300 F4;        导程为4mm
N60 G00 X26 Z6;                             第二螺纹起点比第一螺纹起点差一个螺距
N70 G76 P020060 Q50 R0.1;                   第二条螺纹线加工
N80 G76 X21.4 Z-23 R0 P1300 Q300 F4;        螺纹循环加工
N90 G00 X100 Z100;                          退刀
N100 M30;                                   程序结束并复位
```

2. 圆锥螺纹编程

加工图3-53中螺纹，螺距为2mm，螺纹切入、切出长度为5mm，则小端外圆尺寸为$\phi17.5$mm，大端外圆尺寸为$\phi32.5$mm。$R=(17.5-32.5)$mm/2 = -7.5mm，试编程。

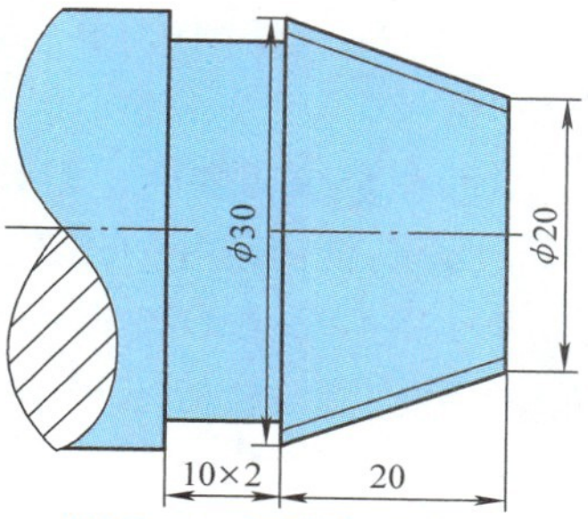

图3-53　圆锥螺纹加工

```
O3233;(G92编程)                    程序名
…
N10 T0303;                          换3号螺纹车刀
N20 M03 S400;                       主轴正转，转速400r/min
N30 G00 X35 Z5;                     快速进到螺纹起始点
N40 G92 X31.6 Z-25 R-7.5 F2;        导程2mm，以32.5mm开始计算，第一次背吃刀量
                                    0.9mm
N50 X31;                            第二次背吃刀量0.6mm
N60 X30.4;                          第三次背吃刀量0.6mm
N70 X30;                            第四次背吃刀量0.4mm
N80 X29.9;                          第五次背吃刀量0.1mm
N90 G00 X100 Z100;                  退刀
N100 M30;                           程序结束并复位
```

```
O3234 (G76编程)                               程序名
…
N10 T0303;                                     换3号螺纹车刀
N20 M03 S400;                                  主轴正转，转速400r/min
N30 G00 X35 Z5;                                快速进到螺纹起始点
N40 G76 P022560 Q50 R0.1;                      倒角长度2.5L/0.1L=25
N50 G76 X29.9 Z-25 R-7.5 P1300 Q300 F2;        螺纹循环编程
N60 G00 X100 Z100 ;                            退刀
N70 M30;                                       程序结束并复位
```

3. 内螺纹编程

内螺纹底孔直径计算是车削内螺纹中非常重要的内容。根据经验公式有

车削塑性金属材料的内螺纹底孔直径 = 公称直径 $d-P$

车削脆性金属材料的内螺纹底孔直径 = 公称直径 $d-1.05P$（P为导程）

G76指令中R(d)是负值。

```
⋮
G76 P022560 Q50 R-0.1;
G76 X29.9 Z-25 R-7.5 P1300 Q300 F2;
⋮
```

4. 注意事项

1）在螺纹切削过程中，不要使用恒切削速度指令 G96。

2）在螺纹切削过程中，进给速度（或进给量）倍率无效（固定 100%），主轴转速固定在 100%。

3）在螺纹切削前，刀具起始位置必须位于大于或等于螺纹直径处，锥螺纹按大端直径计算，否则会出现扎刀现象。

4）用 G92 或 G76 车削锥螺纹时，螺纹的半径差（i）的值应为刀具起点和终点位置半径差，否则螺纹锥度不正确。

在 MDI 方式下，不能用指令 G70、G71、G72、G73，可以用指令 G74、G75、G76。

3.6 FANUC 数控车削编程综合实例

3.6.1 综合实例一

图 3-54 为车削技术综合编程实例（数控车初级工样题）。

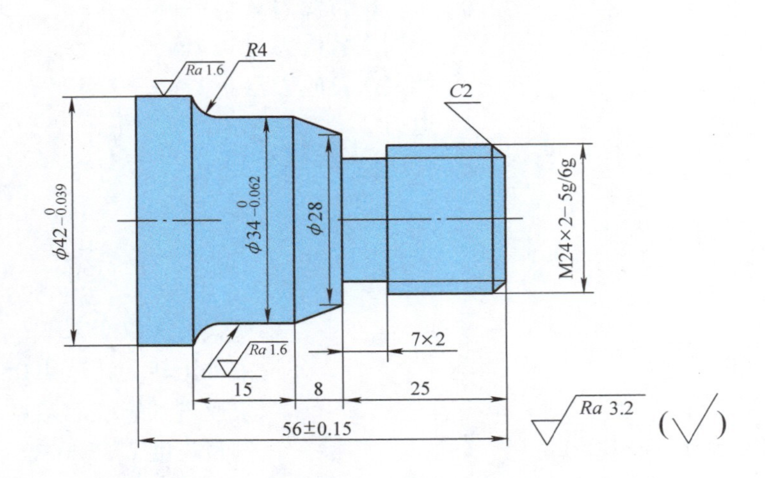

图 3-54 车削综合编程零件图（一）

（1）图样分析 该工件由螺纹、切槽、锥度、圆弧、外圆柱等表面组成。程序原点设置在工件右端面中心位置。

（2）工艺编制 该工件采用自定心卡盘装夹定位，加工该工件时一般先加工工件外形轮廓，切断工件后调头加工工件总长。加工工艺见表 3-19，其中手动切端面，T01 为外圆粗、精车刀，T02 为切槽刀，T03 为 60°螺纹车刀。

表3-19　加工工艺

工步号	工步内容	刀具	切削用量		
			背吃刀量/mm	主轴转速/(r/min)	进给量/(mm/r)
1	夹工件毛坯，伸出卡盘长度为76mm				
2	车端面	T01		800	0.2
3	粗加工工件外形轮廓至尺寸要求	T01		600	0.2
4	精加工工件外形轮廓至尺寸要求	T01		1200	0.1
5	切槽7mm×2mm至尺寸要求	T02		500	0.1
6	粗、精加工螺纹至尺寸要求	T03		300	
7	切断工件，总长留9.5mm余量	T02		400	
8	工件调头，夹42mm外圆（校正）				
9	加工工件总长至尺寸要求				

（3）注意事项

1）加工螺纹时，一定要根据螺纹的牙型角、导程合理选择刀具。

2）螺纹车刀的前、后刀面必须平整、光洁。

3）装夹螺纹车刀时，必须使用对刀样板。

（4）相关量的计算

1）计算螺纹小径、大径。$d_{小}=d_{M}$（螺纹公称直径）$-2\times0.65P$（螺纹导程）$=24\text{mm}-2\times0.65\times2\text{mm}=21.4\text{mm}$，计算螺纹实际大径 $d_{大}=d_{M}$（螺纹公称直径）$-0.1P$（螺纹导程）$=24\text{mm}-0.1\times2\text{mm}=23.8\text{mm}$。

2）确定螺纹背吃刀量。螺距为2mm，切削量从24mm开始算，分别为0.9mm、0.6mm、0.6mm、0.4mm、0.1mm，如常用切削量表（表3-15）所示。螺纹可进行两次光整加工。

（5）程序编写

```
O0010;                                程序名
N10 T0101;                            换1号外圆车刀
N20 S600 M03 M08;                     主轴正转，转速600r/min，切削液开
N30 G00 X45 Z3 G42;                   快进至循环起点位置，加右刀补
N40 G71 U1.5 R1;                      背吃刀量1.5mm，退刀量1mm
N50 G71P60 Q140 U0.4 W0.1 F0.2;       外圆粗切循环加工
N60 G00 X0;                           快速进到X0
N70 G01 X19.8 Z0 F0.1;                精加工轮廓开始
N80 G01 X23.8 Z-2 (X23.8, C2);        加工倒角
```

```
N90 G01 Z-25;                    加工外圆面
N100 G01 X28;                    加工端面
N110 G01 X34 Z-33;               加工锥面
N120 G01 Z-44;                   加工 φ34mm 外圆面
N130 G02 X42 Z-48 R4;            加工 R4mm 圆弧
N140 G01 Z-59;                   精加工轮廓结束，总长度 56mm，刀宽 3mm
N150 G00 X80 Z100;               退刀
N160 M05 M09;                    主轴停止，关切削液
N170 M00;                        暂停，测量尺寸补偿误差
N180 S1200 M03 M08;              主轴正转，转速 1200r/min，切削液开
N190 G00 X45 Z3;                 快速进到起始点
N200 G70 P60 Q140;               精加工
N210 G00X80 Z100;                退刀
N220 T0202 ;                     换 2 号切槽刀（宽 3mm ）
N230 S500 M03 M08;               主轴正转，转速 500r/min，切削液开
N240 G00 X30 Z-25;               切槽起始点
N250 G01 X20 F0.1;               第一刀切槽
N260 G00 X30;                    退刀
N270 G00 Z-23;                   向右侧移动 2mm
N280 G01 X20;                    第二刀切槽
N290 G00 X30;                    退刀
N300 G00 Z-21;                   向右侧移动 2mm
N310 G01 X20;                    第三刀切槽
N320 G00 X80 Z100;               退刀
N330 T0303;                      换 3 号螺纹车刀（60°）
N340 S300 M03 M08;               主轴正转，转速 300r/min，切削液开
N350 G00 X26 Z3;                 到简单螺纹循环起点位置
N360 G92 X23.1 Z-21.5 F2;        加工螺纹，第一次背吃刀量 0.9mm
N370 X22.5;                      加工螺纹，第二次背吃刀量 0.6mm
N380 X21.9;                      加工螺纹，第三次背吃刀量 0.6mm
N390 X21.5;                      加工螺纹，第四次背吃刀量 0.4mm
N400 X21.4;                      加工螺纹，第五次背吃刀量 0.1mm
N410 X21.4;                      光整加工螺纹
N420 G00 X80 Z100;               快速退回到换刀点
N430 M05;                        主轴停
N440 T0202;                      换 2 号切槽刀（宽 3mm ）
N450 S400 M03 M08;               主轴正转
N460 G00 X45 Z-59;               快速进到切断位置
N470 G01 X-0.5 F0.1;             切断工件
```

```
N480 G00 X80 Z100 M09;           快速退回到换刀点
N490 M05;                        主轴停
N500 M30;                        程序结束并复位
```

3.6.2　综合实例二

图3-55为车削技术综合编程实例（数控车中级工样题）。

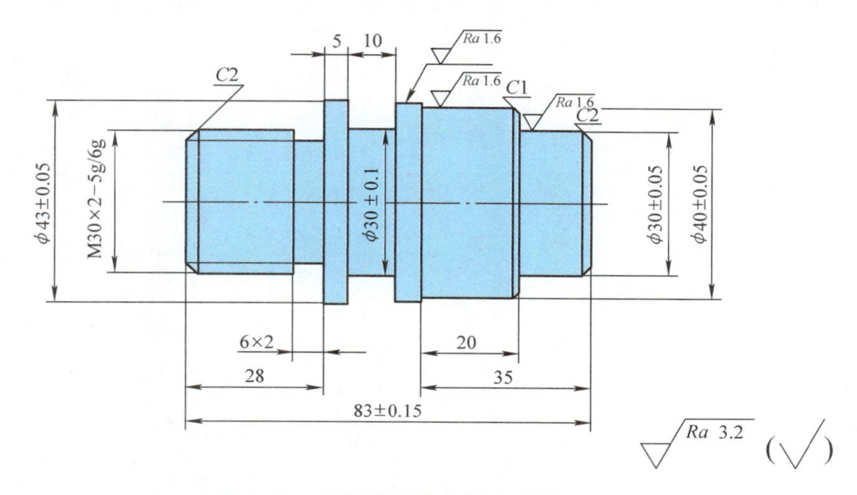

图3-55　车削技术综合编程零件图（二）

1. 考核目标

1）能根据零件图的要求正确编制外圆沟槽的加工程序。

2）能采用合理的切削方法保证加工精度。

3）能熟练掌握补偿误差后，精车加工正确性的检查方法及调整。

4）能够手工编程输入，遵守操作规程，养成文明操作、安全操作的良好习惯。

5）掌握切槽的方法。

6）能熟练掌握螺纹编程及加工。

数控车中级工样题评分表见表3-20。

表3-20　数控车中级工样题评分表

单位			准考证号		姓名	
检测项目		技术要求	配分	评分标准	检测结果	得分
机床操作	1	按步骤开机、检查、润滑	2	不正确无分		
	2	机床回参考点	2	不正确无分		
	3	输入程序、检查及修改	2	不正确无分		
	4	程序轨迹检查	2	不正确无分		
	5	正确装夹工件、夹具、刀具	2	不正确无分		
	6	按指定方式对刀	2	不正确无分		
	7	检查对刀	2	不正确无分		

（续）

单位			准考证号		姓名	
检测项目		技术要求	配分	评分标准	检测结果	得分
外圆	8	直径 ϕ43mm，Ra1.6μm	8	超差 0.01mm 扣 4 分、降级无分		
	9	直径 ϕ40mm，Ra1.6μm	8	超差 0.01mm 扣 4 分、降级无分		
	10	直径 ϕ30mm，Ra1.6μm	8	超差降级无分		
螺纹	11	M30×2	5	超差降级无分		
槽	12	6mm×2mm，两侧 Ra3.2μm	7	超差降级无分		
	13	槽宽 10mm，Ra3.2μm	7	超差降级无分		
	14	直径 ϕ30mm，Ra3.2μm	7	超差降级无分		
长度	15	长 83mm、两侧 Ra3.2μm	6	超差降级无分		
	16	长 28mm	3	超差降级无分		
	17	长 20mm	5	超差降级无分		
	18	长 35mm	5	超差降级无分		
其他	19	C2mm，C1mm	2	不符无分		
	20	未注倒角	3	不符无分		
	21	安全操作规程	12	违反，扣总分 10 分/次		
总评分			100	总得分		

2. 加工操作提示

如图 3-55 所示，加工该工件时一般先加工工件外形轮廓，切断工件后调头加工工件总长。程序零点设置在工件右端面的轴线上，工件加工步骤如下：

1）夹工件毛坯，伸出卡盘长度 50mm。

2）车端面。

3）粗、精加工工件外形轮廓至尺寸要求。

4）切槽 6mm×2mm，保证槽两侧表面粗糙度要求。

5）切断工件，总长留 0.5mm 余量。

6）工件调头，夹直径 ϕ40mm 外圆（校正）。

7）加工工件总长至尺寸要求（程序略）。

8）粗、精加工工件外形轮廓至尺寸要求。

9）加工螺纹。

10）回换刀点，程序结束。

3. 注意事项

1）确认车刀装夹的刀位和程序中的刀号相一致。

2）注意切槽刀装夹，根据刀宽和宽计算安排切槽刀切削次数。

3）仔细检查和确认是否符合自动加工模式。

4）灵活运用倍率修调开关。

5）为保证对刀的正确，对刀前应将工件外圆和端面采用手动方式车一刀。

4. 编程、操作加工时间

1）编程时间：60min（占总分30%）。

2）操作时间：150min（占总分70%）。

5. 工、量、刀具清单（见表3-21）

表3-21 数控车中级工样题工、量、刀具清单

序号	名称	规格	数量	备注
1	外径千分尺	0～25mm	1	
2	外径千分尺	25～50mm	1	
3	游标卡尺	0～150mm	1	
4	半径样板	$R1$～$R6.5$mm	1	
5	螺纹千分尺	25～50mm	1	
6	刀具	端面车刀	1	
7		外圆车刀	2	
8		切槽刀	1	宽4～5mm，长23mm
9		螺纹车刀	1	
10	其他辅具	1. 垫刀片若干、磨石等		
11		2. 其他车工常用辅具		
12	材料	45钢，ϕ45mm×84mm		
13	数控车床	CK3665		
14	数控系统	FANUC		

6. 参考程序

程序1 外轮廓右端加工

```
O0825;                                   程序名
N10 M03 S700;                            主轴正转，转速700r/min
N20 T0101;                               选择粗加工车刀
N30 G00 X47 Z2;                          快速进到循环起始点
N40 G71 U1 R2;                           背吃刀量1mm，退刀量2mm
N50 G71 P60 Q130 U0.8 W0.2 F0.2;         粗车循环
N60 G00 X26;                             快速进到第1点X值
N70 G01 Z0 F0.1;                         直线走刀到Z0
N80 G01 X30 Z-2 (X30, C2);               加工倒角
N90 Z-15;                                加工φ30mm外圆
N100 X40, C1;                            加工倒角
N110 Z-35;                               加工φ40mm外圆
N120 X43;                                加工端面
N130 X43 Z-41;                           加工φ43mm外圆
N140 G00 X100;                           退刀
N150 Z100;                               Z向退刀
```

```
N160 M05;                              主轴停止
N170 M00;                              程序暂停，测量尺寸，补偿误差
N180 M03S1000;                         主轴正转，转速1000r/min
N190 G00 X47 Z2;                       快速进到循环起始点
N200 G70 P60Q130;                      精加工
N210 G00X100;                          退刀
N220 Z100;                             退刀
N230 M30;                              程序结束并复位
```

程序2　外轮廓左端加工

```
O0826;                                 程序名
N10 M03 S800;                          主轴正转，转速800r/min
N20 T0101;                             换1号刀，选择粗加工车刀
N30 G00 X47 Z2 G42;                    快速进到循环起始点，加右刀补
N40 G71 U1 R2;                         吃刀量1mm，退刀量2mm
N50 G71 P60 Q110 U0.8 W0.2 F0.2;       粗车循环
N60 G00 X26;                           快速进到第1点X值
N70 G01 Z0 F0.1;                       直线走刀到Z0
N80 X29.8, C2;                         加工倒角
N90 Z-28;                              加工大径外圆
N100 X43;                              加工端面
N110 Z-43;                             加工φ43mm外圆
N120 G00 X100;                         退刀
N130 Z100;                             退刀
N140 M05;                              主轴停止
N150 M00;                              程序暂停，测量尺寸，补偿误差
N160 M03 S1000;                        主轴正转，转速1000r/min
N170 G00 X47 Z2;                       快速进到起始点
N180 G70 P60 Q110;                     精加工
N190 G00 X100;                         退刀
N200 Z100;                             退刀
N210 M30;                              程序结束并复位
```

程序3　切槽

```
O0823;                                 程序名
N10 M03 S450;                          主轴正转，转速450r/min
N20 T0202;                             选择2号切槽刀，切槽刀刀宽3mm。根据刀宽
                                       和槽宽进行安排三次加工
N30 G00 X45;                           快速进到槽位置
N40 Z-28;                              快速进到槽位置
N50 G01 X26 F0.1;                      切槽
```

```
N60 G00 X45;                    退刀
N70 Z-26;                       向右移2mm
N80 G01 X26;                    切槽
N90 G00 X45;                    退刀
N100 Z-25;                      向右移1mm
N110 G01 X26;                   切槽
N120 G00 X45;                   切另一个槽
N130 Z-43;                      槽位置
N140 G01 X30 F0.1;              切槽
N150 G00 X45;                   退刀
N160 Z-41;                      向右移2mm
N170 G01 X30;                   切槽
N180 G00 X45;                   退刀
N190 Z-39;                      向右移2mm
N200 G01 X30;                   切槽
N210 G00 X45;                   退刀
N220 Z-37;                      向右移2mm
N230 G01 X30;                   切槽
N240 G00 X45;                   退刀
N250 Z-36;                      向右移1mm
N260 G01 X30;                   切槽
N270 G00 X100;                  退刀
N280 Z100;                      退刀
N290 T0303;                     换3号螺纹车刀
N300 M03 S450;                  主轴正转，转速450r/min
N310 G00 X32 Z2;                快速进到起始点
N320 G92 X29.1 Z-25 F2;         加工螺纹，第一次背吃刀量0.9mm
N330 X28.5;                     加工螺纹，第二次背吃刀量0.6mm
N340 X27.9;                     加工螺纹，第三次背吃刀量0.6mm
N350 X27.5;                     加工螺纹，第四次背吃刀量0.4mm
N360 X27.4;                     加工螺纹，第四次背吃刀量0.1mm
N370 G00 X100 Z100;             退刀
N380 M30;                       程序结束并复位
```

拓展阅读

胡胜——在金属上进行雕刻的艺术大师

1974年出生的胡胜，是中国电子科技集团公司第十四研究所数控车高级技师、班组长。

从一名职业高中毕业生成长为全国技术能手并享受国务院政府特殊津贴，胡胜在车床上诠释着精益求精、追求完美和极致的工匠精神。

2009年的国庆阅兵仪式上，我国自行研制的大型预警机首次亮相，机身上方安装的雷达能做到360°全方位覆盖，成为万众瞩目的焦点。这个雷达关键零部件的加工生产，就是由胡胜带领团队完成的。他通过数控车对金属进行雕刻，做成各种精致的零件，被形象地称为“在金属上进行雕刻的艺术”。雷达零部件对精度的要求苛刻，有的误差要求不能超过0.005mm，还有的甚至要达到0.004mm的精度，一丝划痕也不能出现。

胡胜是我国精密加工制造领域的领军人物，先后荣获全国数控技能大赛职工组数控车第一名、全国五一劳动奖章、国务院政府特殊津贴、全国技术能手、江苏省最美职工、中华技能大奖等，被誉为“工人院士”。

思考与练习

3-1　数控车床编程有哪些特点？

3-2　简述数控车床原点和参考点的区别与联系。

3-3　数控车床的基本功能指令如何分类？

3-4　数控车床的补偿功能有哪些？

3-5　设定工件坐标系有哪些意义？说明指令G50与指令G54～G59的使用区别。

3-6　说明基本指令G00、G01、G02、G03、G04、G28的意义。

3-7　说明圆弧插补指令G02、G03的区别。

3-8　说明粗加工循环指令G71的使用格式。G70如何使用？

3-9　说明循环指令G71、G72、G73的区别。

3-10　说明螺纹切削循环指令G76的使用格式。

3-11　说明车刀刀尖半径补偿的意义。

3-12　加工螺纹时，为什么要计入螺纹切入、切出长度？

3-13　试分析单线螺纹与双线螺纹在编程时有什么区别？

3-14　如题图3-1所示工件，编写工件的加工工艺，选择合适的刀具，选择合适的切削速度、进给速度（或进给量）和背吃刀量，编写程序。模拟程序，程序正确后进行加工，加工后检查工件质量。工件毛坯：ϕ30mm铝合金棒料（1～4），ϕ50mm铝合金棒料（5）。

3-15　如题图3-2所示工件，编写工件的加工工艺，选择合适的刀具，选择合适的切削速度、进给速度（或进给量）和背吃刀量，编写程序。模拟程序，程序正确后进行加工，加工后检查工件质量。工件毛坯：ϕ60mm铝合金棒料。

3-16　如题图3-3所示工件，编写工件的加工工艺，选择合适的刀具，选择合适的切削速度、进给速度（或进给量）和背吃刀量，编写程序。模拟程序，程序正确后进行加工，加工后检查工件质量。工件毛坯：ϕ50mm铝合金棒料。

3-17　如题图3-4所示工件，编写工件的加工工艺，选择合适的刀具，选择合适的切削速度、进给速度（或进给量）和背吃刀量，编写程序。模拟程序，程序正确后进行加工，加工后检查工件质量。工件毛坯：ϕ55mm铝合金棒料。

3-18　数控车削技术（中级）实例：如题图3-5所示工件，编写工件的加工工艺，选

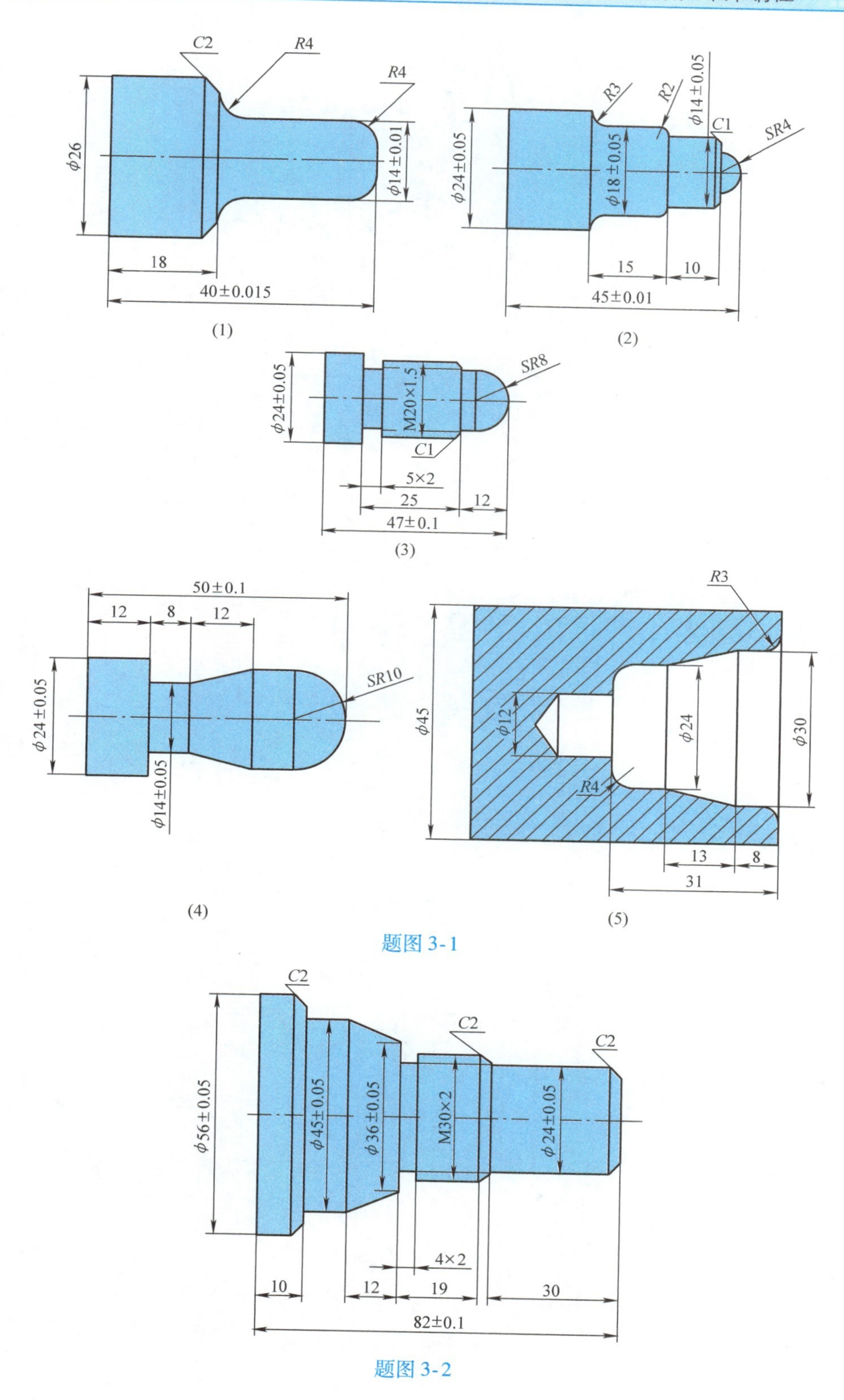
C2
R4
R4
φ26
φ14±0.01
18
40±0.015
(1)
R3
R2
φ14±0.05
C1
SR4
φ24±0.05
φ18±0.05
15
10
45±0.01
(2)
SR8
φ24±0.05
M20×1.5
C1
5×2
25
12
47±0.1
(3)
50±0.1
12
8
12
SR10
φ24±0.05
φ14±0.05
(4)
R3
φ45
φ12
φ24
φ30
R4
13
8
31
(5)

题图 3-1

C2
C2
C2
φ56±0.05
φ45±0.05
φ36±0.05
M30×2
φ24±0.05
4×2
10
12
19
30
82±0.1

题图 3-2

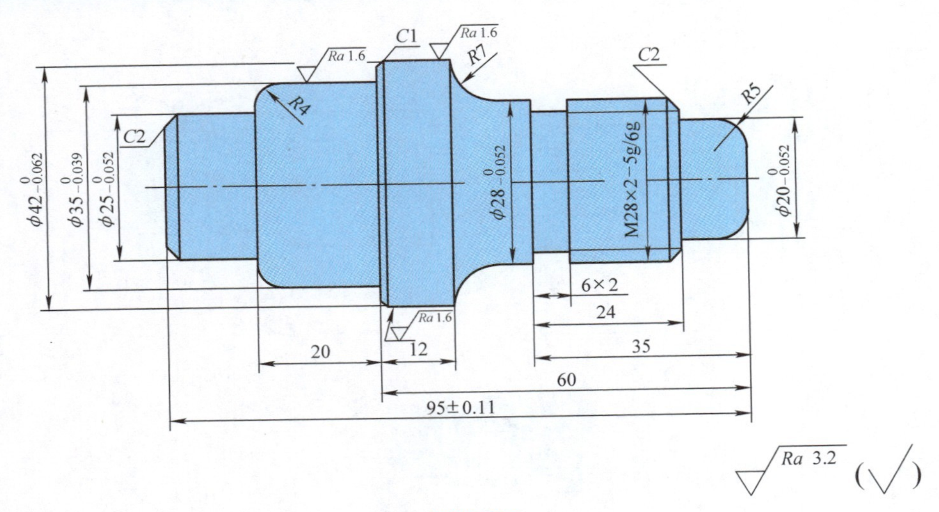

题图 3-3

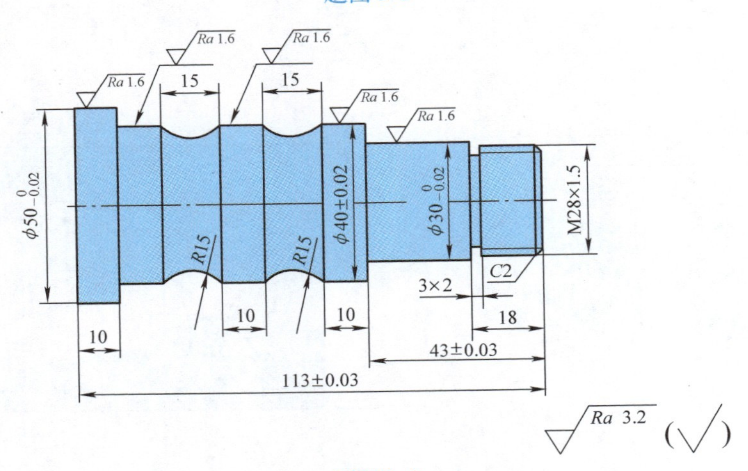

题图 3-4

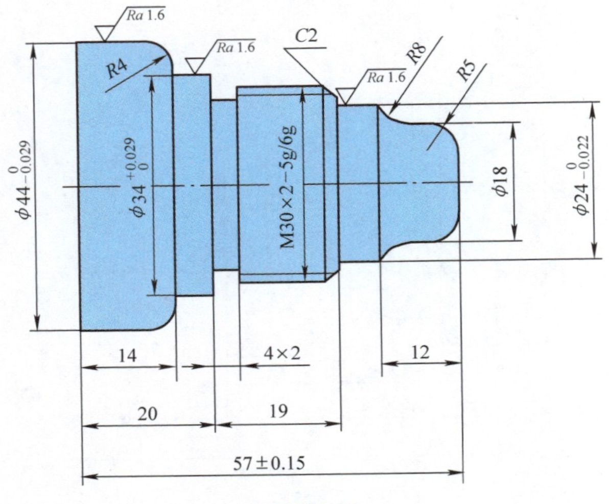

题图 3-5

择合适的刀具，选择合适的切削速度、进给速度（或进给量）和背吃刀量，编写程序。模拟程序，程序正确后进行加工，加工后检查工件质量。工件毛坯：ϕ45mm 铝合金棒料。

3-19　如题图 3-6 所示工件，编写工件的加工工艺，选择合适的刀具，选择合适的切削速度、进给速度（或进给量）和背吃刀量，编写程序。模拟程序，程序正确后进行加工，加工后检查工件质量。工件毛坯：ϕ55mm 铝合金棒料，倒角 C2mm。

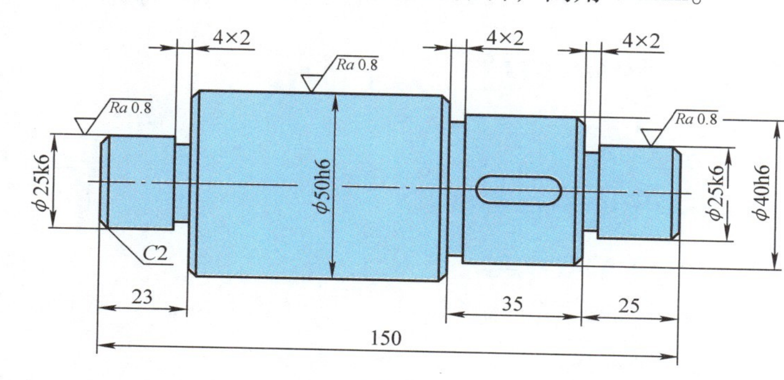

题图 3-6

3-20　数控车削技术（高级）实例：如题图 3-7 所示工件，编写工件的加工工艺，选择合适的刀具，选择合适的切削速度、进给速度（或进给量）和背吃刀量，编写程序。模拟程序，程序正确后进行加工，加工后检查工件质量。工件毛坯：ϕ65mm 铝合金棒料。

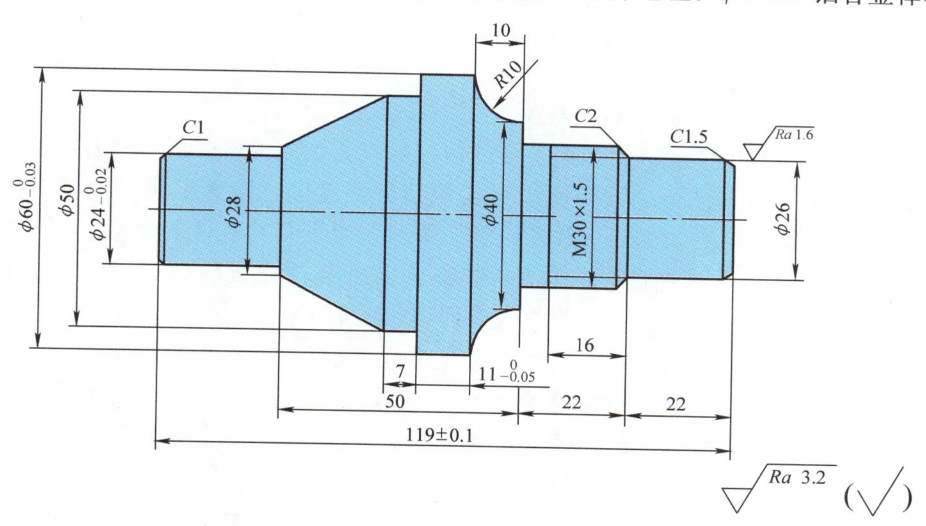

题图 3-7

第4章　FANUC系统数控铣床与加工中心编程

4.1　数控铣床与加工中心概述

数控铣床与加工中心概述

4.1.1　数控铣床与加工中心编程基础

1. 数控铣床与加工中心的编程特点

1）数控铣床可以进行平面铣削和轮廓铣削，可进行多轴联动。数控铣床和加工中心的编程应尽量使用子程序。

2）数控铣床编程时要充分利用其各项功能，如刀具半径补偿、刀具长度补偿、固定循环、对称加工等功能。

3）用数控铣床进行非圆曲线、空间曲线、空间曲面的轮廓铣削加工时，编程时的数学处理比较复杂，一般应采用计算机辅助计算和自动编程。

4）加工中心是在数控铣床的基础上增加了刀库，能够自动选择和更换刀具，能在一定范围内进行多种加工操作。编程时要合理安排各工序加工顺序，做到工序集中，一机多用。

2. 数控铣床与加工中心加工的主要对象

数控铣削是机械加工中最常用和最主要的数控加工方法之一，其既可以在数控铣床上进行，也可以在加工中心上进行。数控铣削主要包括平面铣削、轮廓铣削，以及对工件进行钻、扩、铰、镗、锪、螺纹加工等。数控铣削主要适合以下几类工件的加工：

（1）平面类工件　平面曲线轮廓类工件指有内或外复杂曲线轮廓加工要求的工件，特别是由数学表达式给出的，轮廓为非圆曲线或列表曲线的工件。平面类加工面平行或垂直于水平面，其特点是各个加工面是平面或可以展开成平面。

（2）变斜角类工件　加工面与水平面的夹角连续变化的工件称为变斜角类工件，这类工件多数为飞机工件，如飞机上的整体梁、框、缘条与肋等，此外还有检验夹具与装配型架等。变斜角类工件的变斜角加工面不能展开为平面，但在加工过程中，加工面与铣刀圆周接触的瞬间为一条直线。变斜角类工件最好采用4轴或5轴数控铣床摆角加工，在没有上述机床时，也可在3轴数控铣床上进行2.5轴近似加工。

（3）曲面（立体）类工件　加工面为空间曲面的工件称为曲面类工件。此类工件的特点是加工面不能展开为平面、加工面与铣刀始终为点接触。此类工件的加工一般采用3轴以上数控铣床。

（4）加工精度要求较高的中小批量工件　针对加工中心的加工精度高、尺寸稳定的特点，对加工精度要求较高的中小批量工件，选择加工中心加工，容易获得所要求的尺寸精度和几何精度，并可得到良好的互换性。

4.1.2　常用铣削刀具

1. 对刀具的要求

（1）铣刀刚度要好　一是为了满足提高生产效率而采用大切削用量的需要，二是为了适应数控铣床加工过程中难以调整切削用量的特点。当工件各处的加工余量相差悬殊时，普通铣床遇到这种情况通常采取分层铣削方法加以解决，而数控铣削必须按程序规定的走刀路线前进，遇到余量过大时无法像普通铣床那样由操作人员及时调整，只能通过修改程序或修改刀具半径补偿值重新走刀，但这样会使余量少的地方走空刀，降低了生产效率。

（2）铣刀的寿命要高　当刀具寿命低时，刀具磨损较快，不仅影响工件的加工精度和表面质量，而且要频繁地换刀和对刀，影响加工效率。

除上述两点外，铣刀切削刃几何角度参数的选择及排屑性能等也非常重要，切屑粘刀形成积屑瘤，在数控铣削中是十分忌讳的，主要是对切削不利。总之，根据加工工件材料的热处理状态、切削性能及加工余量，选择刚度好、寿命高的铣刀，是充分发挥数控铣床的加工效率并获得满意的加工质量的前提。

2. 常用铣刀的种类

铣刀的种类很多，下面只介绍几种在数控铣床上常用的铣刀，如图 4-1 所示。

图 4-1　常用的铣刀

（1）面铣刀　面铣刀的圆周表面和端面上都有切削刃，端部切削刃为副切削刃。由于面铣刀的直径一般较大，为 $\phi50 \sim \phi500$mm，故常制成套式镶齿结构，即将刀齿和刀体分开，刀体采用40Cr优质合金结构钢制作，可长期使用。硬质合金面铣刀与高速钢面铣刀相比，铣削速度较高，加工效率较高，加工表面质量也较好，并可加工带有硬皮和淬硬层的工件，故在数控面铣削时得到广泛应用。

（2）立铣刀　立铣刀是数控铣床加工中最常用的一种铣刀，广泛用于加工凸轮、台阶面、凹槽和箱体面。立铣刀根据其刀齿数目，可分为粗齿立铣刀（z 为3、4、6、8）、中齿立铣刀（z 为4、6、8、10）和细齿立铣刀（z 为5、6、8、10、12）。粗齿立铣刀刀齿数目少、强度高、容屑空间大，适用于粗加工；细齿立铣刀齿数多，工作平稳，适用于精加工；中齿立铣刀性能介于粗齿立铣刀性能和细齿立铣刀性能之间。

（3）模具铣刀　模具铣刀一般都是为特定的工件或加工内容专门设计制造的，适用于加工平面类工件的特定形状（如角度面、凹槽面等），也适用于特形孔或台。

（4）球头立铣刀　适用于加工空间曲面类工件，有时也用于有较大转接凹弧的平面类工件的补加工。

（5）鼓形铣刀　主要用于对变斜角类工件的变斜角面的近似加工。

除上述几种类型的铣刀外，数控铣床也可使用各种通用铣刀。但因不少数控铣床的主轴内有特殊的拉刀装置，或因主轴内孔锥度有别，故使用通用铣刀须配过渡套和拉杆。

3. 数控铣床与加工中心刀具的选用

数控铣床主轴转速较普通铣床的主轴转速高1~2倍，某些特殊用途的数控铣床主轴转速高达每分钟数万转，因此数控铣床刀具的强度与寿命至关重要。一般说来，数控铣床用刀具应具有较高的寿命和刚度，有良好的断屑性能和可调节、易更换等特点，刀具材料应有足够的韧性。数控铣床铣削加工平面时，应选用可转位硬质合金面铣刀或立铣刀。铣削较大平面时，一般用面铣刀。粗铣时选用较大的刀盘直径和走刀宽度可以提高加工效率，但铣削变形和接刀刀痕等应不影响精铣精度。加工余量大且不均匀时，刀盘直径要选小些的；精加工时刀盘直径要选大些，使刀头的旋转切削直径最好能包容加工面的整个宽度。

加工凸台、凹槽和箱体面主要用立铣刀和镶硬质合金刀片的立铣刀。铣削时先铣槽的中间部分，然后用刀具半径补偿功能铣槽的两边。

铣削平面工件的内外轮廓一般采用立铣刀，ER弹簧夹头刀柄如图4-2所示。ER弹簧夹头如图4-3所示。

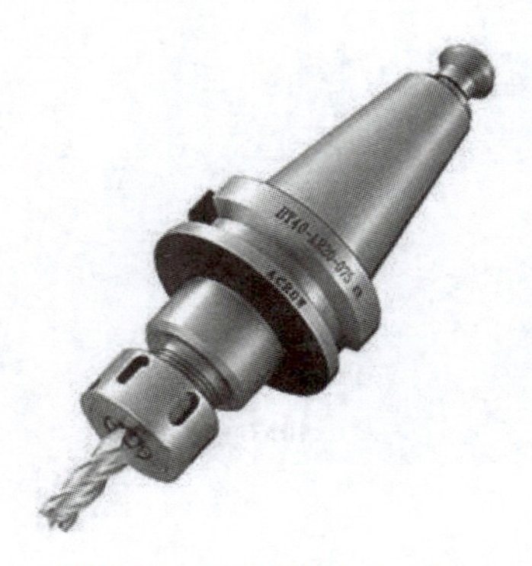

图4-2　ER弹簧夹头刀柄

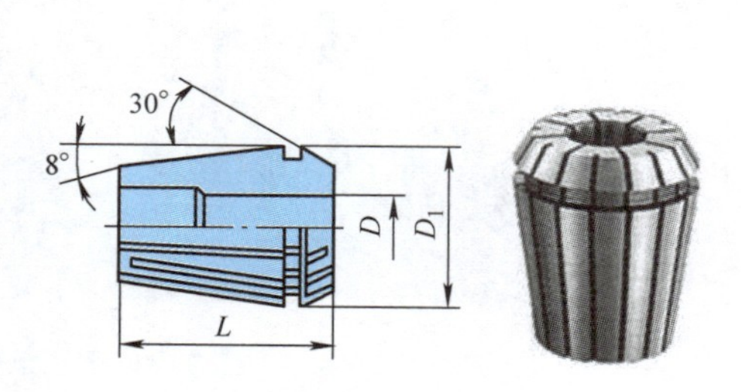

图4-3　ER弹簧夹头

注意：如果拉钉选择不当，装在刀柄上使用可能会造成事故。

4.1.3　平面铣削方式

1. 周铣

用圆柱铣刀的圆周齿进行铣削的方式称为周铣，如图 4-4 所示。周铣有逆铣和顺铣之分。

（1）逆铣　如图 4-5 所示，铣削时，铣刀每一刀齿在工件切入处的速度方向与工件进给方向相反，这种铣削方式称为逆铣。逆铣时，刀齿的切削厚度从零逐渐增大至最大值。刀齿在开始切入时，由于刀齿刃口有圆弧，刀齿在工件表面打滑，产生挤压与摩擦，使这段表面产生冷硬层，直至滑行一定距离后，刀齿方能切下一层金属层。下一个刀齿切入时，又在冷硬层上挤压、滑行，这样不仅加速了刀具磨损，同时也使工件表面粗糙值增大。由图 4-5 可见，逆铣时，铣削力 F 的纵向铣削分力，与驱动工作台移动的纵向力方向相反，这样使得工作台丝杠螺纹的左侧与螺母齿槽左侧始终保持良好接触，工作台不会发生窜动，铣削过程平稳。但在刀齿切离工件的瞬时，铣削力 F 的垂直铣削分力是向上的，对工件夹紧不利，易引起振动。

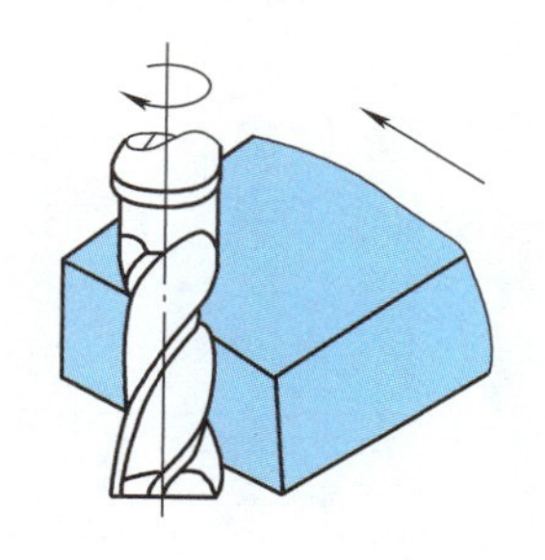

图 4-4　周铣

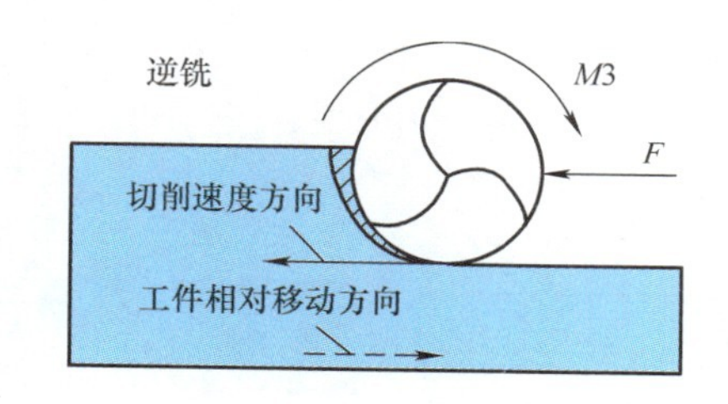

图 4-5　逆铣

（2）顺铣　如图 4-6 所示，铣削时，铣刀每一刀齿在工件切出处的速度方向与工件进给方向相同，这种切削方式称为顺铣。顺铣时，刀齿的切削厚度从最大逐步递减至零，没有逆铣时的滑行现象，已加工表面的加工硬化程度大为减轻，表面质量较高，铣刀的寿命比逆铣高。

顺铣时，切削力 F 的纵向分力始终与驱动工作台移动的纵向力方向相同。如果丝杠螺母副存在轴向间隙，当纵向切削力大于工作台与导轨之间的摩擦力时，会使工作台带动丝杠出现轴向窜动，造成工作台运动不均匀，严重时会出现打刀现象。粗铣时，如果采用顺铣方式加工，则铣床工作台进给丝杠螺母副必须有消除轴向间隙的机构，否则宜采用逆铣方式加工。

2. 端铣

用面铣刀的端面齿进行铣削的方式称为端铣，如图 4-7 所示。铣削加工时，根据铣刀与工件相对位置的不同，端铣分为对称铣和不对称铣两种。不对称铣又分为不对称逆铣和不对称顺铣。

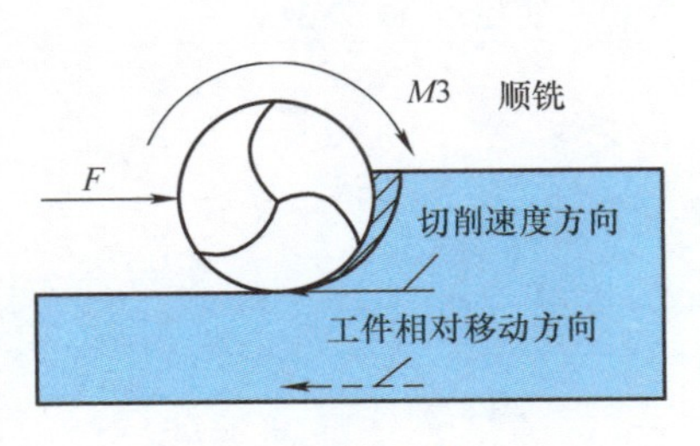

图 4-6　顺铣

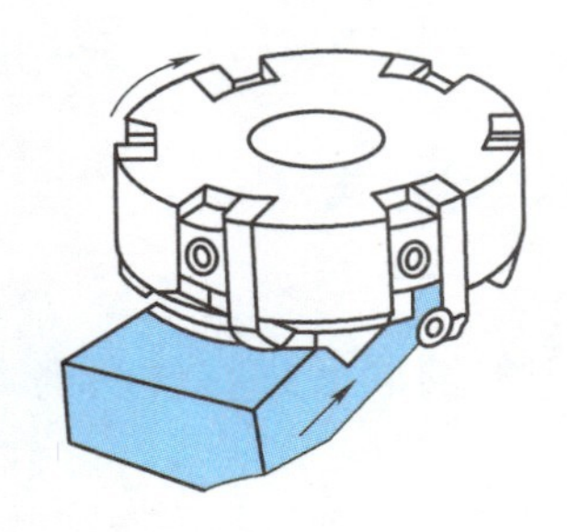
图 4-7　端铣

（1）对称铣削　如图 4-8a 所示，铣刀轴线位于铣削弧长的对称中心位置，铣刀每个刀齿切入和切离工件时切削厚度相等，故称为对称铣。对称铣适用于工件宽度接近于面铣刀的直径，并且铣刀刀齿比较多的情况。对称铣削具有最大的平均切削厚度，可避免铣刀切入时对工件表面的挤压、滑行，铣刀寿命高。

（2）不对称逆铣　如图 4-8b 所示，铣刀轴线偏置于铣削弧长的对称位置，且逆铣部分大于顺铣部分的铣削方式，称为不对称逆铣。不对称逆铣切削平稳，切入时切削厚度小，减小了冲击，从而使刀具寿命和加工表面质量得到提高。不对称逆铣适合于加工碳钢及低合金钢和较窄的工件。

（3）不对称顺铣　如图 4-8c 所示，其特征与不对称逆铣正好相反。这种切削方式一般很少采用，但用于铣削不锈钢和耐热合金钢时，可减少硬质合金刀具剥落磨损。

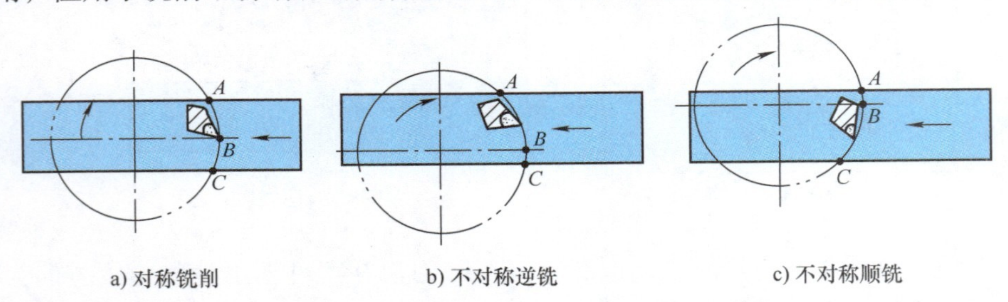

a) 对称铣削　b) 不对称逆铣　c) 不对称顺铣

图 4-8　端铣铣削方式

上述的周铣和端铣，是由于在铣削过程中采用不同类型的铣刀而产生的不同铣削方式。两种铣削方式相比，端铣具有铣削较平稳、加工质量及刀具寿命均较高的特点，可采用大的切削用量，实现高速切削，生产率高。但端铣适应性差，主要用于平面铣削。周铣的铣削性能虽然不如端铣，但周铣能用多种铣刀铣平面、沟槽、齿形和成形表面等，适应范围广，因此生产中应用较多。

4.2　数控铣床与加工中心的对刀

数控铣床与加工中心的对刀

4.2.1　对刀的原理与目的

1. 对刀的基本原理

数控加工是通过数控加工程序自动控制刀具相对于工件的运动轨迹或位置来实现的。数控编程时要建立工件坐标系，刀具的运动是在工件坐标系里进行的；而在机床上加工工件时，刀具是在机床坐标系中运动的。如何将两个坐标系联系起来，使刀具按工件坐标系的运动轨迹运动，其方法就是通过对刀来实现，即确定刀具刀位点在工件坐标系中的起始位置，这个位置就称为“对刀点”。对刀点是在数控机床上加工工件时刀具相对工件运动的起点，所以又称为“起刀点”。又由于程序段从该点开始执行，因而对刀点又称为“程序起点”。

对刀点可选在工件上，也可选在工件外面，但必须与工件坐标系的原点有一定的尺寸关系。为了提高加工精度，对刀点应尽量选在工件的设计基准或工艺基准上，如以孔定位的工件，可选孔的中心作为对刀点。工厂常用的找正方法是将指示表（分度值为0.001mm）装在机床主轴上，然后转动机床主轴，以找正刀具的对刀点位置。对刀点的位置是以刀具的“刀位点”来表示的，刀位点是刀具上的一点，不同的刀具形状，其刀位点的规定不同，如立铣刀和面铣刀，刀位点为其底面中心；球头立铣刀为球头球心；车刀、镗刀和钻头则为刀尖或钻尖。

2. 对刀的目的

进行编程时，要确定一个工件坐标系，就必须通过对刀确定工件坐标系原点的机床坐标值，确定工件坐标系原点在机床坐标系中的位置，从而设定刀具偏置值。

4.2.2　对刀的方法

对刀要根据加工精度要求选择对刀方法，可采用直接对刀法、试切法、寻边器对刀、机内对刀仪对刀、自动对刀等。其中，试切法对刀精度较低，加工中常用寻边器和 Z 轴设定器对刀，效率高，能保证对刀精度。

1. 用铣刀直接对刀

用铣刀直接对刀的方法如图4-9所示。就是在工件已装夹完成并在主轴上装入刀具后，通过手摇脉冲发生器（手轮）操作移动工作台及主轴，使旋转的刀具与工件的前（后）、左（右）侧面及工件的上表面（图4-9）做极微量的接触切削，分别记下刀具在开始做极微量切削时所在的机床（机械）坐标值（或相对坐标值），对这些坐标值做一定的数值处理后就可以设定工件坐标系了。

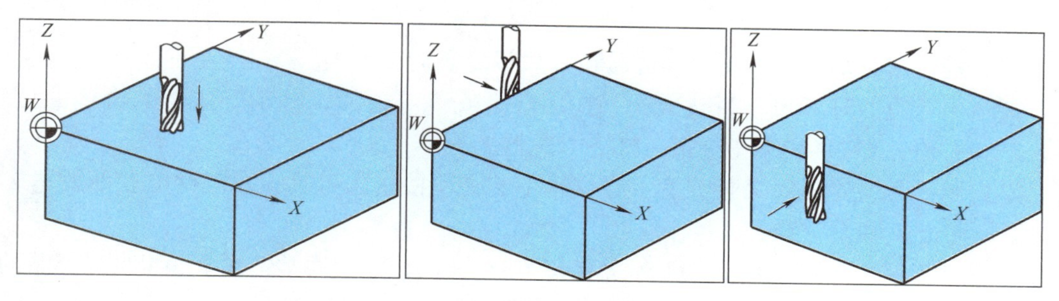

图4-9　用铣刀直接对刀的方法

2. 用寻边器对刀

用寻边器对刀只能确定 X、Y 方向的机床坐标值，而 Z 方向只能通过刀具或 Z 轴设定器配合来确定。图4-10所示为偏心式寻边器，图4-11所示为光电式寻边器。

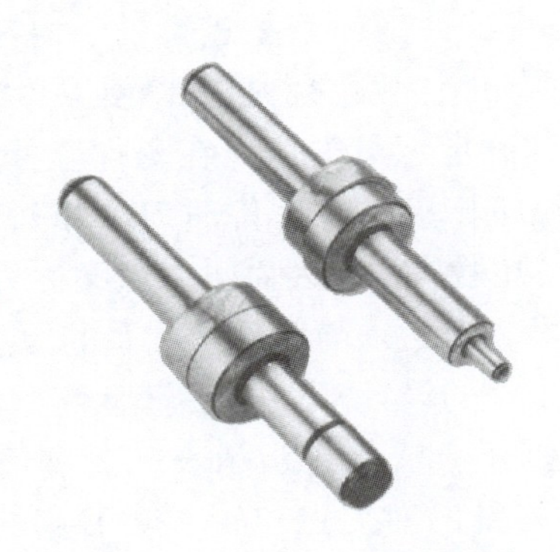

图 4-10 偏心式寻边器

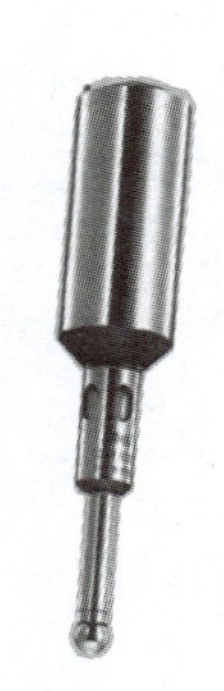

图 4-11 光电式寻边器

Z 轴设定器如图 4-12 所示。

在 Z 轴对刀时，Z 轴设定器与刀具和工件的关系如图 4-13 所示。

（1）寻边器种类 有光电式、偏心式、回转式等，常用的为光电式寻边器。

（2）Z 轴设定器种类 有光电式、量表式、液晶式等。

图 4-12 Z 轴设定器

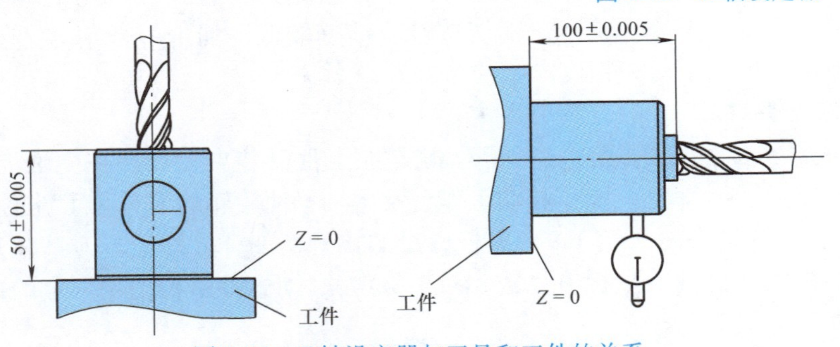

图 4-13 Z 轴设定器与刀具和工件的关系

3. 数控铣床与加工中心使用寻边器和 Z 轴设定器对刀方法

（1）用寻边器对 X 轴、Y 轴坐标 在主轴上安装寻边器；移动寻边器到合适的位置，记下此时 X 轴、Y 轴的机床坐标值；卸下寻边器。

（2）用 Z 轴设定器对 Z 向坐标 在主轴上装夹所使用的刀具；在工件上表面放置 Z 轴设定器；移走 Z 轴设定器。

（3）对刀后的数值计算和工件坐标系 G54 ~ G59 的设定 通常情况下，工件坐标系的原点与毛坯的对称中心相重合，此时其工件坐标系原点的机床坐标值按下式计算：

$$X_{工机} = \frac{X_{机1} + X_{机2}}{2}$$

$$Y_{工机} = \frac{Y_{机1} + Y_{机2}}{2}$$

$$Z_{工机} = Z_{机} + H_{器}$$

4.3　数控铣床与加工中心常用指令

数控铣床、加工中心所配置的数控系统，其功能较一般数控机床的系统要丰富些，正确掌握和应用数控系统的各种功能对编程人员来讲是十分必要的。数控铣床、加工中心的基本功能包括控制功能、准备功能（G 功能）、辅助功能（M 功能）、进给功能（F 功能）、刀具功能（T 功能）和主轴功能（S 功能）等。同数控车床一样，数控铣床编程指令也随数控系统的不同而不同，在使用编程指令之前，必须认真阅读其编程手册。但一些常用指令，如某些准备功能、辅助功能指令，还是符合 ISO 标准的。下面以 FANU C－0*i* 铣削数控系统为例介绍数控铣床与加工中心的指令系统。

4.3.1　准备功能 G

准备功能 G 指令用地址字 G 和两位数字表示，有 G00～G99 共 100 种。

G 功能有非模态 G 功能和模态 G 功能之分。

非模态 G 功能：只在所规定的程序段中有效，程序段结束时被注销。

模态 G 功能：一组可相互注销的 G 功能，这些功能一旦被执行，则一直有效，直到被同一组的 G 功能注销为止。模态 G 功能组中包含一个 G 功能，没有共同参数不同组 G 代码可以放在同一程序段中，而且与顺序无关。

例如，G90、G17 可与 G01 放在同一程序段，但 G51.1、G68、G51 等不能与 G01 放在同一程序段。

在同一程序段中可有多个不同组的 G 指令，同组 G 指令若有多个，以最后一个为准。G 指令用来规定刀具和工件的相对运动轨迹、机床坐标系、坐标平面、刀具补偿、坐标偏置等多种加工操作。FANUC 0*i* 系统数控铣床 G 代码列表见表 4-1。

表 4-1　FANUC 0*i* 系统数控铣床 G 代码列表

代码	组	含义	代码	组	含义
G00	01	快速定位	G15	17	极坐标命令取消
G01		线性插补	G16		极坐标命令
G02		圆弧插补/螺旋插补	G17	02	*XY* 平面
G03		圆弧插补/螺旋插补	G18		*ZX* 平面
G04	00	暂停、准确停止	G19		*YZ* 平面
G05		高速遥控缓冲器	G20	06	英制输入
G05.1		AI 先行控制	G21		米制输入
G07.1（G107）		圆柱插补	G22	04	存储的行程检查功能 ON
G08		先行控制	G23		存储的行程检查功能 OFF
G09		准确停止	G25		主轴速度变动检测 OFF
G10		可编程数据输入	G26		主轴速度变动检测 ON
G11		可编程数据输入取消	G27	00	参考位置返回检查

（续）

代码	组	含义	代码	组	含义
G28	00	自动返回至参考位置	G60	00	单向定位
G29		从参考位置自动返回	G61	15	准确停止方式
G30		第二、第三、第四参考位置返回	G62		自动拐角过载
G31		跳跃功能	G63		攻螺纹方式
G33	01	螺纹切削	G64		切削方式
G37	00	刀具长度自动测定	G65	00	宏程序调用
G39		拐角圆弧插补	G66	12	宏模态调用
G40	07	刀具半径补偿取消	G67		宏模态调用取消
G41		刀具半径补偿（左）	G68	16	坐标系旋转建立
G42		刀具半径补偿（右）	G69		坐标系旋转取消
G40.1（G150）	19	法线方向控制取消方式	G73	09	深孔钻孔循环
G41.1（G151）		法线方向控制左侧	G74		反向攻螺纹循环
G42.1（G152）		法线方向控制右侧	G76		精细钻孔循环
G43	08	刀具长度正补偿	G80		固定循环取消
G44		刀具长度负补偿	G81		浅孔钻孔循环
G45	00	刀具位置偏置，伸长	G82		钻孔循环、镗阶梯孔循环
G46		刀具位置偏置，缩小	G83		深孔钻孔循环
G47		刀具位置偏置，伸长2倍	G84		攻螺纹循环
G48		刀具位置偏置，缩小2倍	G85		镗孔循环
G49	08	刀具长度补偿取消	G86		镗孔循环
G50	11	缩放取消	G87		反向镗孔循环
G51		缩放建立	G88		镗孔循环
G50.1	22	可编程镜像取消	G89		镗孔循环
G51.1		可编程镜像建立	G90	03	绝对命令
G52	00	局部坐标系设定	G91		增量命令
G53		机床坐标系选择	G92	00	工件坐标系的设定
G54	14	工件坐标系1选择	G92.1		工件坐标系的预设
G54.1		附加工件坐标系选择	G94	05	每分钟进给量
G55		工件坐标系2选择	G95		每转进给量
G56		工件坐标系3选择	G96	13	圆周速度恒定控制
G57		工件坐标系4选择	G97		圆周速度恒定控制取消
G58		工件坐标系5选择	G98	10	固定循环初始平面返回
G59		工件坐标系6选择	G99		固定循环 *R* 点平面返回

4.3.2 坐标系选择 G54～G59 与 G92

1. 工件坐标系设定指令 G54～G59

G54～G59 为工件坐标系选择指令，也可称为原点偏置指令，其实质就是设置工件坐标系原点在机床坐标系中的绝对坐标值。其设定过程为：选择装夹后的工件上的程序原点，找出该点在机床坐标系中的绝对值，将这些值通过机床面板操作输入机床偏置存储器中，从而将零点偏移至该点。原点相当于数控系统的六个存储单元地址，用以保存六个工件原点在机床坐标系中的坐标。使用 G54～G59 指令可以在六个预设的工件坐标系中选择一个作为当前工件坐标系。当工件有多个工件原点或在工作台上同时加工多个工件时，可以由 G54～G59 分别建立工件坐标系，在程序运行前，用 MDI 方式输入，在程序中写上相应的 G54～G59 代码加以调用。工件坐标系一旦选定，程序段中绝对值编程时的指令值均为相对此工件坐标系原点的值。

G54～G59 为模态代码，可相互注销。G54 为缺省值。

2. 工件坐标系设定指令 G92

格式：G92 X_ Y_ Z_;

说明：X、Y、Z 表示数控机床中，刀具当前位置相对于新设定的工件坐标系的新坐标值。

G92 指令通过设定刀具起点（即对刀点）与工件坐标系原点的相对位置关系来建立工件坐标系。在程序中利用 G92 指令及刀具当前位置，可以建立新的工件坐标系，实现坐标系的平移。

如图 4-14 所示，原工件坐标系为 *XOY*，刀具当前位置 *A* 在原坐标系中的绝对坐标为 X100 Y50，新工件坐标系为 *X′O′Y′*，则用指令 G92 X－20 Y30 建立新工件坐标系，可实现坐标系平移。

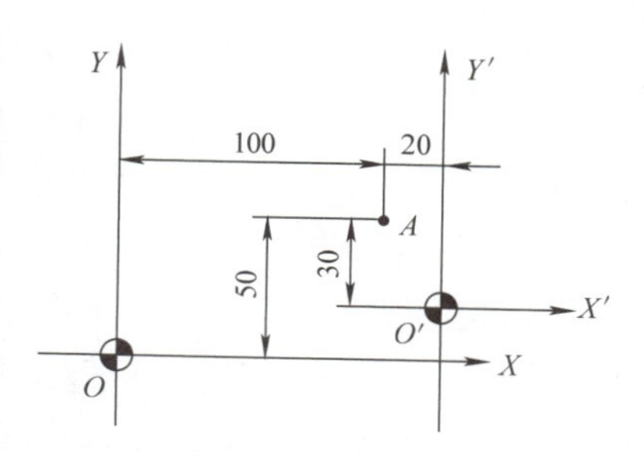

图 4-14 G92 指令实现工件坐标系平移

> 注意：G92 指令只建立工件坐标系并不能使刀具产生运动，所以在执行 G92 前必须将刀具放在程序所要求的位置上。系统通过执行 G92 指令找到刀具与工件原点的关系，又根据刀具在机床坐标系中的位置，从而建立工件原点与机床坐标系之间的尺寸关系。G92 指令为非模态代码。

新的系统大多使用 G54～G59 来设定工件坐标系。在程序中的 G92 执行过程中，*X* 轴、*Y* 轴、*Z* 轴均不移动，但显示器上的坐标发生了变化。

3. 坐标平面选择指令 G17、G18、G19

G17、G18、G19 指令分别表示选择 *XY*、*XZ*、*YZ* 平面为当前工作平面，如图 4-15 所示。在此平面内进行直线插补、圆弧插补和刀具半径补偿。移动指令和平面选择指令无关，例如选择了 *XY* 平面为当前工作平面，*Z* 轴仍旧可以移动，只是两轴联动的插补运动及刀具半径补偿在该定义的平面内进行。对于 3 轴联动的数控机床，

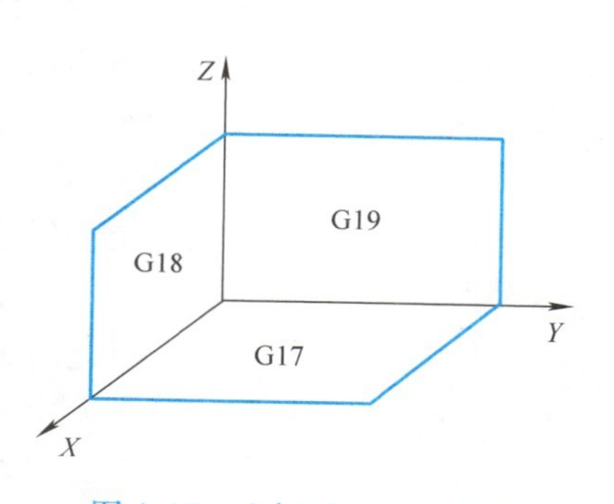

图 4-15 坐标平面选择指令

尤其是2.5轴数控机床，常需指定当前工作平面。G17、G18、G19为同组的模态代码，可相互取消，机床通电时G17为缺省值。对于两轴控制的数控机床，如车床不需要使用平面选择指令。

4.3.3 运动控制 G00 ~ G03

1. 快速定位指令 G00

格式：G00 X _ Y _ Z _;

说明：X 、Y 、Z 为快速定位终点，在 G90 时为终点在工件坐标系中的坐标；在 G91 时为终点相对于起点的位移量。

G00 指定刀具相对于工件以各轴预先设定的速度，从当前位置快速移动到程序段指定的定位目标点。

G00 指令中的快移速度由机床参数“快移进给速度”对各轴分别设定，不能用 F 规定。

G00 一般用于加工前快速定位或加工后快速退刀。快移速度可由面板上的快速修调旋钮修正。

G00 为模态功能，可由 G01、G02 、G03 或 G33 功能注销。

注意：在执行 G00 指令时，由于各轴以各自速度移动，不能保证各轴同时到达终点，因而联动直线轴的合成轨迹不一定是直线，操作者必须格外小心，以免刀具与工件发生碰撞。常见的做法是，将 Z 轴移动到安全高度，再放心地执行 G00 指令。

如图4-16所示，使用G00编程，要求刀具从 *A* 点快速定位到 *B* 点。

1）绝对值编程：G90 G00 X90 Y45;

2）增量值编程：G91 G00 X70 Y30;

当 *X* 轴和 *Y* 轴的快进速度相同时，从 *A* 点到 *B* 点的快速定位路线为 *A*→*C*→*B*，即以折线的方式到达 *B* 点，而不是以直线方式从 *A*→*B*。

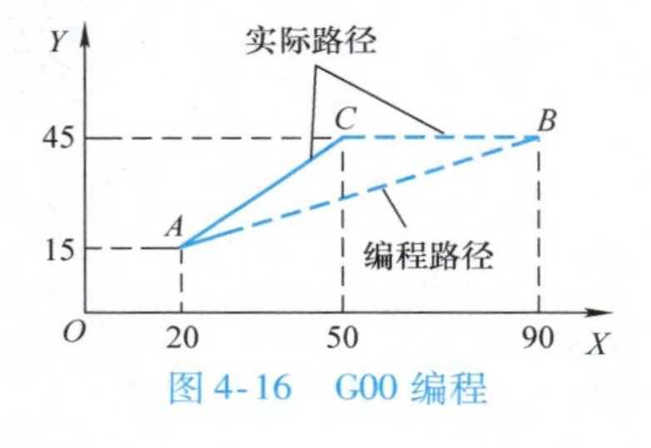

图4-16 G00编程

G00 指令的功能是刀具以快速移动速度，从当前点移动到目标点。它只是快速定位，对中间空行程无轨迹要求，G00 移动速度是机床设定的空行程速度，与程序段中的进给速度无关。

2. 直线插补指令 G01

直线插补指令使机床在各坐标平面内执行直线运动。直线插补指令 G01 一般作为直线轮廓的切削加工运动指令，有时也用作很短距离的空行程运动指令，以防止 G00 指令在短距离高速运动时可能出现的惯性过冲现象。

格式：G01 X _ Y _ Z _ F _;

说明：X、Y、Z 为线性进给终点，在 G90 时为终点在工件坐标系中的坐标；在 G91 时为终点相对于起点的位移量。

F _：合成进给速度（或进给量）。

G01 指令的功能是刀具以指定的进给速度（或进给量），从当前点沿直线移动到目标点。如果 F 代码不指定，进给速度（或进给量）被当作零。

G01 指令刀具以联动的方式，按 F 规定的合成进给速度（或进给量），从当前位置按线性路线（联动直线轴的合成轨迹为直线）移动到程序段指令的终点。

G01 是模态代码，可由 G00、G02、G03 或 G33 功能注销。

如图 4-17 所示，使用 G01 编程，要求从 *A* 点线性进给到 *B* 点（此时的进给路线是从 *A*→*B* 的直线）。进给速度的单位是 mm/min。

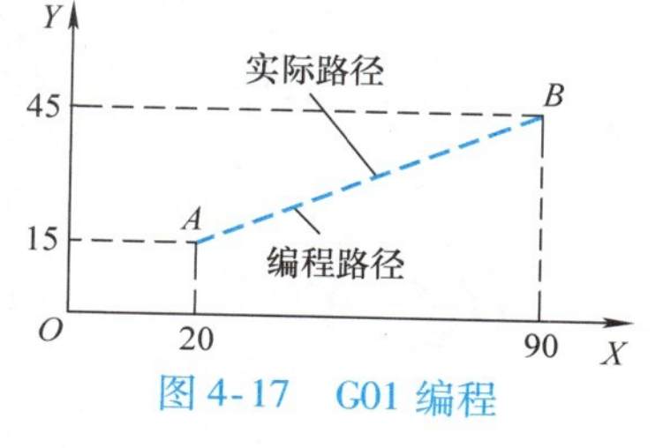

图 4-17　G01 编程

1）绝对值编程：G90 G01 X90 Y45 F80；

2）增量值编程：G91 G01 X70 Y30 F80；

3. 圆弧插补指令 G02、G03

圆弧插补指令使机床在各坐标平面内执行圆弧运动。G02 为顺时针方向圆弧插补指令，G03 为逆时针方向圆弧插补指令。沿着垂直于圆弧所在平面（如 *XY* 平面）的坐标轴向其负方向（$-Z$）看去，顺时针方向为 G02，逆时针方向为 G03，如图 4-18 所示。

格式：

格式一：G17 G02/G03 X _ Y _ I _ J _ F _；

格式二：G17 G02/G03 X _ Y _ R _ F _；

说明：X、Y 为圆弧终点的绝对坐标或增量坐标。

I、J、K 为圆心相对于圆弧起点的增量坐标，无论是 G90 或 G91 均为增量坐标。

R 为圆弧半径，当圆心角≤180°时为正，当圆心角 >180°时为负。

圆弧方向的判断方法为：沿与圆弧所在平面相垂直的另一坐标轴的负方向看去，顺时针用 G02，逆时针用 G03。

整圆不能用 R 编程，用 I、J、K 编程。

I = 圆心 *X* 坐标 − 圆的起点 *X* 坐标；J = 圆心 *Y* 坐标 − 圆的起点 *Y* 坐标；K = 圆心 *Z* 坐标 − 圆的起点 *Z* 坐标。

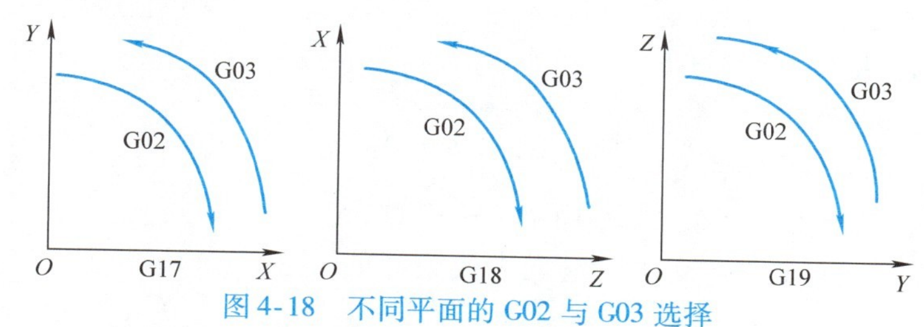

图 4-18　不同平面的 G02 与 G03 选择

如图 4-19 所示，使用 G02 对图所示劣弧 *a* 和优弧 *b* 编程。

1）圆弧 *a*（进给速度单位是 mm/min）

G91 G02 X30 Y30 R30 F100；

G91 G02 X30 Y30 I30 J0 F100；

G90 G02 X0 Y30 R30 F100；

G90 G02 X0 Y30 I30 J0 F100；

2）圆弧 *b*（进给速度单位是 mm/min）

G91 G02 X30 Y30 R−30 F100；

G91 G02 X30 Y30 I0 J30 F100；

G90 G02 X0 Y30 R－30 F100；

G90 G02 X0 Y30 I0 J30 F100；

如使用 G02/G03 对图 4-20 所示的整圆编程。

3）从 *A* 点顺时针一周时

G90 G02 X30 Y0 I－30 J0 F80；G91 G02 X0 Y0 I－30 J0 F80；

4）从 *B* 点逆时针一周时

G90 G03 X0 Y－30 I0 J30 F80；G91 G03 X0 Y0 I0 J30 F80；

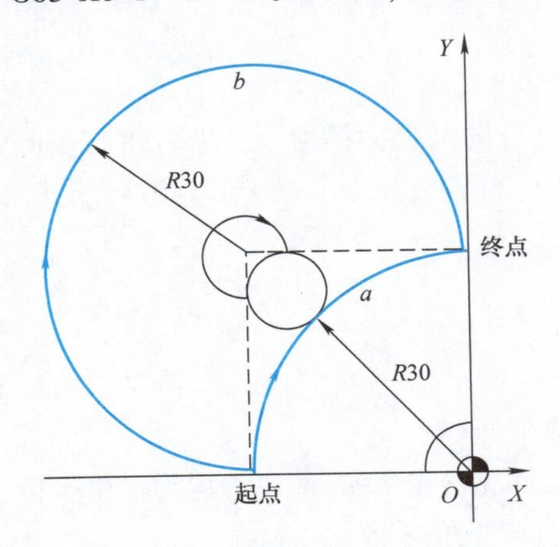

图 4-19　不同圆心角圆弧编程

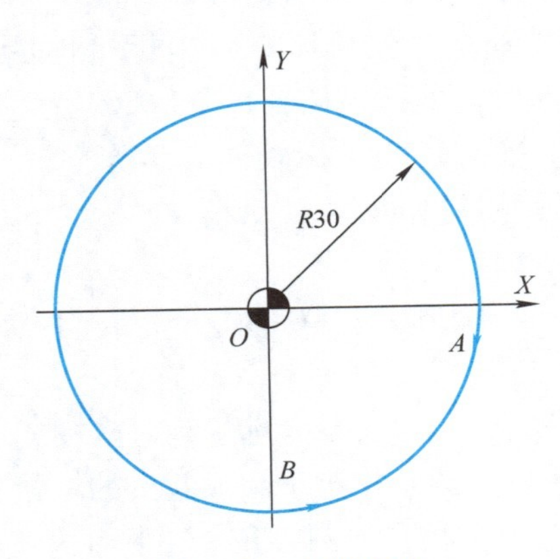

图 4-20　整圆编程

注意： a. 顺时针或逆时针是从垂直于圆弧所在平面的坐标轴的正方向看到的回转方向。

b. 整圆编程时不可以使用 R，只能用 I、J 、K。

c. 同时编入 R 与 I、J、K 时 R 有效。

4. 螺旋线插补指令 G02、G03

格式：G17 G02/G03 X _ Y _ Z _ I _ J _ F _；

说明：螺旋线插补指令格式与圆弧插补指令相比，仅多一个参数 Z，是指刀具在沿 *XY* 平面进行圆弧进给运动的同时，在 *Z* 方向做进给运动，从而合成空间的螺旋线进给。

在 *XZ* 及 *YZ* 平面上的螺旋线进给运动与 *XY* 平面指令格式相似，只需要对坐标轴字母作相应的调整即可。图 4-21 所示的螺旋线插补，其指令为：G03 G17 X0 Y30 Z30 I－30 J0 F100；

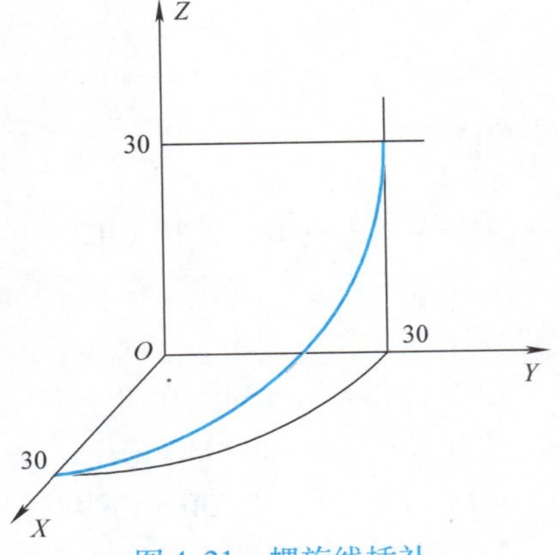

图 4-21　螺旋线插补

4.3.4　刀具补偿

1. 刀具半径补偿指令 G41、G42、G40

在用铣刀进行轮廓加工时，因为铣刀具有一定的半径，所以刀具中心轨迹和工件轮廓不重合。刀具半径补偿功能要求数控系统能够根据工件轮廓和刀具半径，自动计算出刀具中心轨迹。在编程时，编程人员不必根据刀具半径人工计算刀具中心的轨迹，就可以直接按照工件图样要求的轮廓来编制加工程序。加工时，数控系统能自动地计算相对于工件轮廓偏移刀具半径的刀心轨迹，包括内、外轮廓转接处的缩短、延长等处理，并执行之。

格式：G41/G42 G00/G01 X _ Y _ D _;　　建立刀具半径补偿功能

G40 G00/G01 X _ Y _;　　取消刀具半径补偿功能

说明：G41、G42 为启用刀具半径的补偿功能。G41 为左刀补，G42 为右刀补。图 4-22a所示为加工内轮廓半径补偿方向的判定，图 4-22b 所示为加工外轮廓时半径补偿方向的判定。沿着刀具的前进方向来看，如果刀具中心落在轮廓线的左侧用 G41，如果刀具中心落在轮廓线的右侧用 G42。

D 为刀具半径补偿值寄存器的地址号。刀具半径补偿值在加工前用 MDI 方式输入到相应的寄存器中，加工时用 D 指令调用。

G40 为取消刀具半径的补偿功能，使刀具中心与编程轨迹重合。

G41、G42 为模态代码，总是与 G40 配合使用，机床初始状态为 G40。

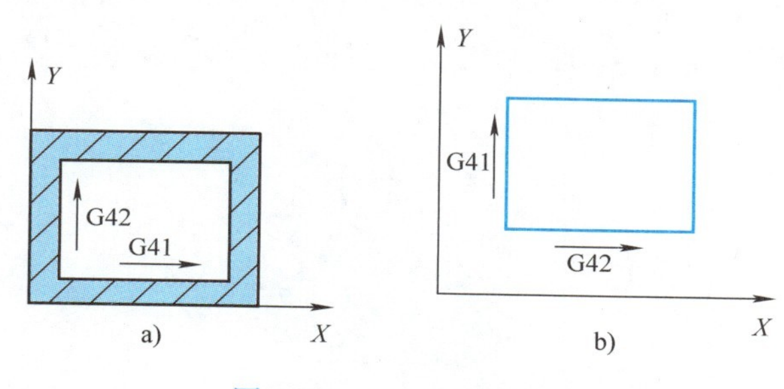

图 4-22　G41/G42 指令

（1）使用刀具半径补偿功能时应注意的事项

1）G41、G42 只能写在 G00、G01 的程序段中，不能写在 G02、G03 的程序段中。

2）刀具半径补偿功能有三个步骤，即建立刀补、执行刀补以及取消刀补。在使用 G41 指令控制（或 G42）刀具接近工件轮廓时，数控装置认为是从刀具中心坐标转变为刀具外圆且与轮廓相切点的坐标。而使用 G40 指令控制刀具退出时则相反。应注意建立刀补、取消刀补最好在刀具接近工件和从工件退出后进行，防止刀具与工件干涉而过切或碰撞，如图 4-23所示。

3）刀具半径补偿功能在插补平面内进行。

（2）刀具半径补偿功能的应用

1）简化编程：编程时，可先不考虑刀具的半径对刀具中心轨迹的影响，而直接按轮廓尺寸编程；在实际加工前，由手工输入刀具的半径补偿值。

2）若刀具半径发生变化，只要手工输入新的刀具半径补偿值，即可修正相应的刀具中心轨迹，无须修改程序；有利于减少刀具磨损、刀具重磨。

3）可使粗加工程序简化：通过有意识地改变刀具半径补偿量，可用同一把刀具、同一个程序，进行粗、精加工。

例题 4-1　利用刀具半径补偿指令加工图 4-24 所示外轮廓面，刀具前进方向为 $A \rightarrow B \rightarrow$

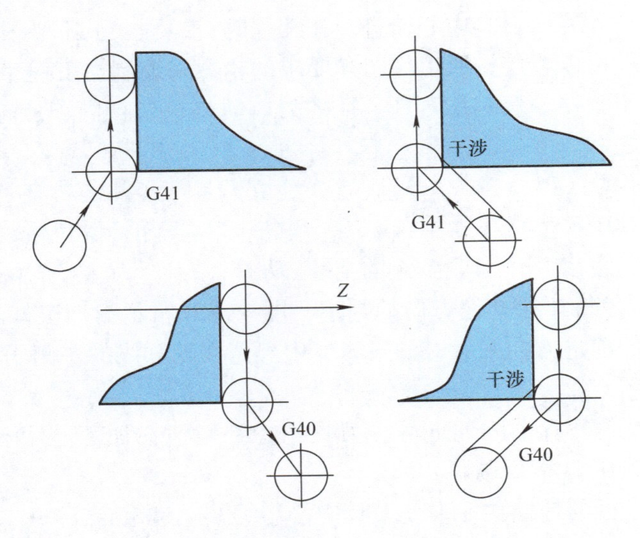

图 4-23　刀具的切入、切出

$C \to D \to E \to A$，起刀点位置在（-10，-10），刀具半径寄存器地址为 D01。

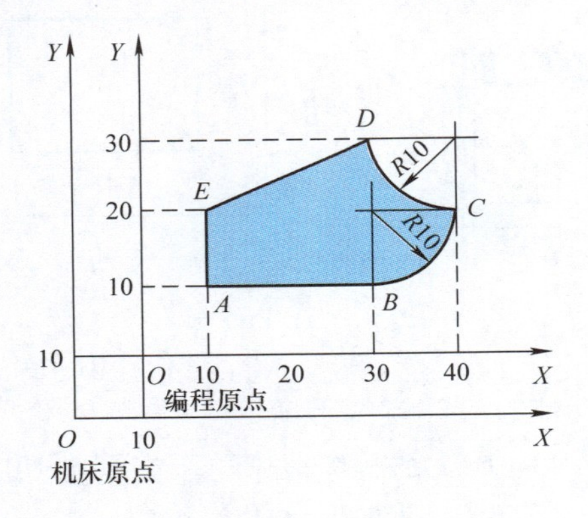

图 4-24　半径补偿实例

O1001	程序名
N10 G90 G54 G00 X0 Y0 Z100；	建立坐标系
N20 S800 M03；	主轴正转，转速为 800r/min
N30 X-10 Y-10；	刀具起点
N40 G01 Z-2 F100；	设置切削参数
N50 G17 G42 X10 Y10 D01；	建立刀具半径右补偿
N60 G01 X30 F100；	直线插补
N70 G03 X40 Y20 R10；	逆时针圆弧插补
N80 G02 X30 Y30 R10；	顺时针圆弧插补
N90 G01 X10 Y20；	直线插补
N100 Y10；	直线插补

```
N110 G00 Z100;              退刀
N120 G40 X-10 Y-10;         取消刀具半径补偿，返回起始点
N130 M30;                   程序结束
```

2. 刀具长度补偿 G43、G44、G49

刀具长度补偿指令是用来补偿假定的刀具长度与实际的刀具长度之间的差值的指令。系统规定所有轴都可以采用刀具长度补偿指令，但同时规定刀具长度补偿只能加在一根轴上，要对补偿轴进行切换，必须先取消前面轴的刀具长度补偿。其作用是使刀具沿轴向的位移在编程位移的基础上加上或减去补偿值。即：刀具 Z 向实际位移量 = 编程位移量 ± 补偿值。

利用刀具长度补偿功能，编程时可按假定的标准刀具长度编程，不必考虑刀具的实际长度，当实际加工时，通过对刀，对实际刀具长度相对于标准刀具的长度进行补偿。一般来说，当前刀比标准刀长，补偿值为正，否则为负。

格式：

```
G43/G44 G00/G01 Z_ H_;      建立刀具长度补偿功能
G49 G00/G01 Z_;             取消刀具长度补偿功能
```

说明：命令 G43、G44 为启用刀具长度补偿，G43 为刀具长度正补偿，刀具 Z 向实际位移量 = 编程位移量 + 补偿值；G44 为刀具长度负补偿，刀具 Z 向实际位移量 = 编程位移量 − 补偿值；H 为刀具长度补偿值寄存器的地址号，刀具长度补偿值存于此，在加工前用 MDI 方式输入到相应的寄存器中，加工时用 H 指令调用。G49 为刀具长度补偿取消指令。

注意：G43、G44 为模态代码，总是与 G49 配合使用，机床初始状态为 G49。

例题 4-2　使用 G43 指令编程实例如图 4-25 所示。当前刀具磨损，比标准刀具短 4mm，刀具长度补偿值 H01 = −4.0mm。

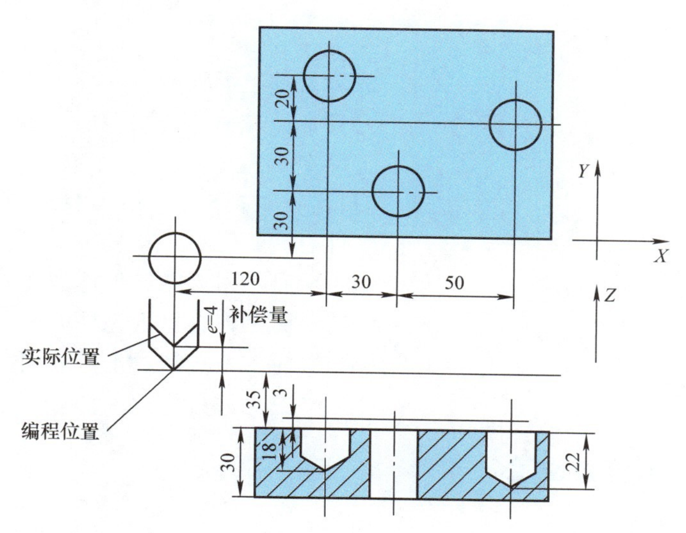

图 4-25　程序名使用 G43 指令编程实例

```
O1002;                      程序名
N10 G90 G54 G00 X0 Y0 Z0;   建立坐标系
N20 G91 G00 X120 Y80 M03;   增量编程
```

N30 G44 Z－32 H01；	建立刀具长度补偿
N40 G01 Z－21 S500 F100；	转速500r/min
N50 G04 P2000；	暂停2s
N60 G00 Z21；	抬刀
N70 X30 Y－50；	移动刀具
N80 G01 Z－41；	通孔深一些
N90 G00 Z41；	抬刀
N100 X50 Y30；	孔位置
N110 G01 Z－25；	下刀
N120 G04 P2000；	暂停2s
N130 G49 G00 Z57；	取消刀具长度补偿
N140 X－200 Y－60；	返回
N150 M30；	程序结束并复位

G40、G41、G42、G43、G44、G49 刀具半径补偿与长度补偿如图4-26所示。

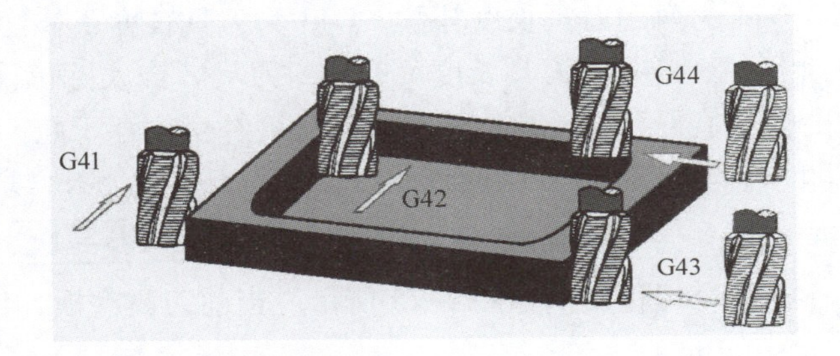

图4-26 刀具半径补偿与长度补偿

格式：G40；	取消刀具半径补偿
G41；	刀具半径左补偿（沿刀具运动方向看，刀具在工件左侧）
G42；	刀具半径右补偿（沿刀具运动方向看，刀具在工件右侧）
G43 X_（Z_）；	G18平面 刀具靠近工件表面
G43 X_（Y_）；	G17平面 刀具靠近工件表面
G44 X_（Z_）；	G18平面 刀具越过工件表面
G44 X_（Y_）；	G17平面 刀具靠近工件表面

4.3.5 单位设定与位置设定

1. 有关单位的设定

（1）尺寸单位选择指令G20、G21、G22

说明：G20为英制输入制式；G21为米制输入制式；G22为存储行程检测功能输入制式。三种制式下线性轴、旋转轴的尺寸单位见表4-2。

G20、G21、G22为模态功能，可相互注销，G21为缺省值。

表 4-2　尺寸输入制式及其单位

类型	线性轴	旋转轴
英制（G20）	in	（°）度
米制（G21）	mm	（°）度
存储行程检测功能 ON	移动轴脉冲当量	旋转轴脉冲当量

（2）进给单位的设定指令 G94、G95

格式：

G94［ F _ ］;

G95［ F _ ］;

说明：G94 为进给速度（mm/min）。

G95 为进给量（mm/r）。

使用下式可以实现进给量与进给速度的转化。

$$f_m = f_r S$$

式中，f_m 为进给速度（mm/min）；f_r 为进给量（mm/r）；S 为主轴转速（r/min）。

当工作在 G01、G02 或 G03 方式下，编程的 F 一直有效，直到被新的 F 值所取代，而工作在 G00 方式下，快速定位的速度是各轴的最高速度，与所编 F 无关。

借助操作面板上的倍率按键，F 可在一定范围内进行倍率修调。

当执行攻螺纹循环 G74、G84，螺纹切削 G34 时，倍率开关失效，进给倍率固定在 100%。

G94 为进给速度。对于线性轴，F 的单位根据 G20/G21/G22 的设定为 in/min、mm/min 或脉冲当量/min；对于旋转轴，F 的单位为°/min 或脉冲当量/min。

G95 为进给量，即主轴转一周时刀具的进给量。F 的单位根据 G20/G21/G22 的设定而为 mm/r、in/r 或脉冲当量/r 。G94、G95 为模态功能，可相互注销，G94 为缺省值。

注意：当使用每转进给量方式时，必须在主轴上安装一个位置编码器。

2. 位置指令 G90、G91

G90 为绝对值指令，G91 为增量值指令。

注意：3401 参数#0 位置，改成 0，编程时数值后面加小数点；如 3401 参数#0 位置，改成 1，编程时数值后面不用加小数点，使用整数编程。FANUC 系统编程时需带小数点，例如：G90 G00 X10.0 Y10.0，如果不带小数点，直接把参数 3401#0 设为 1 就可以了。可写成 G90 G00 X10 Y10。

1）G90 绝对值模式时，刀具移动与前一步指定的坐标无关，只依照当前程序指定的工件坐标系的位置移动。例如：N1 G90 G00 X10 Y10 ；N2 G90 G00 X20 Y20 此时，刀具在工件坐标系中的坐标为 X20 Y20。

2）增量值模式时，刀具移动以前一步指定的坐标为起始点，依照当前程序指定的相对值移动。

例如：N10 G90 G00 X10 Y10；N20 G91 G00 X20 Y20；此时，刀具在工件坐标系中的坐标为 X30 Y30。

注意：G90/G91均为模态指令，开机之后依据系统参数设定为其中之一，持续为默认指令，直到被另一个指令代替。G90 G00 X0 Y0表示快速移动到坐标原点，G91 G00 X0 Y0表示刀具没有移动。

4.3.6　辅助功能M

辅助功能由地址字M和其后的一或两位数字组成，主要用于控制工件的走向，以及机床各种辅助功能的开关动作。

M功能有非模态M功能和模态M功能两种形式。

非模态　M功能　（当段有效代码）：只在书写了该代码的程序段中有效。

模态M功能（续效代码）：一组可相互注销的M功能，这些功能被同一组的另一个功能注销前一直有效。FANUC 0*i*系统数控装置M代码列表见表4-3。

表4-3　FANUC 0*i*系统数控装置M代码列表

代码	含　义	用　　途
M00	程序停止	实际为暂停指令，当执行有M00指令的程序段后，主轴的转动、进给、切削液都将停止。它与单程序停止相同，模态信息全部被保存，以便进行某一手动操作，如换刀、测量工件尺寸等。重新启动机床后，继续执行后面的程序
M01	选择停止	与M00的功能基本相似，只有在按下“选择停止”后，M01才有效，否则机床继续执行后面的程序段
M02	程序结束	该指令在程序的最后一条，表示执行完程序内所有指令后，程序结束
M03	主轴正转	主轴顺时针方向旋转
M04	主轴反转	主轴逆时针方向旋转
M05	主轴停止转动	主轴停止转动
M06	换刀	加工中心的自动换刀动作
M08	切削液开	切削液开
M09	切削液关	切削液关
M30	程序结束	使用M30时，除表示执行M02的内容之外，还返回到程序的起始位置，准备下一个工件的加工
M98	子程序调用	调用子程序
M99	子程序返回	子程序结束及返回主程序

4.4　子程序的指令

4.4.1　子程序的格式

1. 子程序的定义

机床的加工程序分为主程序和子程序。所谓主程序是一个完整的工件加工程序，或是工件加工程序的主体部分，它和被加工工件或加工要求一一对应，不同的工件或不同的加工要求，都有唯一的主程序。

编程有时会遇到在一个程序中多次出现同一组程序段，或者在几个程序中都要使用它。这个典型的加工程序可以做成固定程序，并单独加以命名，这组程序段就成为子程序。

子程序一般都不可以作为独立的加工程序使用，它只能通过调用，实现加工中的局部动作。并且一般情况下子程序和主程序都存储在同一个文件夹下。子程序执行结束后，能自动返回到调用的程序中。

2. 子程序的调用

在大多数数控系统中，子程序和主程序并无本质区别。子程序和主程序的程序号和程序内容是基本相同的，但结束标记不同。主程序用 M02 或 M30 表示程序结束，而子程序用 M99 表示程序结束，并实现自动返回主程序功能。

格式：M98 P×××× L×××；

说明：P 后面的四位数字为子程序号，L 后面的数字表示重复调用的次数，子程序号及调用次数前的 0 可以省略不写。如果只调用一次，则地址 L 及其后面的数字可省略。

4.4.2　子程序的应用

1）在一次装夹中若要完成多个相同轮廓形状工件的加工，则编程时只编写一个轮廓形状加工程序，然后用主程序来调用子程序。

2）实现工件的分层切削。有时工件在某个方向上的总背吃刀量比较大，要进行分层切削，则可编写该轮廓加工的刀具轨迹子程序后，通过调用该子程序来实现分层切削。

3）实现程序的优化。例如加工中心的程序往往包含有许多独立的工序，为了优化加工顺序，可以把每一个独立的工序编成一个子程序、主程序只有换刀和调用子程序的命令，从而实现优化程序的目的。

例题 4-3　铣削如图 4-27 所示工件轮廓，已知背吃刀量为 6mm，初始平面为 $Z100$，参考平面为 $Z2$，试用子程序编程。

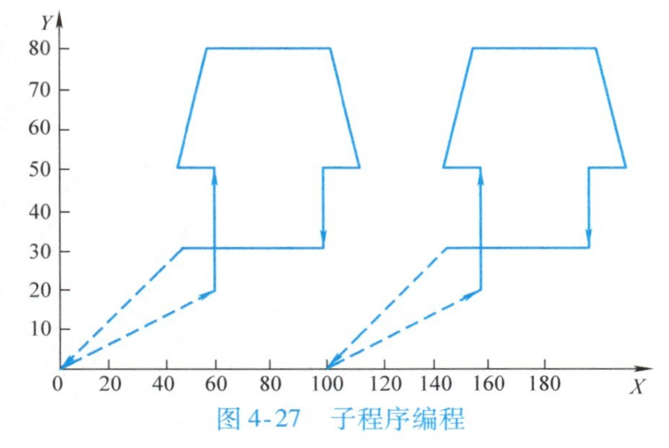

图 4-27　子程序编程

主程序：

O1018；	程序名
N10 G90 G54 G00 X0 Y0 S600 M03；	绝对方式编程，建立坐标系
N20 Z100；	初始位置
N30 M98 P1019（L1）；	调用子程序
N40 G90 G00 X100；	移到 X100
N50 M98 P1019（L1）；	调用子程序
N60 G90 G00 X0 Y0；	返回原点
N70 M05；	主轴停止
N80 M30；	程序结束并复位

子程序：

O1019；	程序名

```
N10 G91 Z-98;                    用增量编程
N20 G41 X60 Y20 D01;             建立刀具半径左补偿
N30 G01 Z-8 F100;                背吃刀量为6mm
N40 Y30;                         直线加工
N50 X-10;                        直线加工
N60 X10 Y30;                     直线加工
N70 X40;                         直线加工
N80 X10 Y-30;                    直线加工
N90 X-10;                        直线加工
N100 Y-20;                       直线加工
N110 X-50;                       直线加工
N120 G00 Z106;                   抬刀到100mm
N130 G40 X-50 Y-30;              取消刀具半径补偿
N140 M99;                        子程序结束，返回主程序
```

4.5 图形变换功能指令

4.5.1 镜像功能 G51.1、G50.1

FANUC 系统 G51.1 与华中系统 G24 意思相同；FANUC 系统 G50.1 与华中系统 G25 意思相同。

数控铣床与加工中心镜像加工

格式：

G51.1（G24）X_ Y_ Z_;

M98 P_ L_;

G50.1（G25）X_ Y_ Z_;

说明：G51.1（G24）为建立镜像功能，G50.1（G25）为取消镜像功能，X、Y、Z 表示镜像轴的位置。当工件相对于某一轴具有对称形状时，只对其中的一部分进行编程，利用镜像功能和子程序，就能加工出工件的对称部分。

所谓镜像，就是取反。如 G51.1（G24）X0，表示对 *Y* 轴建立镜像，即该指令之后的程序段中的 *X* 坐标由系统取反，加工出的镜像图形与原图对称于 *Y* 轴。用这样的指令可以简化编程，将原图加工程序设为子程序，用 M98 指令调用加工镜像。

> **注意**：G51.1、G50.1（G24、G25）为模态指令，可相互注销，G50.1（G25）为缺省值。

例题 4-4 加工如图 4-28 所示工件，设刀具起点距工件上表面 100mm，背吃刀量 5mm。工件上表面为 *Z*0，装夹定位采用机用虎钳。第一象限图形编写子程序，其他象限采用镜像指令编程。

主程序：

```
O3703                                    程序名
N10 G54 G90 G17G00 X0 Y0 M03 M08 S500;   建立坐标系及确定主轴转速等
```

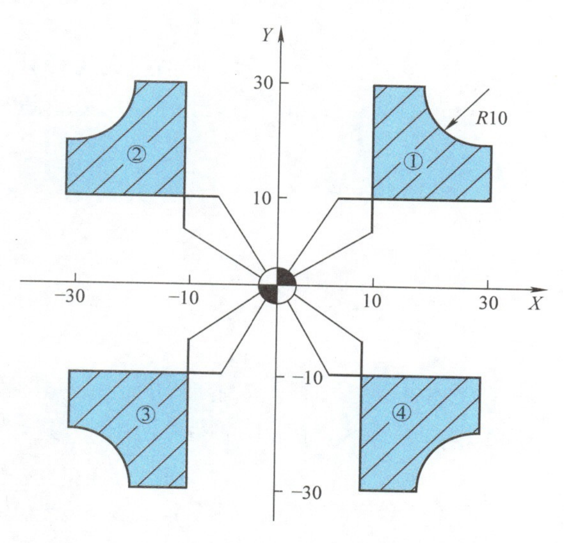

图 4-28　镜像功能实例

```
Z100;                                  初始平面高度
N20 M98 P3705;                         调用第 3705 号子程序，加工①
N30 G51.1 (G24) X0;                    建立关于 Y 轴的镜像
N40 M98 P3705;                         加工②
N50 G50.1 (G25) X0;                    取消关于 Y 轴的镜像
N60 G51.1 (G24) X0 Y0;                 建立关于原点的镜像
N70 M98 P3705;                         加工③
N80 G50.1 (G25) X0 Y0;                 取消关于原点的镜像
N90 G51.1 (G24) Y0;                    建立关于 X 轴的镜像
N100 M98 P3705;                        加工④
N110 G50.1 (G25) Y0;                   取消关于 Y 轴的镜像
N120 M05 M09;                          主轴停，关切削液
N130 M30;                              程序结束
子程序:
O3705;                                 程序名
N10 G00 Z5;                            参考平面高度
N20 G00 X5 Y5 ;                        刀具起始点
N30 G01 Z-5 F80;                       至工件轮廓深度
N40 G41 X10 Y5 D01;                    刀具半径补偿
N50 Y30;                               开始轮廓铣削
N60 X20;                               直线加工
N70 G03 X30 Y20 R10;                   圆弧加工
N80 G01 Y10;                           直线加工
N90 X5;                                直线加工
```

N100 G00 Z100;　　抬刀
N110 G40 X0 Y0;　　取消刀具半径补偿
N120 M99;　　子程序结束，返回主程序

4.5.2 缩放功能 G51、G50

格式：
G51 X _ Y _ P _;
M98 P _ ;
G50;

说明：X、Y 为缩放中心的坐标，G51 建立缩放功能后，其后程序段中的坐标值以（X _，Y _）为缩放中心，如图 4-29 所示，按指定的缩放比例 P 进行计算。若省略 X _ Y _，则以工件原点为缩放中心。

例如：G51 P2 表示以程序原点为缩放中心，将图形放大一倍；G51 X15 Y10 P2 则表示以给定点（15，10）为缩放中心，将图形放大一倍。

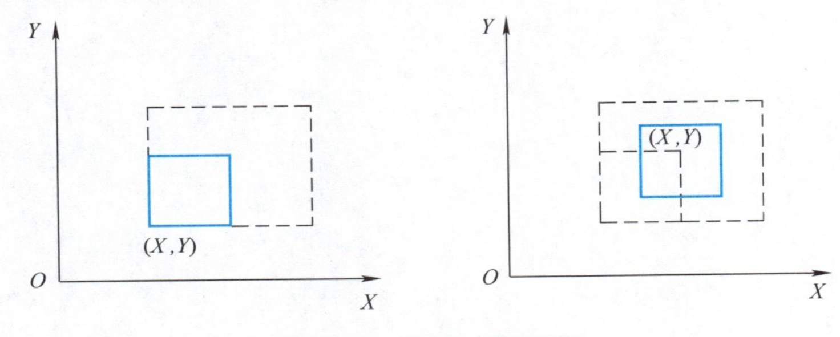

图 4-29 缩放功能实例

其他平面内缩放变换指令格式相同，只要把坐标轴作相应的变更即可。G51 既可指定平面缩放，也可指定空间缩放。使用 G51 指令可用一个程序加工出形状相同、尺寸成一定比例的相似工件。

在执行 G51 命令后，运动指令的坐标值以（X、Y、Z）为缩放中心，按 P 规定的缩放比例进行计算。在有刀具补偿的情况下，先进行缩放，然后才进行刀具半径补偿、刀具长度补偿。

G51、G50 为模态指令，可相互注销，G50 为缺省值。

例题 4-5 编制加工图 4-30 所示工件数控加工程序，已知三角形 ABC 的顶点为 A（10，20），B（100，20），C（55，65），三角形 $A'B'C'$ 是缩放后的图形，其中缩放中心为 D（55，38），缩放系数为 0.5 倍，设刀具起点距工件上表面 50mm，深度 5mm。

（1）工艺编制　装夹定位：采用机用虎钳；加工路线：如图 4-30 所示，先加工大三角 ABC，小三角 $A'B'C'$ 采用缩放指令完成加工；加工刀具：采用直径 ϕ8mm 立铣刀。

（2）程序编写

主程序：
O0031;　　程序名
N10 G90 G54 G00 X0 Y0 Z50;　　绝对方式编程，建立坐标系

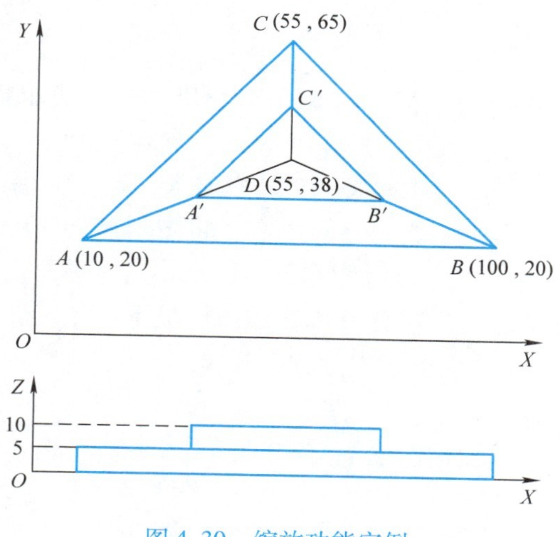

图 4-30　缩放功能实例

N20 M03 S600；	主轴正转，转速 600r/min
N30 G43 G00 X55 Y38 H01；	加刀具长度正补偿
N40 M98 P100；	调用子程序
N50 G51 X55 Y38 P0.5；	建立缩放 0.5 倍
N60 M98 P100；	调用子程序
N70 G50；	取消缩放
N80 G49；	取消长度补偿
N90 M05；	主轴停止
N100 M30；	程序结束并复位

子程序（三角形 *ABC* 的加工程序）：

O100；	程序名
N10 Z5；	参考平面高度
N20 X0 Y5；	起始点位置
N30 G01 Z－5 F200；	背吃刀量 5mm
N40 G42 X10 Y20 D02；	加右刀补
N50 G01 X100 Y20；	直线加工
N60 X55 Y65；	直线加工
N70 X10 Y20；	直线加工
N80 G00 Z50；	抬刀 50mm
N90 G40 X0 Y0；	返回原点，取消刀补
N100 M99；	子程序结束，返回主程序

4.5.3　旋转功能 G68、G69

格式：

G68 X _ Y _ R _；

M98 P _;

G69;

说明：X _ Y _为旋转中心的坐标，用 G68 指令建立旋转功能后，其后程序段中的坐标值以（X _, Y _）为旋转中心，按指定的角度 R 进行旋转。

R 为旋转角度，单位是°，0°≤R≤360°。若省略 X _ Y _，则以工件原点为旋转中心。

例如：G68 R40 表示以程序原点为旋转中心，将图形旋转 40°；G68 X10 Y10 R40 则表示以给定点（10，10）为旋转中心，将图形旋转 40°。其他平面内旋转变换指令格式相同，只要把坐标轴作相应的变更即可。在有刀具补偿的情况下，先旋转后刀补（刀具半径补偿、长度补偿）；在有缩放功能的情况下，先缩放后旋转。

G69 的功能是取消旋转。

G68、G69 为模态指令，可互相注销，G69 为缺省值。

例题 4-6 利用图形旋转功能指令编制加工图 4-31 所示工件数控加工程序，设刀具起点距工件上表面 100mm，背吃刀量 5mm。

（1）工艺编制 装夹定位采用机用虎钳；加工路线：如图 4-31 所示，先加工①，②、③采用旋转变换指令完成加工；加工刀具：采用直径 ϕ8mm 立铣刀；加工原点如图 4-31 所示。

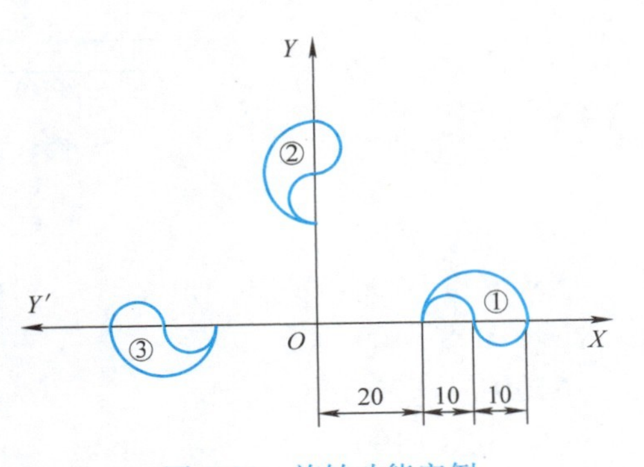

图 4-31 旋转功能实例

（2）程序编写

主程序：

O10;	程序名
N10 G90 G54 G00 X0 Y0 M03 S1000;	绝对编程，建立坐标系
N20 Z100;	初始平面高度
N30 M98 P200;	加工①
N40 G68 X0 Y0 R90;	以原点为中心，旋转 90°
N50 M98 P200;	加工②
N60 G69;	取消旋转
N70 G68X0Y0 R180;	以原点为中心，旋转 180°
N80 M98 P200;	加工③
N90 G69;	取消旋转
N100 M30;	程序结束并复位

子程序（①的加工程序）：

O200;	程序名
N10 Z3;	参考平面高度
N20 G00 X5 Y0;	起始点位置
N30 G01 Z－5 F100;	切削深度
N40 G42 X20 Y0 D02;	加右刀补
N50 G02 X30 Y0 R5;	顺时针圆弧

```
N60 G03 X40 Y0 R5;          逆时针圆弧
N70 X20 Y0 R10;             逆时针圆弧
N80 G40 G01 X5 Y0;          取消刀补
N90 G00 Z100;               抬刀初始高度
N100 G00 X0 Y0;             返回原点
N110 M99;                   子程序结序，返回主程序
```

4.6　孔加工固定循环指令

4.6.1　孔加工动作和编程格式

数控铣床与加工中心钻孔循环指令

孔加工是最常见的工件结构加工，是制造工艺中的重要组成部分，主要在数控铣床和加工中心上完成。孔加工包括的加工内容广泛，例如，使用标准中心钻、点钻和标准钻钻削、铰孔、攻螺纹、孔口面加工和背镗等孔加工。孔的形状和直径由刀具选择来控制，孔的加工深度则由程序来控制。

孔加工固定循环根据加工工艺及具体的动作不同，有 G73～G89 多个不同的指令，其中 G80 为取消孔加工固定循环指令。FANUC 0*i* 系统孔加工固定循环动作见表 4-4。

表 4-4　FANUC 0*i* 系统孔加工固定循环动作

G 代码	加工动作（−*Z* 方向）	孔底动作	退刀动作（+*Z* 方向）	用途
G73	间歇进给		快速进给	高速深孔加工
G74	切削进给	暂停、主轴正转	切削进给	攻左旋螺纹
G76	切削进给	主轴准停	快速进给	精镗
G80				取消固定循环
G81	切削进给		快速进给	钻孔
G82	切削进给	暂停	快速进给	钻、镗阶梯孔
G83	间歇进给		快速进给	深孔加工
G84	切削进给	暂停、主轴反转	切削进给	攻右旋螺纹
G85	切削进给		切削进给	镗孔
G86	切削进给	主轴停	快速进给	镗孔
G87	切削进给	主轴正转	快速进给	反镗孔
G88	切削进给	暂停、主轴停	手动	镗孔
G89	切削进给	暂停	切削进给	镗孔

孔加工固定循环指令为模态代码，一旦某个孔加工循环指令有效，在随后所有的位置均采用该孔加工循环指令进行孔加工，直到用 G80 指令取消孔加工固定循环为止。

1. 孔加工固定循环指令动作

一般孔加工固定循环指指令包含以下 6 个基本动作（图 4-32）：

动作 1：G17 平面 *X*、*Y* 轴快速定位。

动作 2：*Z* 向快速定位到 *R* 点。

动作3：Z 向切削进给，进行孔加工。

动作4：孔底动作（如进给暂停、主轴停、主轴准停、主轴反转、刀具偏移等）。

动作5：Z 向退刀到 R 点。

动作6：Z 向快速返回到起始位置。

其中孔加工完毕，刀具进行动作5或动作6取决于指令G99、G98。G99、G98为模态代码，控制孔加工固定循环结束时刀具退回到参考平面（G99）还是初始平面（G98），G98为缺省值。

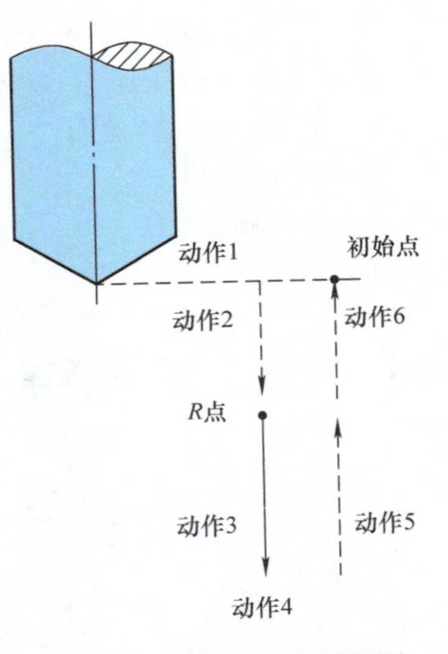

图4-32 孔加工固定循环图

2. 孔加工固定循环的通用编程格式

$$\begin{Bmatrix} G90 \\ G91 \end{Bmatrix} G\times\times \begin{Bmatrix} G98 \\ G99 \end{Bmatrix} X\_Y\_Z\_R\_Q\_P\_F\_L\_;$$

说明：X、Y为孔加工定位位置，加工起点到孔位的距离（G91）或孔位坐标（G90）。

Z为孔底平面的位置，R 点到孔底的距离（G91）或孔底坐标（G90）。

R为 R 点平面所在位置，初始点到 R 点的距离（G91）或 R 点的坐标（G90）。

Q为当有间歇进给时，每次进给深度（G73/G83）。

P为指定刀具在孔底的暂停时间，数字不加小数点，以ms作为时间单位。

F为孔加工切削进给时的进给速度（或进给量）。

L为指定孔加工循环的次数。

对于以上孔加工循环的通用格式，并不是每一种孔加工循环的编程都要用到以上格式的所有代码。

以上格式中，除L代码外，其他所有代码都是模态代码，只有在循环取消时才被清除，因此这些指令一经指定，在后面的重复加工中不必再重新指定。

取消孔加工循环采用代码G80。另外，如在孔加工循环中出现01组的G代码，则孔加工方式也会自动取消。G73、G74、G76和G81～G89 、Z、R、P、F、Q、L是模态指令。G80、G01～G03等代码可以取消固定循环。

3. 固定循环的平面

（1）初始平面　初始平面是为安全下刀而规定的一个平面。初始平面可以设定在任意一个安全高度上，当使用同一把刀具加工多个孔时，刀具在初始平面内的任意移动将不会与夹具、工件凸台等发生干涉。

（2）R 点平面　R 点平面又叫 R 参考平面，该平面是刀具下刀时，由快进转为工进的高度平面，距工件表面的距离主要考虑工件表面的尺寸变化，一般情况下取2～5mm。

（3）孔底平面　加工不通孔时，孔底平面就是孔底的 Z 轴高度。而加工通孔时，除要考虑孔底平面的位置外，还要考虑刀具的超越量（图4-33中的 Z 点），以保证所有孔深都加工到要求尺寸。

4. G98与G99方式

当刀具加工到孔底平面后，刀具从孔底平面以两种方式返回，即返回到 R 点平面或返回到初始平面，分别用指令G99与G98来决定。

（1）G98 方式　G98 表示返回到初始平面，如图4-34所示。一般采用固定循环加工孔系时不用返回初始平面，只有在全部孔加工完成后或孔之间存在凸台或夹具等干涉件时，才回到初始平面。

（2）G99 方式　G99 表示返回到 R 点平面，如图4-34所示。在没有凸台等干涉情况下，加工孔系时，为了节省孔系的加工时间，刀具一般返回到 R 点平面。

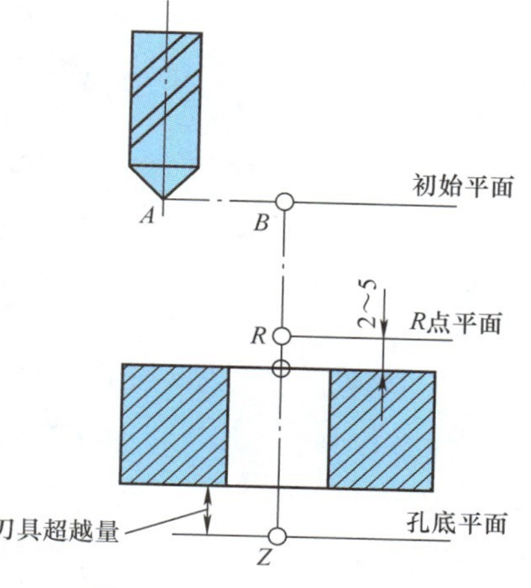

图 4-33　固定循环平面

5. G90 与 G91 方式

固定循环中 R 值与 Z 值的指定与 G90 与 G91 的方式选择有关，而 Q 值与 G90 与 G91 方式无关。

（1）G90 方式　R 值与 Z 值是指相对于工件坐标系的 Z 向坐标值，如图 4-35 所示，此时 R 一般为正值，而 Z 一般为负值。

G90 G99 G83 X _ Y _ Z－20 R5 Q5 F _ L _；

（2）G91 方式　R 值是指从初始点到 R 点的增量值，而 Z 值是指从 R 点到孔底平面的增量值，如图4-35所示，R 值与 Z 值（G87 除外）均为负值。

G91 G99 G83 X _ Y _ Z－25 R－30 Q5 F _ L _；

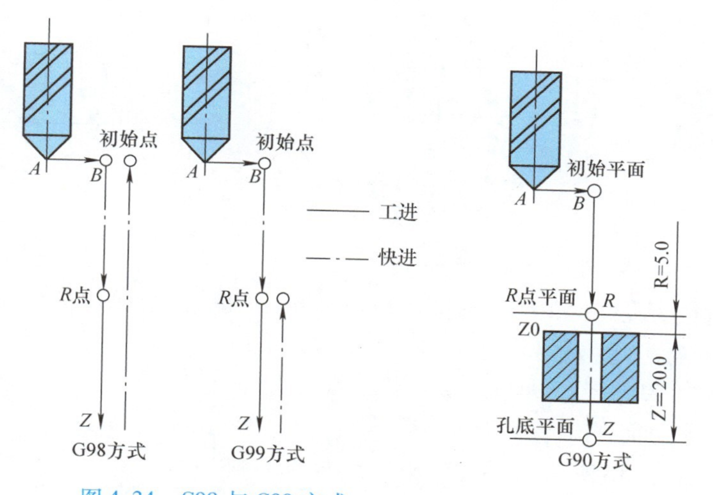

图 4-34　G98 与 G99 方式

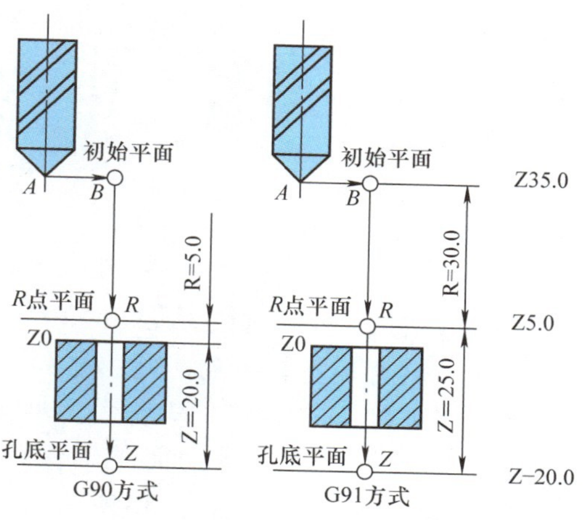

图 4-35　G90 与 G91 方式

4.6.2　钻孔循环 G81、G82

1. 钻孔循环指令 G81

格式：G90/G91 G98/G99 G81 X _ Y _ Z _ R _ F _；

说明：X _ Y _为孔位置，G90 时表示孔位置的绝对坐标，G91 时表示孔位置相对钻孔循环起点的增量坐标。

R 表示参考平面的位置，G90 时表示 R 平面的 Z 坐标，G91 时表示 R 平面相对起始平面的增量坐标。

Z 表示孔底的位置，G90 时表示孔底 Z 坐标，G91 时表示孔底相对 R 平面增量坐标。

F 表示钻孔时的进给速度，单位 mm/min。

L 表示本条指令的执行次数，在 G91 时有效，可用于加工多个孔间距均匀的系列孔，以简化编程。

G81 的动作过程如下：

1）钻头在初始平面由当前位置快速定位至孔中心（X_ ,Y_）。

2）沿 *Z* 向快速定位至 *R* 平面（R_）。

3）以 F 速度钻孔至孔深（Z_）。

4）快速退回至 *R* 平面（G99）或起始平面（G98）。

注意：G81 指令一般用于加工孔深小于 5 倍直径的通孔；如果 *Z* 的移动量为零，该指令不执行。

例题 4-7 使用 G81 指令编制如图 4-36 所示钻孔加工程序。设刀具起点在工件上表面 42mm，距孔底 50mm，在距工件上表面 2mm 处（*R* 点）由快进转换为工进。

```
O1114;                                  程序名
N10 G90 G54 G00 X0 Y0;                  绝对方式编程，建立坐标系
N20 Z42;                                初始平面高度
N30 M03 S600;                           主轴正转，转速 600r/min
N40 G99 G81 X100 Y0 Z-8 R2 F200;        钻孔循环
N50 G00 X0 Y0 Z42;                      返回初始高度
N60 G80;                                取消钻孔循环
N70 M05;                                主轴停止
N80 M30;                                程序结束并复位
```

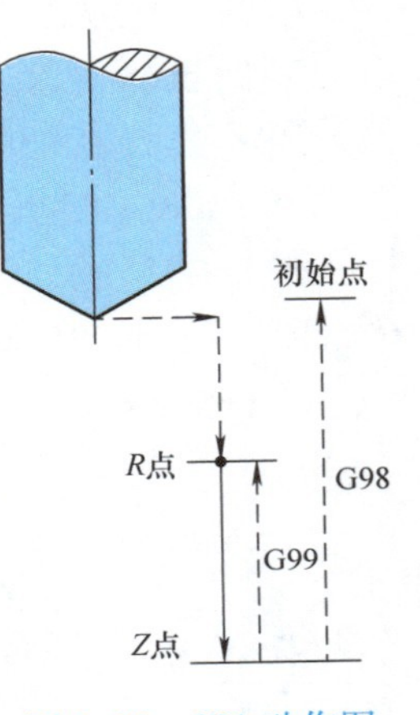

图 4-36 G81 动作图

2. 钻孔循环指令 G82

格式：G90/G91 G98/G99 G82 X_ Y_ Z_ R_ P_ F_;

说明：P 为钻孔至孔底时钻头在孔底的停留时间，单位为 ms，其余参数的意义同 G81。

G82 指令功能与 G81 指令功能基本相同，只是多了刀具在孔底光整加工的停留时间“P”，即当钻头加工到孔底时，刀具不做进给运动而主轴保持旋转状态，使孔底更光滑，其动作如图 4-37 所示。G82 一般用于扩孔或沉头孔加工。

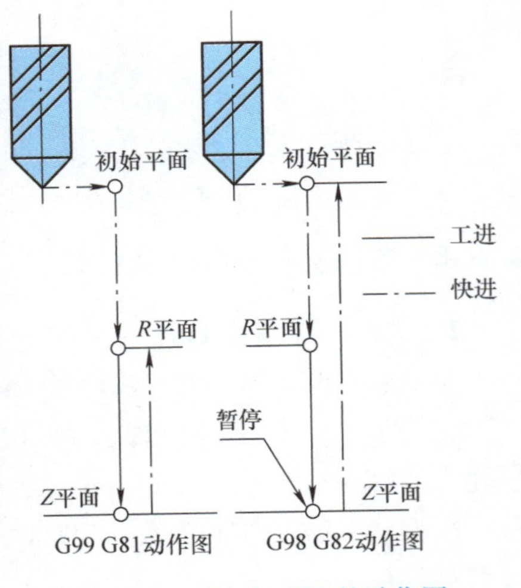

图 4-37 G81 与 G82 的动作图

4.6.3 深孔钻固定循环 G73、G83

1. 高速深孔钻固定循环指令 G73

图 4-38 所示为 G73 深孔钻固定循环的动作，该指令与 G83 指令的不同在于每次进给量为 *Q*，退刀量为 *d*（由系统内部设定），而非退回 *R* 平面，最后一次进给深度 $\leqslant Q$。退刀距离短，加工效率比 G83 指令高。

格式：G90/G91 G98/G99 G73 X_Y_R_Z_Q_F_;

说明："Q"为每次进给量，无符号。其余各参数的意义同G81。

G73用于Z轴的间歇进给，使深孔加工时容易排屑，减少退刀量可以进行高效率的加工。

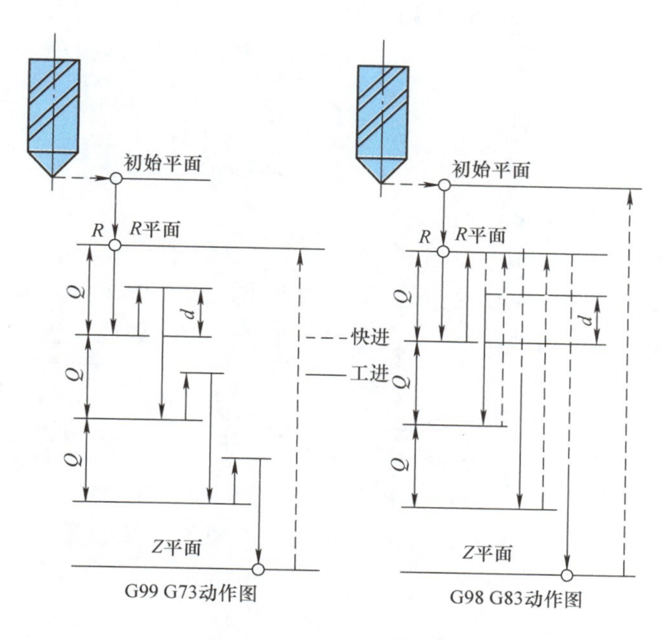

图4-38 G73与G83动作图

例题4-8 如图4-39所示，使用G73指令编制如图所示深孔加工程序。设刀具起点距工件上表面32mm，距孔底70mm，在距工件上表面2mm处（R点）由快进转换为工进，每次进给深度为10mm。

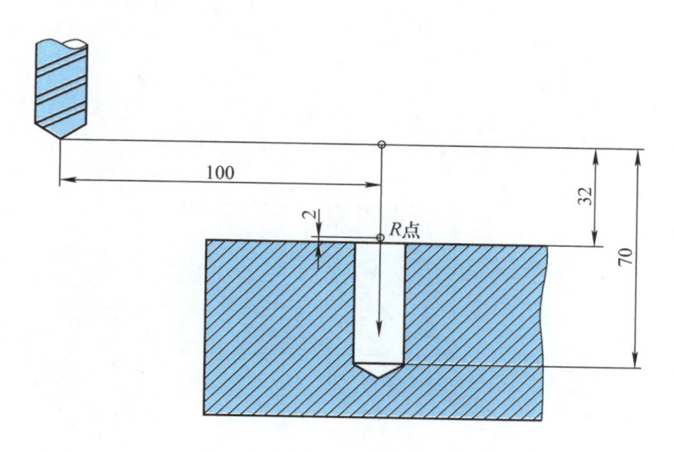

图4-39 G73编程图

```
O0111;                                   程序名
N10 G90 G54 G00 X0 Y0 Z32;               绝对方式编程，建立坐标系
N20 M03 S600;                            主轴正转，转速600r/min
N30 G98 G73 X100 Y0 Z-38 R2 Q10 F200;    钻孔循环
N40 G00 Z32;                             返回初始平面高度
N50 G80 X0 Y0;                           取消钻孔循环
N60 M05;                                 主轴停止
N70 M30;                                 程序结束并复位
```

2. 深孔钻固定循环指令 G83

加工孔深大于5倍直径的孔，由于是深孔加工，为了利于排屑，采用间断进给（分多次进给）。如图4-38所示G83深孔钻固定循环的动作，每次进给量为 Q，退至 R 平面再快进，留安全距离 d（由系统内部设定），再进给一个深度 Q，如此反复直至加工至孔深。最后一次进给深度 $\leqslant Q$。

格式：G90/G91 G98/G99 G83 X_ Y_ Z_ R_ Q_ F_;

说明：其中 Q 为每次进给量，编程时无符号。

例题4-9 如图4-40所示，使用G83指令编制深孔加工程序。设刀具起点距工件上表面32mm，距孔底70mm，在距工件上表面2mm处（R 点）由快进转换为工进，每次进给量为10mm。

```
O0115;                                   程序名
N10 G90 G54 G00 X0 Y0 Z32;               绝对方式编程,建立坐标系
N20 M03 S500;                            主轴正转,转速500r/min
N30 G99 G83 X100 Y0 Z-38 R2 Q10 F200;    钻孔循环
N40 G00 Z32;                             返回初始平面高度
N50 G80 X0 Y0;                           取消钻孔循环
N60 M30;                                 程序结束并复位
```

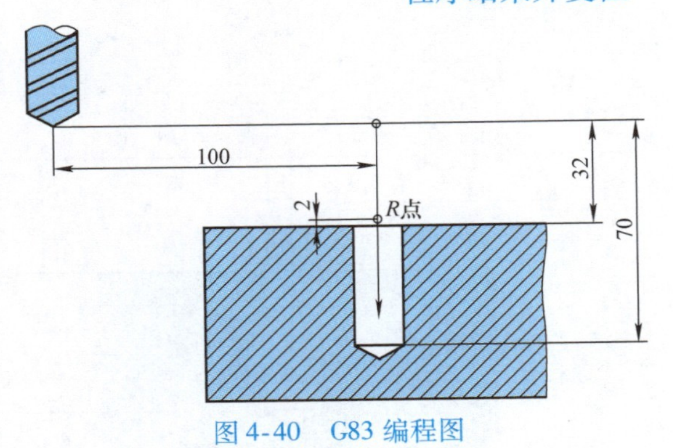

图4-40 G83编程图

4.6.4 攻螺纹固定循环 G84、G74

1. 右旋攻螺纹固定循环指令 G84

格式：G90/G91 G98/G99 G84 X_ Y_ Z_ R_ F_;

说明：攻螺纹时进给率根据不同进给模式指定。当采用 G94 模式时，$F = S \times P$；攻螺纹过程要求主轴转速 S 与进给速度 F 按螺纹导程成严格的比例关系。因此编程时要求根据螺纹导程 P 及主轴转速 S 选择合适的进给速度 F，即 $F = SP$，当采用 G95 模式时，进给量 = 导程。其余各参数意义同 G81 指令。

G84 指令加工右旋螺纹，进给时主轴正转，到孔底主轴反转并以同样的进给速度退刀。该指令执行前不必启动主轴，当执行该指令时，数控系统将自动启动主轴正转。G84 攻螺纹时从 R 点到 Z 点主轴正转，在孔底暂停后，主轴反转然后退回，主轴恢复正转，完成攻螺纹动作。

> **注意**：攻螺纹时速度倍率进给保持均不起作用；R 应选在距工件表面 7mm 以上的地方；如果 Z 的移动量为零，该指令不执行。

例题 4-10　使用 G84 指令编制如图 4-41 所示攻螺纹加工路径。设刀具起点距工件上表面 48mm，距孔底 60mm，在距工件上表面 8mm 处（R 点）由快进转换为工进。

程序	说明
O0116;	程序名
N10 G90 G54 G00 X0 Y0 Z48;	绝对方式编程，建立坐标系
N20 G95 M03 S600;	采用 G95 模式
N30 G98 G84 X100 Y0 Z－12 R8 F1.75;	螺纹循环
N40 G00 X0 Y0;	返回原点
N50 G80;	取消钻孔循环
N60 M30;	程序结束并复位

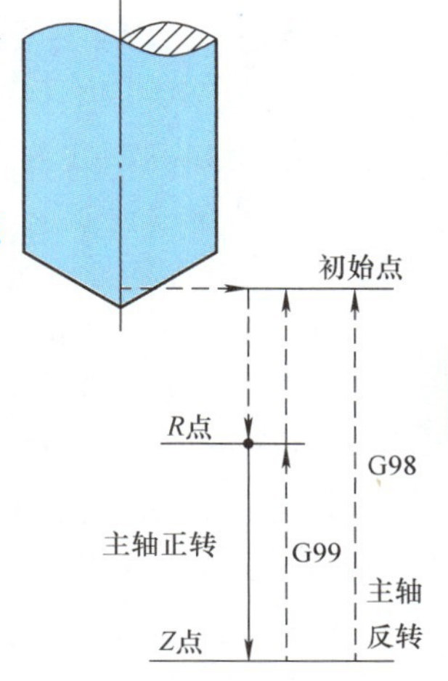

图 4-41　G84 动作图

2. 左旋攻螺纹固定循环指令 G74

格式：G90/G91 G98/G99 G74 X_ Y_ Z_ R_ F_;

说明：G74 指令用于加工左旋螺纹，执行该循环时，主轴反转，与 G84 指令的区别是进给时主轴反转，至孔底后主轴正转刀具退出，主轴恢复反转，完成攻螺纹动作。其各余各参数含义同 G84。

> **注意**：攻螺纹时速度倍率进给保持均不起作用；R 应选在距工件表面 7mm 以上的地方；如果 Z 的移动量为零，该指令不执行。

例题 4-11　使用 G74 指令编制如图 4-42 所示的反向螺纹加工程序，设刀具起点距工件

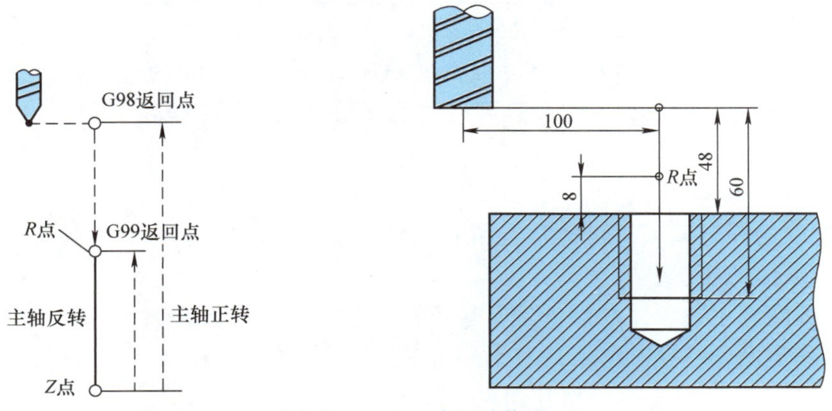

图 4-42　G74 编程动作图

上表面48mm，距孔底60mm，在距工件上表面8mm处（R点）由快进转换为工进。

O2112；	程序名
N10 G90 G54 G00 X0 Y0 Z48；	绝对方式编程，建立坐标系
N20 G95 M04 S500；	采用G95模式，进给量=导程
N30 G98 G74 X100 Y0 Z-12 R8 F1.75；	反向螺纹循环
N40 G00 Z48；	返回初始平面高度
N50 G80 X0 Y0；	取消反向螺纹循环
N60 M30；	程序结束并复位

4.6.5 镗孔固定循环G85～G89与取消钻孔循环G80

1. 镗孔加工固定循环指令G85

格式：G90/G91 G98/G99 G85 X_ Y_ R_ Z_ F_；

说明：其各参数含义同G84指令。G85指令与G84指令相同，但在孔底时主轴不反转。

G85动作过程如下：

1）镗刀在初始平面由当前位置快速定位至孔中心（X_，Y_）。

2）沿 *Z* 向快速定位至参考平面（R_）。

3）以 *F* 速度镗孔加工，深度为 *Z*。

4）镗刀以进给速度退回至 *R* 平面（G99）或起始平面（G98）。

2. 镗孔加工固定循环指令G86

格式：G90/G91 G98/G99 G86 X_ Y_ R_ Z_ F_；

说明：其各参数含义同G81指令。

G86指令与G85指令的区别是在到达孔底后，主轴停止并快速退出。

> **注意：** 如果 *Z* 向的移动位置为零，该指令不执行；调用此指令之后，主轴将保持正转。

3. 镗孔加工固定循环指令G89

格式：G90/G91 G98/G99 G89 X_ Y_ R_ Z_ P_ F_；

说明：G89指令与G86指令相同，但在孔底有暂停。

> **注意：** 如果 *Z* 向的移动量为零，G89指令不执行。

P_为刀具在孔底的暂停时间，单位为ms；其余各参数含义同G81指令。

G89指令与G85指令的区别是在镗刀到达孔底后，进给暂停，暂停时间由参数P设定，单位为ms。

4. 取消固定循环G80

该指令能取消固定循环，同时 *R* 点和 *Z* 点也被取消。

固定循环编程的注意事项：

1）为了提高加工效率，在指令固定循环前，应事先使主轴旋转。

2）由于固定循环是模态指令，因此，在固定循环有效期间，如果 *X*、*Y*、*Z*、*R* 中的任意一个参数被改变，就要进行一次孔加工。

3）固定循环程序段中，如果没有固定循环指令，设定孔加工数据 *Q*、*P*，它只作为模态数据进行存储，而无实际动作产生。

4）使用具有主轴自动启动的固定循环（G74、G84、G86）时，如果孔的 *XY* 平面定位距离较短，或从起始点平面到 *R* 平面的距离较短，且需要连续加工，则应使用 G04 暂停指令进行延时。其目的是为了防止在进入孔加工动作时，主轴不能达到指定的转速。

5）固定循环方式中，刀具半径补偿机能无效。

4.7　数控铣床与加工中心编程实例

4.7.1　钻孔循环编程实例

例题 4-12　编制如图 4-43 所示工件的工艺过程和数控加工程序，设刀具起点在距工件表面 100mm 处，参考平面为 2mm，孔深为 10mm。

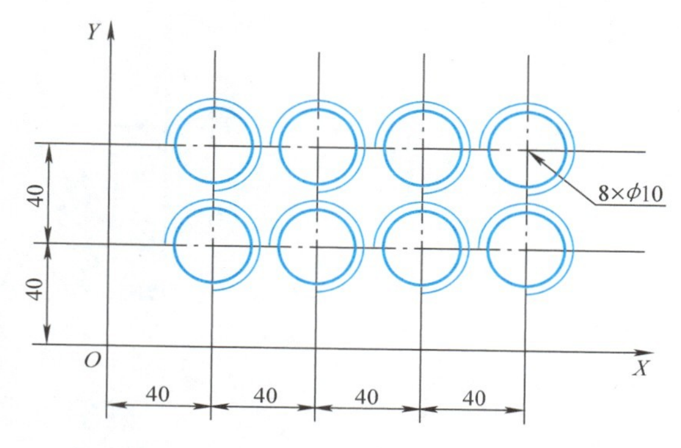

图 4-43　G83 与 G84 钻孔循环实例

（1）工艺编制　装夹定位采用机用虎钳。如图 4-43 所示，先加工下面的四个螺纹孔，然后再加工上面的四个螺纹孔。加工刀具采用直径 ϕ8.5mm 钻头、M10 丝锥。计算出各孔中心位置坐标（略）。

（2）程序编写

先用 G83 钻孔

```
O1000;                                   程序名
N10 G90 G54G00 X0 Y0 Z100;               绝对方式编程，建立坐标系
N20 M03 S600;                            主轴正转，转速 600r/min
N30 G99 G83 X40 Y40 R2 Z-10 Q2 F100;     钻孔循环
N40 G91 X40 L3;                          增量编程，每增加 40mm 钻一个孔，循环 3 次
N50 Y40;                                 增量编程，每增加 40mm，循环 1 次
N60 X-40 L3;                             增量编程，每增加 -40mm 钻一个孔，循环 3 次
N70 G90 G80 X0 Y0;                       取消钻孔循环
N80 M05;                                 主轴停止
N90 M30;                                 程序结束并复位
```

再用 G84 攻螺纹

```
O2000;                                   程序名
N10 G90 G54 G00 X0 Y0 Z100;              绝对方式编程，建立坐标系
N20 G95 M03 S600;                        采用 G95 模式螺纹进给量用导程
N30 G99 G84 X40 Y40 R7 Z-10 F1.75;       导程为 1.75mm，攻螺纹循环
N40 G91 X40 L3;                          增量方式编程
N50 Y40;                                 孔坐标
N60 X-40 L3;                             L 为重复次数
```

N70 G90 G80 X0 Y0 Z0;　　取消攻螺纹循环

N80 M05;　　主轴停止

N90 M30;　　程序结束并复位

（3）注意事项

1）攻螺纹时速度倍率、进给保持均不起作用。

2）*R* 应选在距工件表面 7mm 以上的地方。

3）如果 *Z* 向的移动量为零，该指令不执行。

例题 4-13　在如图 4-44 所示的工件上加工 4 个螺纹孔，已知初始平面 *Z* 为 150mm，参考平面 *R* 为 3mm，试用钻孔循环指令编程。

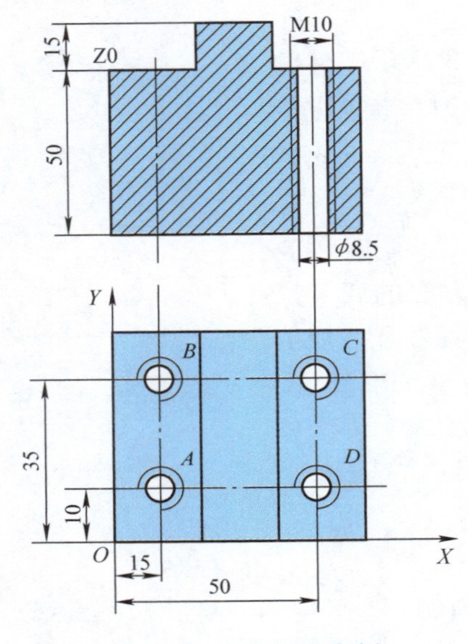

图 4-44　钻孔循环实例

O002;　　程序名

N10 G90 G54 G00 X0 Y0 M03 S800;　　建立坐标系

N20 T01 M06;　　1 号刀具处于工作状态

N30 G00 Z150;　　定位到初始平面

N40 G99 G83（G73）X15 Y10 Z－53 Q5 R3 F50;　　钻 *A* 孔

N50 G98 Y35;　　钻 *B* 孔

N60 G99 X50;　　钻 *C* 孔

N70 G98 Y10;　　钻 *D* 孔

N80 G00 X0 Y0 Z250;　　返回到换刀点

N90 T02 M06;　　回换刀点换螺纹车刀

N100 Z150 S500 M03;　　定位到初始平面

N110 G99 G84（G74）X15 Y10 Z－53 R3 F150;　　加工螺纹孔 *A*

N120 G98 Y35;　　加工螺纹孔 *B*

N130 G99 X50;　　加工螺纹孔 *C*

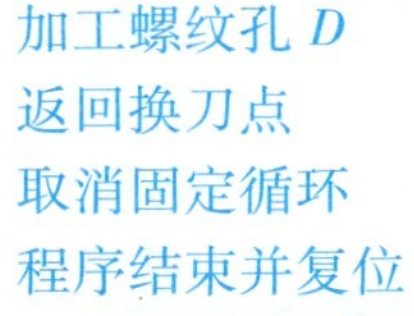

```
N140 G98 Y10;              加工螺纹孔 D
N150 G00 Z250 ;            返回换刀点
N160 G80 G00 X0 Y0;        取消固定循环
N170 M30;                  程序结束并复位
```

4.7.2　加工外轮廓工件编程实例

通过简单工件平面加工工艺分析和程序编制，编制简单工件平面轮廓数控加工程序。

加工如图 4-45 所示工件的外轮廓，深度为6mm，要求编制工艺过程和数控加工程序。

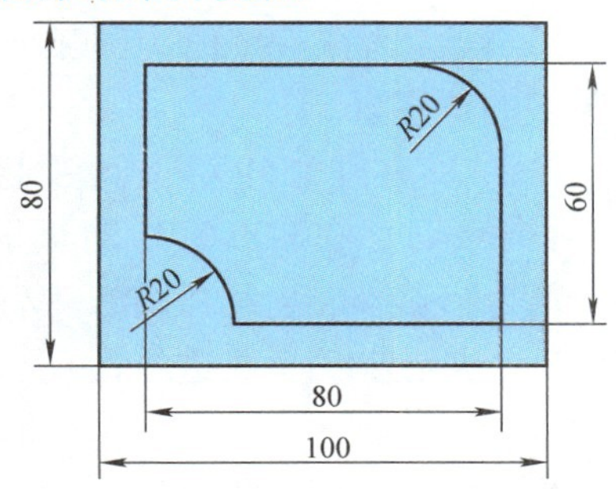

图 4-45　加工外轮廓工件图

（1）图样分析　图中毛坯尺寸 100mm ×80mm，外轮廓尺寸 80mm×60mm，由直线和圆弧组成。

（2）工艺编制　装夹定位采用机用虎钳。

加工路线为 $P0 \to P1 \to P2 \to P3 \to P4 \to P5 \to P5' \to P6 \to P6' \to P7 \to P0$（图 4-46）。

采用直径 ϕ12mm 立铣刀。考虑刀具半径为 6mm，计算出如图所示刀具中心实际运动轨迹，求出各点坐标。

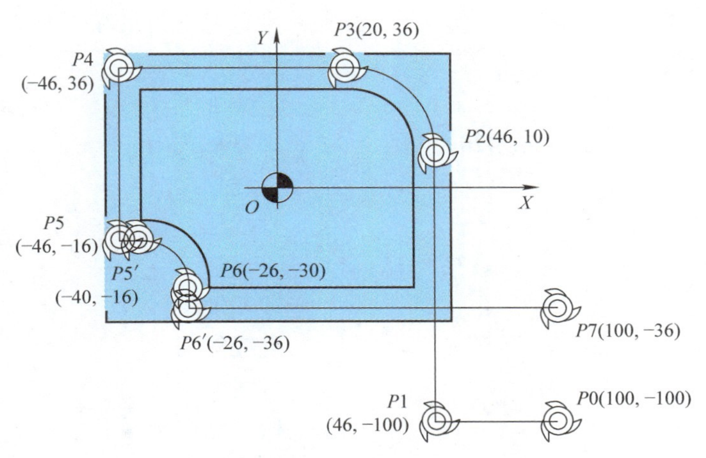

图 4-46　刀具运动轨迹

（3）编程指令　圆弧插补指令使机床在各坐标平面内执行圆弧运动。G02 为顺时针方向圆弧插补指令，G03 为逆时针方向圆弧插补指令。

格式：

$$G17\begin{Bmatrix}G02\\G03\end{Bmatrix}X\_Y\_\begin{Bmatrix}R\_\\I\_J\_\end{Bmatrix}F\_;$$

$$G18\begin{Bmatrix}G02\\G03\end{Bmatrix}X\_Z\_\begin{Bmatrix}R\_\\I\_K\_\end{Bmatrix}F\_;$$

$$G19\begin{Bmatrix}G02\\G03\end{Bmatrix}Y\_Z\_\begin{Bmatrix}R\_\\J\_K\_\end{Bmatrix}F\_;$$

说明：G02 顺时针圆弧插补。

G03 逆时针圆弧插补。

G17 *XY* 平面的圆弧。

G18 *ZX* 平面的圆弧。

G19 *YZ* 平面的圆弧。

X，Y，Z 为在 G90 时为圆弧终点在工件坐标系中的坐标；在 G91 时为圆弧终点相对于圆弧起点的位移量。

I，J，K 为圆心相对于圆弧起点的偏移值（等于圆心的坐标减去圆弧起点的坐标如图 4-46所示），在 G90/G91 时都是以增量方式指定；

R 为圆弧半径当圆弧圆心角小于或等于 180°时 *R* 为正值，否则 *R* 为负值。

F 为进给速度（或进给量）。

```
O0015;                                程序名
N10 G90 G54 G00 X0 Y0;                绝对编程，建立坐标系
N20 Z100;                             初始平面高度
N30 M03 S800;                         主轴正转，转速 800r/min
N40 G00 X100 Y-100;                   刀具起点
N50 Z2;                               参考面高度
N60 G01 Z-6 F100;                     设置背吃刀量和进给速度
N70 X46 Y-100;                        直线加工
N80 G01 X46 Y10 F100;                 直线加工
N90 G03 X20 Y36 I-26 J0 (R20);        圆弧加工
N100 G01 X-46 Y36;                    直线加工
N110 X-46 Y-16;                       直线加工
N120 X-40 Y-16;                       直线加工
N130 G02 X-26 Y-30 I0 J-14;           圆弧加工
N140 G01 X-26 Y-36;                   直线加工
N150 X100 Y-36;                       直线加工
N160 G00 Z100;                        抬刀到初始平面
N170 M30;                             程序结束并复位
```

4.7.3　刀具半径补偿指令编程实例

通过工件平面加工工艺分析和程序编制，编制配合件工件平面数控加工程序。

掌握图样分析、数学计算、切削用量选择、刀具半径补偿功能（G40、G41、G42）。

例如，沿轮廓加工距离工件上表面 5mm 深的凸、凹模，如图 4-47 所示，要求编制工艺过程和数控加工程序。

（1）图样分析　图中轮廓尺寸 80mm×60mm，由直线和圆弧组成的凸、凹模。

（2）工艺编制　装夹定位：采用机用虎钳。加工路线和编程原点如图 4-47 所示。采用直径为 ϕ10mm 的立铣刀。

（3）刀具半径补偿功能指令

格式：

$$\begin{Bmatrix} G17 \\ G18 \\ G19 \end{Bmatrix} \begin{Bmatrix} G41 \\ G42 \\ G40 \end{Bmatrix} \begin{Bmatrix} G00 \\ G01 \end{Bmatrix} \begin{Bmatrix} X\_Y\_ \\ X\_Z\_ \\ Y\_Z\_ \end{Bmatrix} D\_;$$

说明：G40 为取消刀具半径补偿。

G41 为左刀补（在刀具前进方向左侧补偿）。

G42 为右刀补（在刀具前进方向右侧补偿），如图 4-48 所示。

G17 为刀具半径补偿平面为 *XY* 平面。

G18 为刀具半径补偿平面为 *ZX* 平面。

G19 为刀具半径补偿平面为 *YZ* 平面。

X，Y，Z 为 G00/G01/G02/G03 的参数，即刀补建立或取消的终点。

D 为刀补表中刀补号码（D00 ~ D99），它代表了刀补表中对应的半径补偿值。

G40、G41、G42 都是模态代码，可相互注销。

其中，刀补号地址 D 后跟的数值是刀具号，它用来调用内存中刀具半径补偿的数值。

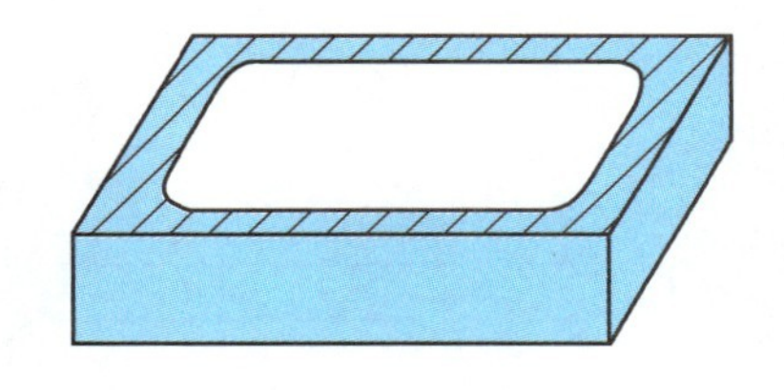

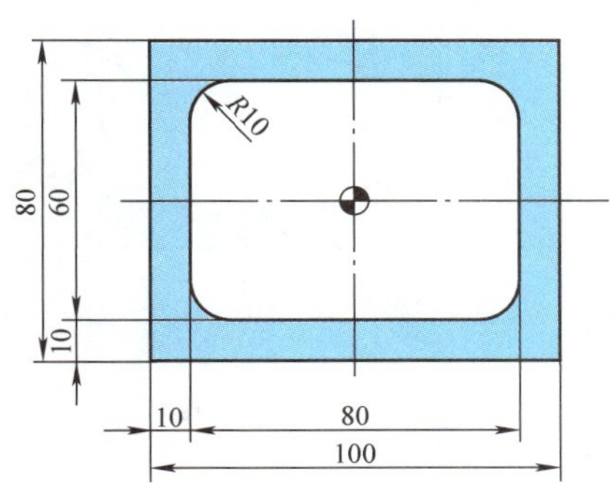

图 4-47　凸、凹模图

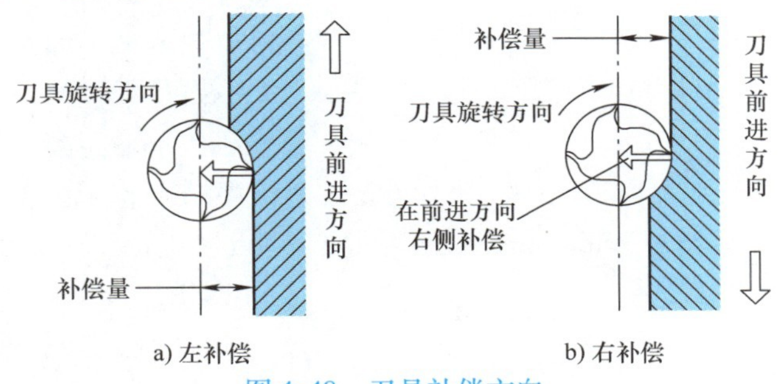

图 4-48　刀具补偿方向

（4）程序指令

1）沿轮廓加工距离工件上表面 5mm 深凸模。凸模工件图如图 4-49 所示。

```
O0030;                          程序名
N10 G90 G54 G00 X0 Y0 Z100;     绝对方式编程，建立坐标系
N20 M03 S800;                   主轴正转，转速 800r/min
N30 Z2;                         参考平面高度
N35 X10 Y5;                     起点
N40 G01 Z-5 F120;               背吃刀量 5mm
N50 G41 X10 Y20 D01;            加刀具半径左补偿
N60 Y60;                        直线加工
N70 G02 X20 Y70 R10;            圆弧加工
N80 G01 X80;                    直线加工
N90 G02 X90 Y60 R10;            圆弧加工
N100 G01 Y20;                   直线加工
```

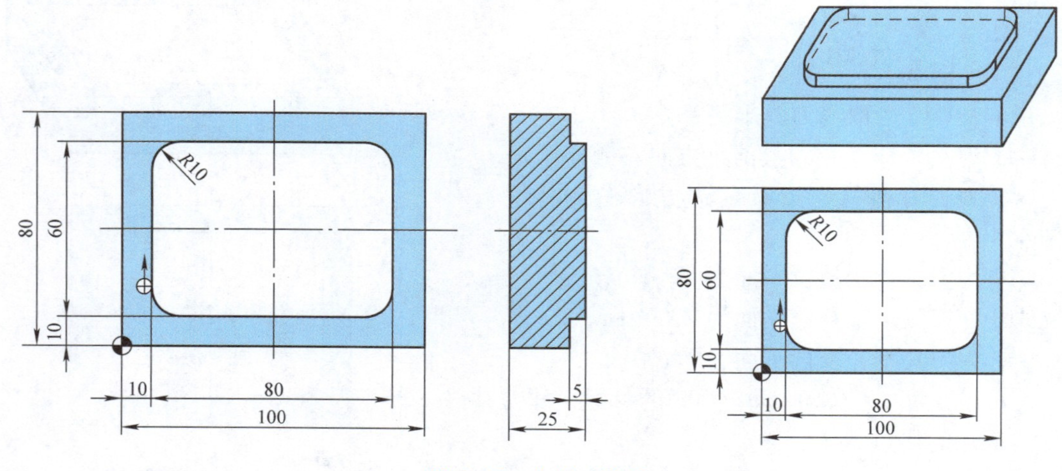

图 4-49 凸模工件图

```
N110 G02 X80 Y10 R10;        圆弧加工
N120 G01 X20;                直线加工
N130 G02 X10 Y20 R10;        圆弧加工
N140 G01 Z2;                 抬刀到参考平面高度
N150 G00 G40 X0 Y0;          取消刀具半径补偿
N160 G00 Z100;               返回初始平面高度
N170 M30;                    程序结束并复位
```

2）加工距离工件上表面5mm深的凹模。凹模工件图如图4-50所示，以对称中心为坐标原点。

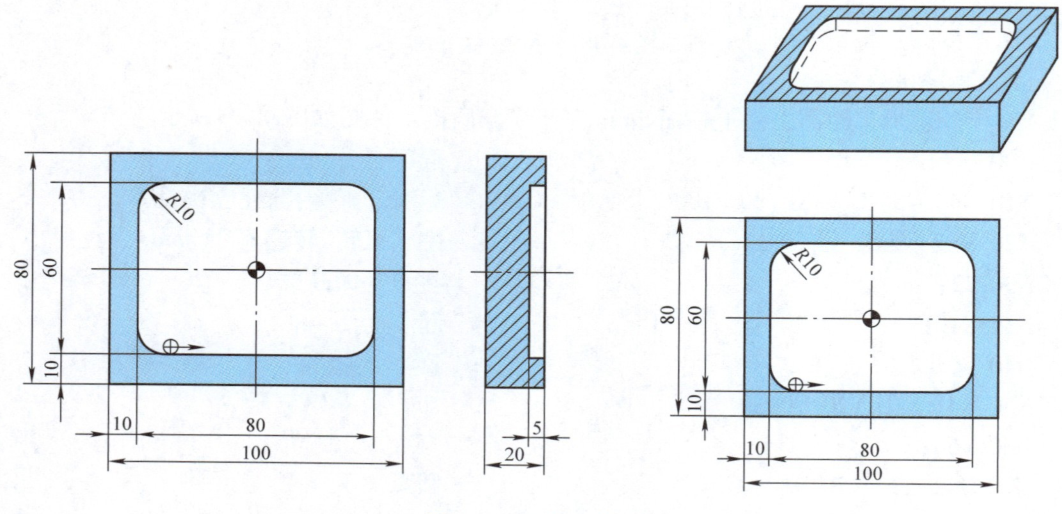

图 4-50 凹模工件图

O0032;	程序名
N10 G90 G54 G00 X0 Y0 Z100;	绝对方式编程，建立坐标系
N20 M03 S800;	主轴正转，转速800r/min
N30 Z2;	参考平面高度
N40 X－30 Y0;	起始点位置
N50 G01 Z－5 F120;	背吃刀量5mm
N60 G41 X－30 Y－30 D01;	加左刀具半径补偿
N70 X30;	直线加工
N80 G03 X40 Y－20 R10;	*R*10mm圆弧加工
N90 G01 Y20;	直线加工
N100 G03 X30 Y30 R10;	*R*10mm圆弧加工
N110 G01 X－30;	直线加工
N120 G03 X－40 Y20 R10;	*R*10mm圆弧加工
N130 G01 Y－20;	直线加工
N140 G03 X－30 Y－30 R10;	*R*10mm圆弧加工
N150 G00 Z100;	抬刀到初始平面高度
N160 G40 X0 Y0;	取消刀具半径补偿
N170 M30;	程序结束并复位

4.8　数控铣床与加工中心综合实例

4.8.1　综合实例一（初级工样题）

加工如图4-51所示工件，材料为铝合金，表面粗糙度值为*Ra*1.6μm。要求编制数控铣床与加工中心加工程序。

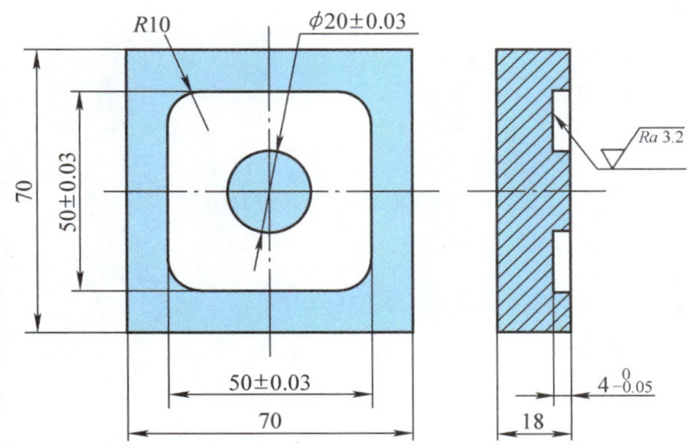

图4-51　铣削综合训练工件图

（1）图样分析　毛坯为70mm×70mm×18mm的铝合金材料，工件四周及上下表面已加工。欲加工：①50mm×50mm×4mm内轮廓，误差范围±0.03mm；②直径ϕ20mm圆凸台，深4mm；图样尺寸完整，在数控铣床或加工中心上用机用虎钳一次装夹完成全部加工要素。

（2）工艺编制

1）选择加工方法。为保证ϕ(20±0.03)mm的精度，根据尺寸，选择铣削作为其最终加工方法。各加工表面选择的加工方案如下：①50mm×50mm×4mm内轮廓，粗铣→精铣；②ϕ20圆凸台，粗铣→精铣。

2）确定加工顺序。按先粗后精的原则安排加工顺序，考虑到数控铣床换刀影响加工效率，尽量减少换刀次数，用最少的刀完成加工，并且一把刀的加工内容编为一个独立程序。

粗铣、精铣 50mm×50mm×4mm 内轮廓→粗铣、精铣 ϕ20mm 圆凸台。

3）确定装夹方案。加工该工件需限制 6 个自由度。在数控铣床或加工中心上用机用虎钳一次装夹完成全部加工要素。装夹时注意找平、找正。

4）选择刀具。各工步刀具直径根据加工余量和孔径确定见表 4-5。

5）选择切削用量。在机床说明书允许的切削用量范围内查表选取切削速度和进给量，算出主轴转速和进给速度，切削用量见表 4-5。

表 4-5　数控加工工序卡片

工步号	工步内容	刀具规格	切削用量		刀补号	程序号
			主轴转速/(r/min)	进给速度/(mm/min)		
1	粗铣 50mm×50mm×4mm 内轮廓至 49mm×49mm×4mm	ϕ12mm 立铣刀	500	70	H01、D01	O1007
2	精铣 50mm×50mm×4mm 内轮廓至 50mm×50mm×4mm	ϕ12mm 立铣刀	600	50	H01、D02	O1007
3	粗铣 ϕ20mm 圆凸台至 ϕ21mm	ϕ12mm 立铣刀	500	70	D03	O1008
4	精铣 ϕ20mm 圆凸台至 ϕ20mm	ϕ12mm 立铣刀	600	50	D04	O1008

6）编制加工程序。工件对称中心为工件原点，工件上表面 *Z*0，起刀点均为 *X*0 *Y*0 *Z*100。

粗铣、精铣 50mm×50mm×4mm 内轮廓：

（说明：粗加工程序与精加工程序相同，根据工序卡片在加工时调整主轴及进给轴倍率开关。）

```
O1007;                              程序名
N10 T01 M06;                        换 1 号刀
N20 M03 S500;                       主轴正转，转速 500r/min
N30 G54 G90 G00 X0 Y0 Z100;         绝对方式编程，建立坐标系
N40 Z2;                             参考平面高度
N50 G00 X-20 Y20;                   起始点位置
N60 G01 Z-4 F70;                    设置背吃刀量和进给速度
N70 G41 X-25 Y0 D01;                加刀具半径左补偿
N80 X-25 Y-15;                      直线加工
N90 G03 X-15 Y-25 R10;              R10mm 圆弧加工
N100 G01 X15 Y-25;                  直线加工
N110 G03 X25 Y-15 R10;              R10mm 圆弧加工
N120 G01 X25 Y15;                   直线加工
N130 G03 X15 Y25 R10;               R10mm 圆弧加工
N140 G01 X-15 Y25;                  直线加工
N150 G03 X-25 Y15 R10;              R10mm 圆弧加工
N160 G01 X-25 Y0;                   直线加工
```

N170 X -20;	直线加工
N180 G40 Y20;	取消刀具半径补偿
N190 G00 Z100;	抬刀到初始平面高度
N200 M30;	程序结束并复位

粗铣、精铣 ϕ20mm 圆凸台

（说明：粗加工程序与精加工程序相同，根据工序卡片在加工时调整主轴及进给轴倍率开关。）

O1008;	程序名
N10 T01 M06;	换 1 号刀
N20 M03 S500;	主轴正转，转速 500r/min
N30 G54 G90 G00 X0 Y0 Z100;	绝对方式编程，建立坐标系
N40 Z2;	参考平面高度
N50 X -16 Y0;	X = 刀具半径 6mm + 圆半径 10mm
N60 G01 Z -4 F70;	背吃刀量
N70 G02 X16 Y0 R10;	圆弧加工
N80 G02 X -16 Y0 R10;	也可以整圆编程 G02 X -16 Y0 I16 J0
N90 G00 Z100;	抬刀到初始平面高度
N100 X0 Y0 ;	返回原点
N110 M30;	程序结束并复位

4.8.2 综合实例二（中级工样题）

如图 4-52 所示，毛坯为 100mm × 100mm × 45mm 的 45 钢，工件四周及上下表面已加工，要求编制数控铣床与加工中心加工程序。

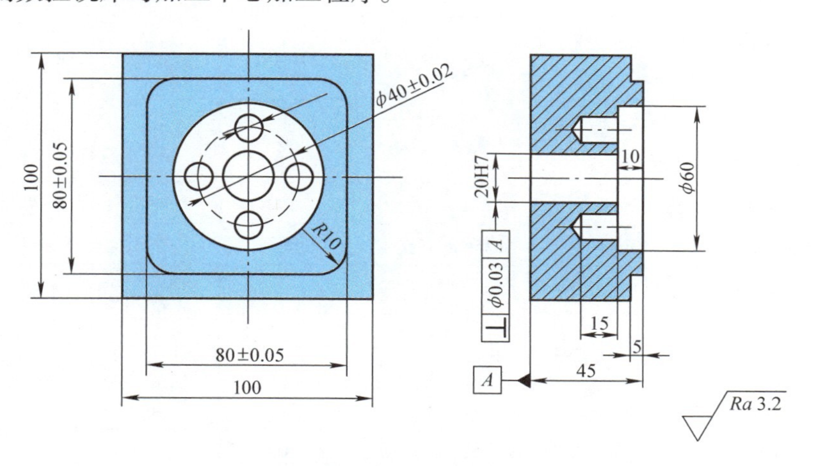

图 4-52 铣削加工综合实例工件图

（1）图样分析 毛坯为 100mm × 100mm × 45mm 的 45 钢，工件四周及上下表面已加工。加工：①80mm × 80mm × 5mm 方形凸台，误差范围 ±0.05mm；②ϕ60 圆腔，深 10mm；③均布在 ϕ40mm 圆周上的四个 ϕ10mm 的孔；④中间 ϕ20H7mm 的通孔。图样尺寸完整，在数控

铣床上用机用虎钳一次装夹完成全部加工要素。

（2）工艺编制

1）选择加工方法。所有孔均先用中心钻定中心，然后再钻孔。为保证 ϕ20H7mm 孔的精度，根据其尺寸，选择铰削作为其最终加工方法。各加工表面选择的加工方案如下：

① 80mm×80mm×5mm 方形凸台：粗铣→精铣。

② 在此处键入公式。ϕ60mm 圆腔：粗铣→精铣。

③ ϕ10mm 的孔：钻中心孔→钻孔。

④ ϕ20H7mm 的孔：钻中心孔→钻孔→扩孔→铰孔。

2）确定加工顺序。按先粗后精的原则安排加工顺序，考虑到数控铣床换刀影响加工效率，尽量减少换刀次数，用最少的刀完成加工，并且一把刀的加工内容编为一个独立程序。

粗铣、精铣 80mm×80mm×5mm 方台→粗铣、精铣 ϕ60mm 圆腔→钻 4 个 ϕ10mm 孔及 ϕ20H7mm 孔中心孔→钻 4 个 ϕ10mm 孔→钻 ϕ20H7mm 孔底孔至 19mm→扩 ϕ20H7mm 孔→铰 ϕ20H7mm 孔。

3）确定装夹方案。加工该工件需限制 6 个自由度。在数控铣床上用机用虎钳一次装夹完成全部加工要素。*A* 面定位限制 3 个自由度，一侧面限制另外的 2 个自由度。由于 ϕ20H7 孔有垂直度要求，装夹时注意找平、找正。

4）选择刀具。各工步刀具直径根据加工余量和孔径确定如表 4-6 所示。

5）选择切削用量。在机床说明书允许的切削用量范围内查表选取切削速度和进给量，然后算出主轴转速和进给速度，各切削用量见表 4-6。

表 4-6　数控加工工序卡片

工步号	工步内容	刀具规格	切削用量		刀补号	程序号
			主轴转速/(r/min)	进给速度/(mm/min)		
1	粗铣 80mm×80mm×5mm 方形凸台至 79mm×79mm×5mm	ϕ25mm 立铣刀	600	100	H01、D01	O1707
2	精铣 80mm×80mm×5mm 方形凸台至 80mm×80mm×5mm	ϕ25mm 立铣刀	600	50	H01、D02	O1707
3	粗铣 ϕ60mm 圆腔至 ϕ58mm	ϕ25mm 立铣刀	500	100	D03	O1708
4	精铣 ϕ60mm 圆腔至 ϕ60mm	ϕ25mm 立铣刀	600	50	D04	O1708
5	钻 4×ϕ10mm 及 ϕ20H7mm 孔中心孔	ϕ3mm 中心钻	1200	40		O1709
6	钻 4×ϕ10mm 孔	ϕ10mm 麻花钻	300	50		O1710
7	钻 ϕ20H7mm 孔底孔至 ϕ19mm	ϕ19mm 麻花钻	200	40		用 MDI 方式加工
8	扩 ϕ20H7mm 孔至 ϕ19.85mm	ϕ19.85mm 扩孔刀	200	40		
9	铰 ϕ20H7mm 孔	ϕ20H7 铰刀	100	50		

6）编制加工程序。工件对称中心为工件原点，工件上表面为 *Z*0，起刀点均为 *X*0 *Y*0 *Z*100。

粗铣、精铣 80mm×80mm×5mm 方形凸台

（说明：粗加工程序与精加工程序相同，根据工序卡片在加工时调整主轴及进给轴倍率开关。）

```
O1707;                              程序名
N10 T01 M06;                        换1号刀
N20 M03 S500;                       主轴正转，转速500r/min
N30 G54 G90 G00 X0 Y0 Z100;         绝对方式编程，建立坐标系
N40 Z2;                             参考平面高度
N50 G00 X-40 Y-70;                  快速移动到起点
N60 G01 Z-5 F100;                   设置背吃刀量和进给速度
N70 G41 X-40 Y-40 D01;              精铣时将D01改为D02即可
N80 Y40, R10 ;                      直线倒圆功能
N90 X40, R10 ;                      直线倒圆功能
N100 Y-40, R10;                     直线倒圆功能
N110 X-40, R10;                     直线倒圆功能
N120 G00 Z100;                      抬刀到初始平面高度
N130 G00 G40 X0 Y0;                 取消刀具半径补偿
N140 M30;                           程序结束并复位
O1708;                              粗铣、精铣φ60mm圆腔至φ60mm
N10 T02 M06;                        换2号刀
N20 M03 S500;                       主轴正转，转速500r/min
N30 G54 G90 G00 X0 Y0 Z100;         绝对方式编程，建立坐标系
N40 G00 Z2;                         参考平面高度
N50 X10 Y0;                         起始点位置
N60 G01 Z-10 F100;                  设置背吃刀量和进给速度
N70 G41 X30 Y0 D01;                 加刀具半径左补偿
N80 G03 X30 Y0 I-30 J0 M08;         加工圆腔深10mm
N90 G03 X30 Y0 I-30 J0;             精铣圆腔
N100 G01 G40 X0 Y0;                 取消刀具半径补偿
N110 S600;                          主轴正转，转速600r/min
N120 G01 G41 X20 Y10 D02 F50;       精铣圆腔
N130 G03 X0 Y30 R20;                加工圆弧
N140 X0 Y30 I0 J-30;                加工整圆
N150 X-20 Y10 R20;                  加工圆弧
N160 G01 G40 X0 Y0;                 取消刀具半径补偿
N170 G00 Z100;                      抬刀到初始平面高度
N180 M30;                           程序结束并复位
O1709;                              钻4×φ10mm及φ20H7mm孔中心孔
N10 T03 M06;                        换3号刀
N20 M03 S1200;                      主轴正转，转速1200r/min
```

```
N30 G54 G00 G90 X0 Y0 ;                          绝对方式编程，建立坐标系
N40 Z100;                                        抬刀到初始平面高度
N50 G99 G82 X0 Y0 R2 Z-3 P1000 F50 M08;          钻孔循环
N60 X20 Y0;                                      孔位置
N70 X0 Y20;                                      孔位置
N80 X-20 Y0;                                     孔位置
N90 X0 Y-20;                                     孔位置
N100 G00 Z100;                                   抬刀到初始平面高度
N110 G80 X0 Y0;                                  取消钻孔循环
N120 M30;                                        程序结束并复位
O1710;                                           钻4×φ10mm孔
N10 T04 M06;                                     换4号刀
N20 M03 S300;                                    主轴正转，转速300r/min
N30 G54 G00 G90 X0 Y0 Z100;                      绝对方式编程，建立坐标系
N40 G82 G99 X20 Y0 R-8 Z-25 P1000 F50 M08;       钻孔循环
N50 X0 Y20;                                      孔位置
N60 X-20 Y0;                                     孔位置
N70 X0 Y-20;                                     孔位置
N80 G00 Z100;                                    抬刀到初始平面高度
N90 G80 X0 Y0;                                   取消钻孔循环
N100 M30;                                        程序结束并复位
```


4.9 数控铣床与加工中心自动编程

4.9.1 典型CAD/CAM软件介绍

CAD/CAM技术经过几十年的发展，先后经历了大型机、小型机、工作站、微型计算机时代，每个时代都有当时流行的CAD/CAM软件。现在，工作站和微型计算机平台CAD/CAM软件已经占据主导地位，并出现了一批比较优秀、比较流行的商品化软件。目前，国内市场上销售比较成熟的CAD/CAM支撑软件有十几种，既有国外的也有国内自主开发的，这些软件在功能、价格、使用范围等方面有很大的差别。典型的CAD/CAM软件有以下几种：

1. CAXA—ME系统

CAXA—ME是我国北京北航海尔软件有限公司自主开发研制，基于微型计算机平台，面向机械制造业的全中文三维复杂形面加工的CAD/CAM软件。它具有2~5轴数控加工编程功能，较强的三维曲面拟合能力，可完成多种曲面造形，特别适合于模具加工，并具有数控加工刀具路径仿真、检测和适合于多种数控机床的通用后置处理功能。

2. UG（Unigraphics）系统

UG系统最早由美国麦道航空公司研制开发，从二维绘图、数控加工编程、曲面造形等

功能发展起来。UG 软件从推出至今已有近 20 年。UG 本身以复杂曲面造形和数控加工功能见长，并具有较好的二次开发环境和数据交换能力。它可以管理大型复杂产品的装配模型，进行多种设计方案的对比分析、优化，为企业提供产品设计、分析、加工、装配、检验、过程管理、虚拟运作的全数字化支持，形成多级化的产品开发能力。

3. Mastercam 系统

Mastercam 是美国专门从事 CNC 程序软件编制的专业化公司——CNC software INC 研制开发的，使用于微型计算机级的 CAD/CAM。它是世界上装机量较多的自动编程软件，一直是数控编程人员的首选软件之一。

Mastercam 系统除了可自动产生数控程序外，本身亦具有较强的（CAD）绘图功能，即可直接在系统上通过绘制所加工工件图，然后再转换成数控程序。Mastercam 是一套使用性相当广泛的 CAD/CAM 系统，为适合于各种数控系统的机床加工，Mastercam 系统本身提供了百余种后置处理 PST 程序。所谓 PST 程序，就是将通用的刀具轨迹文件 NCI（NC Intermediary）转换成特定的数控系统编程指令格式的数控程序。并且每个后置处理 PST 程序也可通过 EDIT 编辑方式修改，以适用于各种数控系统编程格式的要求。

Mastercam 具有铣削、车削及激光加工等多种数控加工程序制作功能。

4.9.2 图形交互自动编程

APT 语言编程的特点：程序简练，走刀控制灵活；采用语言定义工件几何形状不易描述复杂的几何图形，缺乏直观性；缺乏对工件形状、刀具运动轨迹的直观显示；难以和 CAD 数据库及 CAPP 系统有效的连接；不易做到高度的自动化和集成化。

图形交互式自动编程处理过程：图形交互式自动编程是建立在 CAD 和 CAM 的自动编程基础上，其处理过程包括工件图样及加工工艺分析，几何造形，刀位点轨迹计算及生成，后置处理，程序输出。其处理过程与语言式自动编程有所不同，以下对其主要处理过程作简要介绍。

1. 几何造形

几何造形就是利用 CAD 软件的图形编辑功能交互自动地进行图形构建、编辑修改、曲线曲面造形等工作，将工件被加工部位的几何图形准确地绘制在计算机屏幕上，与此同时，在计算机内自动形成工件图形数据库。

2. 刀具走刀路径的产生

图形交互自动编程的刀具轨迹的生成是面向屏幕上的图形交互进行的。首先调用刀具路径生成功能，然后根据屏幕提示，用光标选择相应的图形目标，点取相应的坐标点，输入所需的各种参数。软件将自动从图形中提取编程所需的信息，进行分析判断，计算节点数据，并将其转换为刀具位置数据，存入指定的刀位文件中或直接进行后置处理并生成数控加工程序，同时在屏幕上模拟显示出工件图形和刀具运动轨迹。

3. 后置处理

后置处理的目的是形成各个机床所需的数控加工程序文件。由于各种机床使用的控制系统不同，其数控加工程序指令代码及格式也有所不同。为解决这个问题，软件通常为各种数控系统设置一个后置处理用的数控指令对照表文件。在进行后置处理前，编程人员应根据具体数控机床指令代码及程序的格式先编辑好文件，然后，后置处理软件利用这个文件，经过处理，输出符合数控加工格式要求的数控加工文件。

4. 程序输出

由于图形交互式自动编程软件过程中，可在计算机内自动生成刀位点轨迹图形文件和数控加工程序文件，所以程序输出可以通过计算机的各种外部设备进行。如打印机可以打印出数控加工程序单，并可在程序单上用绘图机绘出刀位点轨迹图，使机床操作者更直观地了解加工的走刀过程。对于有标准通信接口的数控机床可以和计算机直接联机，由计算机将加工程序直接传送给数控机床。

4.9.3 自动编程实例

对如图4-53所示U形工件进行自动编程加工，毛坯外形尺寸为60mm×60mm×20mm，材料为硬铝。分析加工工艺，编写加工程序。

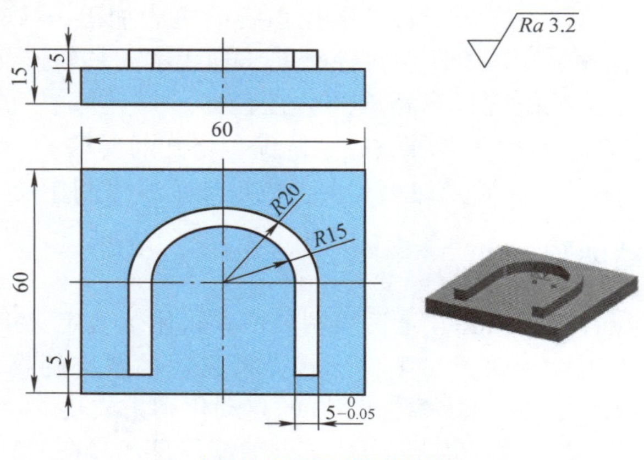

图4-53　U形工件图

1. CAXA制造工程师实体造形

（1）按<F5>键　选择“xoy平面”为视图平面和作图平面。在特征树中，单击“平面XY”，再单击“绘制草图”图标，创建草图。

（2）单击“矩形”图标　选择“中心 长 宽”方式，输入长和宽的值为60mm，拾取坐标原点为矩形的中心点，如图4-54所示。

（3）单击“拉伸增料”图标　选择“固定深度”方式，设定深度值为15mm，选择“反向拉伸”，按“确定”按钮，如图4-55所示。

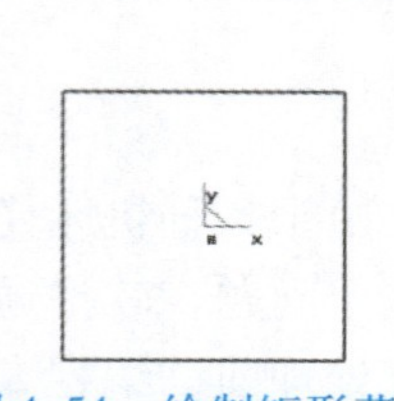

图4-54　绘制矩形草图

图4-55　实体拉伸增料

（4）选择已生成实体的前表面　单击“绘制草图”图标，激活前表面为草图平面。

单击“直线”图标，选择“水平/铅垂线”方式，长度选择100mm，拾取坐标原点为中心点。单击“等距线”图标，分别作向下和向左、向右的等距线，等距距离分别为25mm和左右各15mm、20mm，再单击“圆弧”图标，选择“两点 半径”方式，拾取等距线15mm、20mm与*X*轴线的交点为圆心，分别绘制直径为15mm、20mm的圆，如图4-56所示。

（5）单击“曲线剪裁”图标和“删除”图标 对曲线进行裁剪和删除，结果如图4-57所示。单击“矩形”图标，选择“中心 长 宽”方式，输入长和宽的值为60mm，拾取坐标原点为矩形的中心点。

（6）单击“拉伸除料”图标 选择“固定深度”方式，设定深度值为5mm，按“确定”按钮，如图4-58所示。

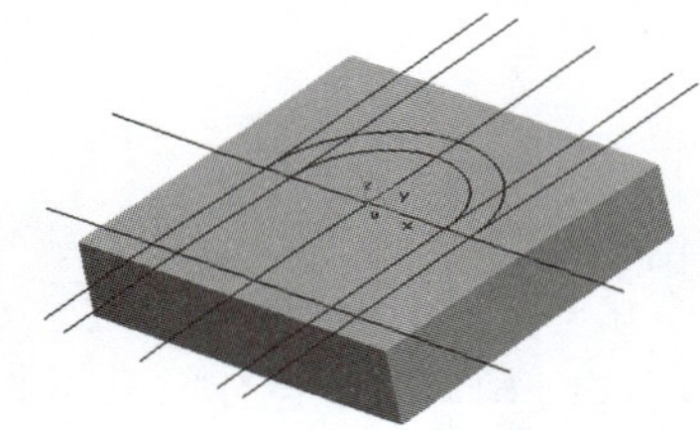

图4-56　实体表面上创建草图

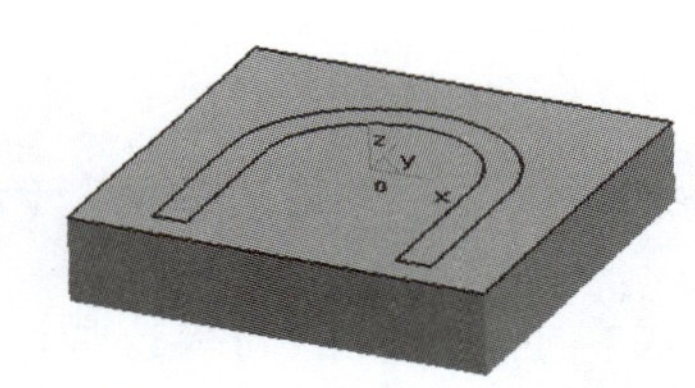

图4-57　修剪完成轮廓线

图4-58　拉伸除料生成图形

2. CAXA制造工程师自动生成程序

（1）定义毛坯　单击参照模型—确定。

（2）选择加工　单击加工—常用加工—等高线粗加工—设置参数—确定。

单击加工—常用加工—等高线精加工—设置参数—确定。

（3）仿真加工　单击等高线粗加工—右键—选择实体仿真—运行—反复进行实体仿真—优化参数。

（4）生成程序　优化参数后，单击等高线粗加工—右键—后置处理—生成G代码—单击加工部分—右键—生成程序，如图4-59所示。

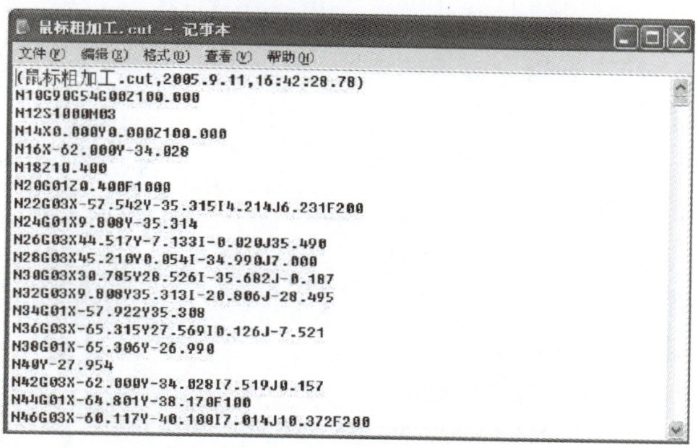

鼠标粗加工.cut - 记事本

文件(F) 编辑(E) 格式(O) 查看(V) 帮助(H)

```
(鼠标粗加工.cut,2005.9.11,16:42:28.78)
N10G90G54G00Z100.000
N12S1000M03
N14X0.000Y0.000Z100.000
N16X-62.000Y-34.028
N18Z10.400
N20G01Z0.400F1000
N22G03X-57.542Y-35.315I4.214J6.231F200
N24G01X9.808Y-35.314
N26G03X44.517Y-7.133I-0.020J35.490
N28G03X45.210Y0.054I-34.990J7.000
N30G03X30.785Y28.526I-35.682J-0.187
N32G03X9.808Y35.313I-20.806J-28.495
N34G01X-57.922Y35.308
N36G03X-65.315Y27.569I0.126J-7.521
N38G01X-65.306Y-26.990
N40Y-27.954
N42G03X-62.000Y-34.028I7.519J0.157
N44G01X-64.801Y-38.170F100
N46G03X-60.117Y-40.100I7.014J10.372F200
```

图4-59　生成粗加工程序

同样方法生成精加工程序，如图 4-60 所示。

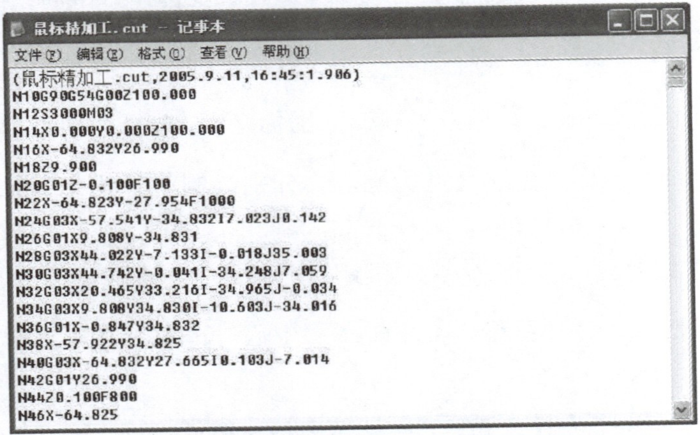


```
(鼠标精加工.cut,2005.9.11,16:45:1.906)
N10G90G54G00Z100.000
N12S3000M03
N14X0.000Y0.000Z100.000
N16X-64.832Y26.990
N18Z9.900
N20G01Z-0.100F100
N22X-64.823Y-27.954F1000
N24G03X-57.541Y-34.832I7.023J0.142
N26G01X9.808Y-34.831
N28G03X44.022Y-7.133I-0.018J35.003
N30G03X44.742Y-0.041I-34.248J7.059
N32G03X20.465Y33.216I-34.965J-0.034
N34G03X9.808Y34.830I-10.603J-34.016
N36G01X-0.847Y34.832
N38X-57.922Y34.825
N40G03X-64.832Y27.665I0.103J-7.014
N42G01Y26.990
N44Z0.100F800
N46X-64.825
```

图 4-60　生成精加工程序

拓展阅读

曹彦生——导弹“翅膀”的雕刻师

曹彦生，24 岁，成为航天科工最年轻的高级技师；25 岁，获得第三届全国职工职业技能大赛数控铣工组亚军；26 岁，成为最年轻的北京市“金牌教练”。

曹彦生主要从事航天复杂产品智能制造技术研究工作，曾多次担任全国数控大赛专家、全国智能制造应用技术大赛专家。他先后承担了中国航天科工集团第二研究院多个型号产品零部件的数控加工任务，掌握了目前国内外主流先进数控设备操作系统，攻克了多个复杂产品零部件加工难题。曹彦生首次将高速加工技术和多轴加工技术结合，发明了“高效圆弧面加工法”，这一发明为航天企业节省了数千万元的生产成本。他提出的多项新型加工理念，让蜂窝材料等新材料加工瓶颈问题迎刃而解，为航天装备新材料选用提供了有力保障。

思考与练习

4-1　什么是模态、非模态指令？举例说明。

4-2　试述数控铣削加工的主要对象。

4-3　对刀的目的是什么？如何利用寻边器和 Z 轴设定器进行对刀？

4-4　数控铣床与加工中心区别是什么？固定循环的步骤有哪些？

4-5　G73 与 G83 指令的区别是什么？

4-6　G74 与 G84 指令的区别是什么？

4-7　数控铣床与加工中心编程实例：编制如题图 4-1 所示螺纹孔加工程序，设

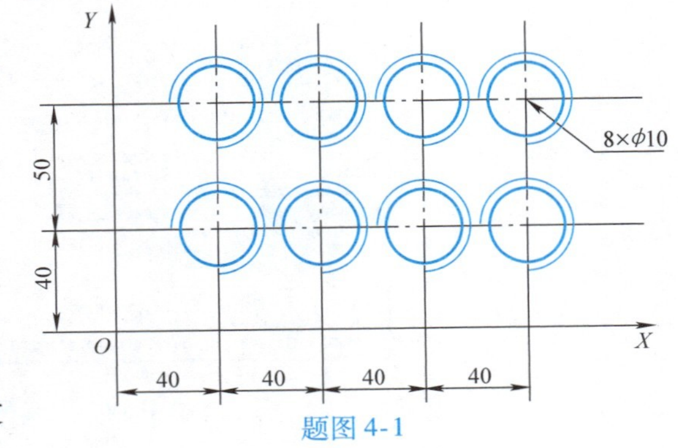

题图 4-1

刀具起刀点在距工件表面100mm处，孔深为10mm。螺纹孔为通孔。T01为钻头，T02为螺纹车刀。

4-8　数控铣床与加工中心编程实例：如题图4-2所示，已知刀具处于X、Y所在的平面内，工件切深为5mm，试用镜像、旋转指令编程。

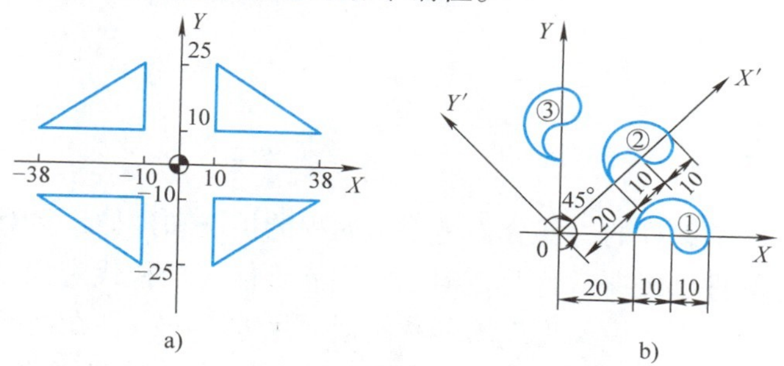

题图4-2

4-9　数控铣床与加工中心编程实例（初级工题）：如题图4-3所示，铝合金材料尺寸60mm×60mm×20mm，上下表面和四周已加工完，四边已磨，进行编程。

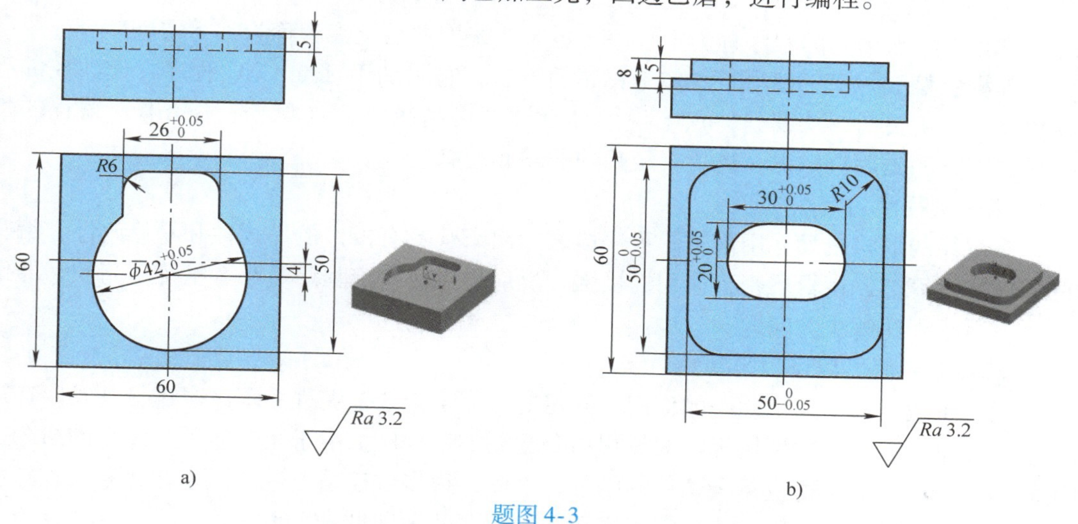

题图4-3

4-10　数控铣床与加工中心编程实例（中级工题）：如题图4-4所示，铝合金材料，上下表面和四周已加工完，四边已磨，进行编程。

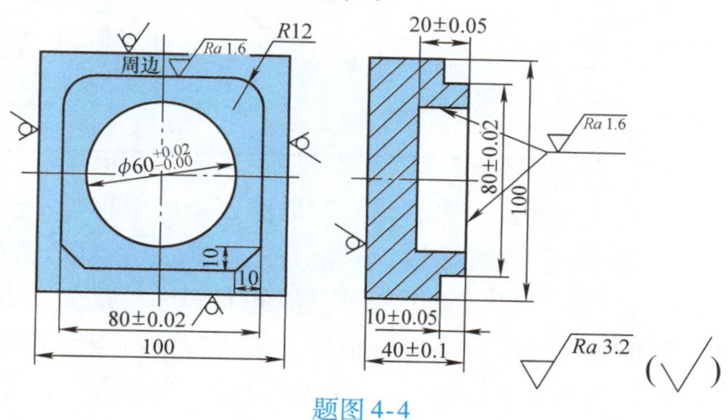

题图4-4

第 5 章　FANUC 系统宏程序编程

5.1　宏程序概述

宏程序编程作为手工编程的一部分，是手工编程的扩展和延伸，是对手工编程必要的补充。尽管 CAD/CAM 软件已经非常普及，但是它们并不能完全替代宏程序编程。

在模具加工企业中，许多模架工件的形状相似而尺寸不一致，在此时宏程序就有很广泛的应用空间，可将形状一致的工件用宏程序编制，实际应用时只要修改相关尺寸参数即可。将实际生产加工内容改用宏程序编程，增加了工件的加工精度与效率，提高了企业的生产效益。通过复杂工件宏程序编程分析，证明了宏程序在数控加工中具有不可替代的作用。

1. 宏程序的定义

通常把含有宏语句的程序称为宏程序，也有系统把参数化编程称为编写宏程序。

宏编程就是一种手工编写工件加工程序的方法，它附加于标准 CNC 程序，使数控编程功能更强大、更灵活。从编程特点上说，具有计算机高级语言（例如：BASIC）编程的特征。用户宏程序是用户知识、技巧、经验的积累和总结。

2. 用户宏程序的特点

将有规律的形状或尺寸用最短的程序段表示出来，具有极好的易读性和易修改性，编写出的程序非常简洁，逻辑严密，通用性极强，反应更迅速。宏程序短小、精练、高效，通俗地说，就是小程序解决大问题。

3. 宏程序和普通程序的区别

普通手工编程指令加工代码的作用是固定的，完全由数控编程系统厂家进行开发，在进行编程时，编程人员只能使用规定的编程指令编制加工程序。由于用普通手工编制的指令在使用时用法单一，无法适应复杂工件的编程，因此，很多数控系统生产厂家在普通编程指令的基础上增加了宏程序编制功能。宏程序和普通程序的区别见表 5-1。

表 5-1　宏程序和普通程序的区别

宏程序	普通程序
可以使用变量，并给变量赋值	只能使用常量
变量之间可以运算	常量之间不可以运算
程序运行可以跳转	程序只能顺序执行，不能跳转

普通手工编程时只能用数值编程，由于是固定数值，所以编程时不能进行数学计算，数控机床在读取程序时不能跳转到其他程序段，只能自上而下逐行读取。

使用宏指令编制数控加工程序时，使用变量赋值的方法进行赋值，宏变量之间可以进行数学运算与逻辑运算，数控机床读取程序时可根据要求跳转到所需要的程序段，程序灵活。

在宏程序编写过程中有两条基本规则：一是步骤合理，二是程序简便。书中的练习和案例都坚持遵循这两条规则。

5.2　变量

变量是宏程序最基本的特征，也是宏程序区别于普通程序的标志。

1. 变量的定义

变量是一个数学概念，是与常数相对应的。在计算机技术中，一个变量对应一个存储器。在宏程序中，变量只能存储数字。

可以用常见的小型科学计算器来解释变量的概念。即使是最便宜的计算器，也有一个临时存储单元，对应的按键是 M 键。计算的中间数据，可以存放到里面，供后面的计算使用，这个存储单元本身就是一个变量（计算器说明书上称为存储器）。

变量名字本身意味着它里面的数据在计算过程中是随时变化的。

在 FANUC 系统中，用符号“#”和一个数字的组合表示一个变量。例如：#3 表示 3 号变量，#13 表示 13 号变量，#123 表示 123 号变量。

2. 变量的赋值

在计算机高级语言编程中，变量的赋值也称为变量的声明。变量在使用前，必须先往里面存入数据，存入数据的过程就是变量的赋值。例如：#1 = 15 表示把数字 15 存入变量#1，#12 = 1.05 表示把数字 1.05 存入变量#12。在这里符号“ = ”不是等号，是赋值号。

3. 变量的种类

FANUC 0*i* 系统的变量分为：空变量、局部变量、全局变量和系统变量。理解这些变量非常重要，特别是它们之间的不同之处。

（1）空变量#0　被定义成空变量，空变量意味着对应的存储器是空的，而不是 0。#0 不能被赋值，而仅仅用于清除其他变量的值。在程序的坐标语句中如果引用了一个空变量，那么引用该变量的坐标轴运动将被忽略。

（2）局部变量　局部变量只在当前程序有效。变量在主程序中定义，那就只在主程序中有效；如果在子程序中定义，那就只在子程序中有效。在主程序中定义的局部变量不能被带到子程序中，同样在子程序中定义的局部变量也不能被带入到主程序中或其他的子程序中。

在 FANUC 系统中只定义了 33 个局部变量，分别是 #1，#2，#3，…，#33。

当程序执行结束（M30，M02），或遇到复位操作时，局部变量将被清空。

（3）全局变量　全局变量一旦定义，将以模态的形式存在，即使程序执行完毕，全局变量依然有效。当然复位操作后，全局变量也有效。

全局变量分为两个范围段：#100 ~ #199，#500 ~ #599。

当数控机床断电后，变量#100 ~ #199 中存储的数值就会丢失（清空），而变量#500 ~ #599中存储的数值则不会丢失。当需要长期保存一些数据时，可以把这些数据存放到变量#500 ~ #599 中。

（4）系统变量　系统变量不同于其他的变量，它们在宏程序中非常重要，而且自成体系。系统变量区别于其他变量的特征有两点：一是系统变量的编号从#1000 开始，直到 5 位数（例如#12000），数量和细分种类非常多；二是系统变量不能显示在屏幕上。

系统变量的编号已经被 FANUC 系统固定，并代表不同的含义，用户不可以改变。要想知道某个系统变量的含义，只有查阅系统参考手册。

系统变量的用途如下：

1）和 PLC 系统双向传递参数。

2）检测当前工件的坐标位置，包括机床坐标位置、工件坐标位置等。

3）检测刀具补偿参数，包括刀具半径补偿和刀具长度补偿。

4）检测每组 G 代码的当前状态。

5）给工件坐标系赋值。

6）给刀具补偿参数赋值。

7）参数设定。

总之，系统变量对于数控机床至关重要。对于每个控制系统来说，都有很多的系统变量。一个编程员不可能记住所有的系统变量，也不需要记住所有的系统变量，需要时，通过查阅手册很容易得到。

5.3 宏程序函数

FANUC 0*i* 系统可利用多种公式和变换，对现有的变量执行许多算术、代数、三角函数、逻辑运算。在宏程序变量的定义格式中，不但可以用常数为变量赋值，还可以用表达式为变量赋值。宏程序函数为宏程序的编写提供了强有力的工具。

可用的宏程序函数可分为以下七组：算术函数、三角函数、四舍五入函数、辅助函数、比较函数、逻辑函数和变换函数。

1. 算术函数

算术函数是最简单的计算函数，即加减乘除，对应的4 个符号分别是“+”“-”“*”“/”。

2. 三角函数

宏程序中经常用到的三角函数有6 个，它们是 SIN、COS、TAN、ASIN、ACOS、ATAN。

三角函数输入的角度必须用十进制表示，对于用“度分秒”表示的角度数值，首先要转换成十进制数后，才能进行角度函数的计算。反三角函数输出的度数也用十进制表示。

3. 四舍五入函数

在宏程序中和四舍五入有关的函数有 3 个，它们是 ROUND、FIX、FUP。

变量在计算的过程中，可能会产生许多的小数位，但是在数控编程中、不同的代码对数据位的要求不尽相同。例如：S、T、H、D 代码后面只能跟整数，X、Y、Z 代码要求精确到小数点后 3 位。必须对变量中的数据进行处理，以符合程序要求。

ROUND 是四舍五入，例如，ROUND[9.8]=10;ROUND[9.1]=9。

FIX 是下取整（截尾取整），例如，FIX[9.8]=9,FIX [9.1]=9。

FUP 是上取整（进位取整），例如，FUP[9.8]=10,FUP [9.1]=10。

四舍五入函数在程序数据的转换中有着十分重要的作用，它可以使数据符合程序规范，消除中间数据的转换误差，最终使宏程序的计算过程更加精确。

5.4　FANUC 数控加工系统的转移和循环功能

1. 转移和循环

在程序中，使用 GOTO 语句和 IF 语句可以改变控制的流向。有三种转移和循环操作可供使用。

1）GOTO 语句（无条件转移）。

2）IF 语句（条件转移：IF…THEN…）或 IF［条件表达式］GOTO *n*。

3）WHILE 语句（当…时循环）。

2. 条件式种类（表 5-2）

表 5-2　条件式种类

条件式	意义
#j EQ #k	=
#j NE #k	≠
#j GT #k	>
#j LT #k	<
#j GE#k	⩾
#j LE#k	⩽

3. FANUC 数控加工系统宏指令的运算功能表（表 5-3）

表 5-3　FANUC 数控加工系统宏指令的运算功能表

功能	格式
加法	#i = #j + #k
减法	#i = #j − #k
乘法	#i = #j * #k
除法	#i = #j/#k
正弦	#i = SIN[#j]
反正弦	#i = ASIN[#j]
余弦	#i = COS[#j]
反余弦	#i = ACOS[#j]
正切	#i = TAN[#j]
反正切	#i = ATAN[#j/#k]
平方根	#i = SQRT[#j]
绝对值	#i = ABS[#j]
舍入	#i = ROUND[#j]
上取整	#i = FIX[#j]
下取整	#i = FUP[#j]
自然对数	#i = LN[#j]

（续）

功能	格式
指数函数	#i = EXP[#j]
或(OR)	#i = #jOR#k
异或(XOR)	#i = #jXOR#k
与(AND)	#i = #jAND#k

5.5　数控车床宏程序编程实例

5.5.1　车削抛物线的宏程序设计

如图5-1所示，数学上的 X 相当于数控车的 Z，数学上的 Y 是数控车的 X。

抛物线方程 $X=-0.1Y^2$ 开口向左，转成标准方程为 $Y^2=-10X$，转成加工方程为 $X^2=-10Z$，$Z=-X^2/10$。设自变量 $X[0,16]$，因变量 Z，用G71循环加工指令粗加工即可车出抛物线。

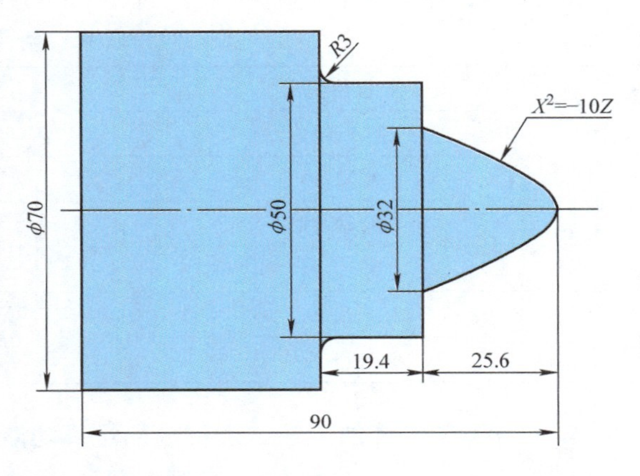

图5-1　抛物线宏程序编程

加工此工件的关键在于抛物线部分的加工，将该工件的右侧中心位置设为工件坐标系的原点，同时原点也是抛物线的顶点，抛物线的方程已经给出为 $X^2=-10Z$，是开口向左的抛物线，以 X 轴为变量，用直径为 ϕ80mm的毛坯加工，加工程序见表5-4。

表5-4　加工程序

程序段号	程序	说明
	O0002;	程序名
N10	T0101;	换1号刀具
N20	M03 S600;	主轴正转，转速600r/min
N30	G00 X82 Z2;	循环起点
N40	G71 U1 R0.5;	粗车循环
N50	G71 P60 Q180 U0.8 W0.2 F0.2;	粗车循环
N60	G00 X0;	第一点 X 坐标值
N70	G01 Z0 F0.1;	直线走刀至Z0
N80	#1 =0;	X 轴抛物线顶点的赋值
N90	WHILE [#1LE16] DO1;	循环#1≤16执行
N100	#2 = - [#1 * #1] /10;	$Z=-X^2/10$，#2 = Z，#1 = X
N110	G01 X [2 * #1] Z [#2] ;	加工

（续）

程序段号	程序	说明
N120	#1 = #1 + 0.1;	#1（X轴）以步距为0.1递增
N130	END1;	循环结束
N140	G01 X50 F0.1;	加工
N150	W - 16.4;	加工 ϕ50mm 外圆
N160	G02 X56 W - 3 R3;	加工 R3mm 圆弧
N170	G01 X70;	加工端面
N180	Z - 91;	加工 ϕ70mm 外圆
N190	G00 X100 Z100;	退刀
N200	M05;	主轴停止
N210	M00;	程序暂停
N220	M03 S1200;	启动机床
N230	G00 X82 Z2;	循环起点
N240	G70 P60 Q180;	精加工循环
N250	G00 X100 Z100;	退刀
N260	M05;	主轴停止
N270	M30;	程序结束并复位

5.5.2 车削双曲线的宏程序设计

如图5-2所示，将该工件的右侧中心位置设为工件坐标系的原点，同时原点也是双曲线的顶点，双曲线的方程已经给出，为$(Z-6)^2/6^2-X^2/8^2=1$，以X轴为变量，用直径为ϕ60mm的毛坯加工，进行编程：$X^2=8^2/6^2[(Z-6)^2-6^2]$，加工程序见表5-5。

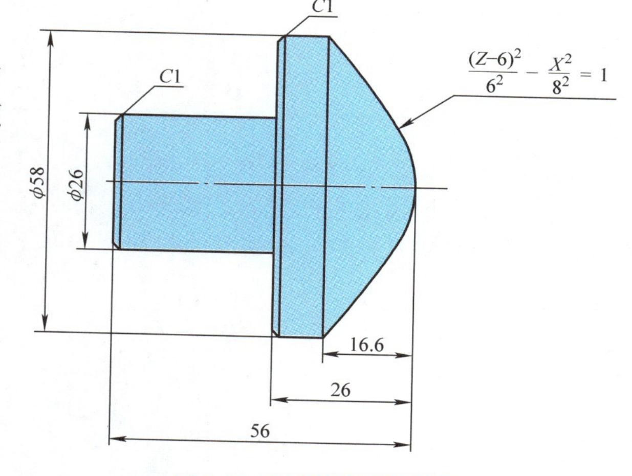

图5-2 双曲线宏程序编程

5.5.3 车削椭圆的宏程序设计

将该工件的右侧中心位置设为工件坐标系的原点，标准方程为$Z^2/25^2+X^2/15^2=1$，则$Z^2=25^2/15^2[15^2-X^2]$，如图5-3所示。

表5-5 加工程序

程序段号	程序	说明
	O0003;	程序名
N10	T0101;	换1号刀具
N20	M03 S700;	主轴正转，转速700r/min

（续）

程序段号	程序	说明
N30	G00 X62 Z2；	循环起点
N40	G71 U1 R0.5；	粗车循环
N50	G71 P60 Q140 U0.8 W0.2 F0.2；	粗车循环
N60	G00 X0；	精加工第一段程序
N70	G01 Z0 F0.1；	直线走刀至 Z0
N80	#1 =0；	Z 向第 1 点
N90	WHILE [#1 GE -16.6] DO1；	循环当#1≥-16.6 执行
N100	#2 =4/3 * SQRT [[#1 -6] * [#1 -6] -36]；	$X^2=8^2/6^2[(Z-6)^2-6^2]$, #2 = X, #1 = Z
N110	G01 X [2 * #2] Z [#1]；	加工
N120	#1 = #1 -0.1；	#1 （Z 轴）以步距为 0.1 递增
N130	END1；	循环结束
N140	G01 Z-30 F0.1；	精加工最后程序段
N150	M05；	主轴停止
N160	M00；	程序暂停
N170	M03 S1200；	主轴正转，转速 1200r/min
N180	G00 X62 Z2；	循环起点
N190	G70 P60 Q140；	精加工循环
N200	G00 X100 Z100；	退刀
N210	M05；	主轴停止
N220	M30；	程序结束并复位

椭圆加工包括车削椭圆面和铣削椭圆，采用自动编程，程序量较大，并且要逐点算出曲线上的点，然后慢慢用直线逼近，如果是表面质量要求很高的工件，那么需要计算很多的点，而利用变量进行计算，则编制的宏程序的程序容量小，精度根据变量赋值来保证。

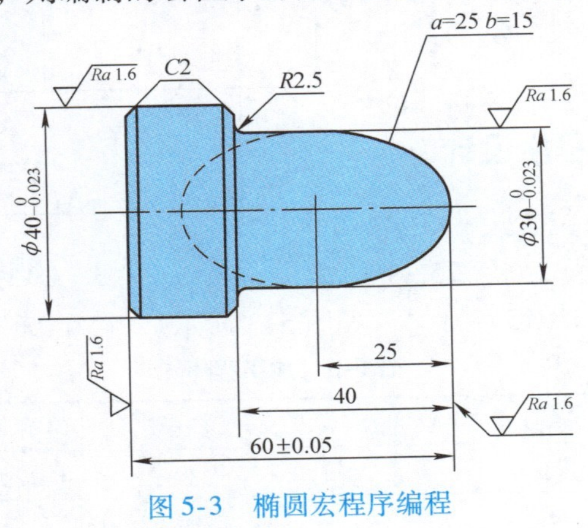

图 5-3 椭圆宏程序编程

加工程序见表 5-6。

表 5-6　椭圆宏程序编程

程序段号	程序	说明
	O0052;	程序名
N10	G99 G97 G21;	模态指令
N20	T0101;	换 1 号刀具
N30	S800 M03;	主轴正转，转速 800r/min
N40	G00 X43 Z2 M08;	循环起点
N50	G73 U21 W0.2 R19;	粗车封闭循环
N60	G73 P70 Q190 U0.8 W0.2 F0.2;	粗车封闭循环
N70	G00 X0 S1000;	精加工第一段程序
N80	G42 G01 Z0 F0.01;	加刀具半径补偿
N90	#1 =0;	宏程序变量
N100	WHILE [#1 LE15] DO1	#1≤15 执行循环
N110	#2 =25/15 * SQRT[15 * 15 - #1 * #1];	#2 = *Z*，#1 = *X*
N120	G01X[2 * #1]Z[#2 - 25];	加工
N130	#1 = #1 +0.1;	#1（*X* 轴）以步距为 0.1 递增
N140	END1;	循环结束
N150	G01 Z - 37.5;	加工 ϕ30mm 的圆
N160	G02 X35 Z - 40 R2.5;	加工 *R*2.5mm 的圆弧
N170	G01 X36;	加工端面
N180	X40 Z - 42;	加工倒角
N190	X43;	加工 ϕ40mm 外圆
N200	M05;	主轴停止
N210	M00;	程序暂停
N220	M03 S1000;	主轴正转，转速 1000r/min
N230	G00 G00 X43 Z2;	循环起点
N240	G70 P70 Q190;	精加工循环
N250	G40 G00 X100 Z100 M09;	退刀，取消刀具半径补偿
N270	M30;	程序结束并复位

5.6　数控铣床与加工中心宏程序编程实例

5.6.1　椭圆的宏程序设计

利用宏程序编写椭圆的加工程序。在图中变量为椭圆的圆弧角度（用 θ 表示）。当 $\theta = 360°$ 时，为一整圆；当 $\theta = 90°$ 时，为 1/4 椭圆，即角度 θ 决定了椭圆拟合计算的总次数。

在本例中，其余变量有椭圆长半轴（a），短半轴（b），椭圆上任意一点的横坐标

(X)，纵坐标（Y）。然后确定各变量之间的关系，由椭圆的方程可知：$X=a\cos\theta$，$Y=b\sin\theta$。

把确定的变量分别用数控编程中允许的表示方法表达出来即可。由图5-4可知椭圆长半轴45mm，短半轴35mm。用直径为ϕ8mm的立铣刀加工。以上为FANUC系统的表示方式。铣削椭圆宏程序编程见表5-7，内轮廓背吃刀量宏程序编程见表5-8。

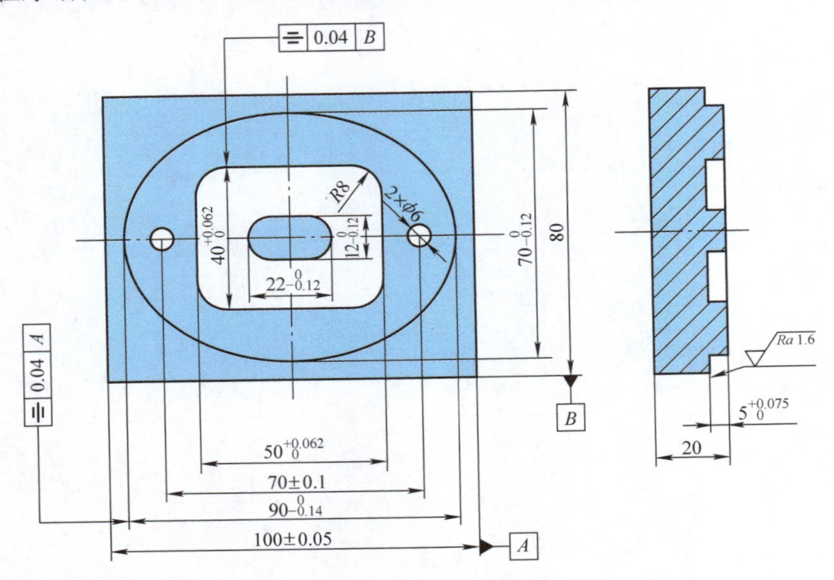

图5-4 数控铣削椭圆宏程序工件图

表5-7 FANUC 0*i* 系统铣削椭圆宏程序编程

程序段号	程序	说明
	O8401;	程序名
N10	G90 G54 G00 X0 Y0 M03 S500;	绝对方法编程
N20	Z100;	安全高度
N30	X60 Y-50;	起点
N40	Z5;	参考面高度
N50	G01 Z-5 F100;	设置切削参数
N60	G42 G01 X45 Y0 D02;	加刀具半径补偿
N70	#1=0;	宏程序编程
N80	#2=360;	终点角度
N90	WHILE [#1 LE #2] DO1;	当#1≤#2时循环
N100	G01 X[45*COS[#1]] Y[35*SIN[#1]] F100;	加工椭圆
N110	#1=#1+0.5;	#1以步距为0.5递增
N120	END1;	循环结束
N130	G00 Z100;	退刀
N140	G40 X0 Y0;	取消半径补偿
N160	M30;	程序结束并复位

表 5-8　FANUC 0*i* 系统 50mm×40mm 内轮廓背吃刀量宏程序编程

程序段号	程序	说明
	O8402;	程序名
N10	G90 G54 G00 X0 Y0 M03 S500;	绝对方法编程
N20	Z100;	安全高度
N30	Z2;	参考面高度
N40	X-17 Y12;	起点
N50	#1=0;	宏程序编程
N60	#2=-5;	总的深度
N70	WHILE [#1 GE #2] DO1;	当#1≥#2 时循环
N80	G01 Z [#1] F100;	下刀
N90	G41 X-25 Y0 D01;	加半径补偿
N100	X-25 Y-25, R8;	倒圆角加工
N110	X25 Y-25, R8;	倒圆角加工
N120	X25 Y25, R8;	倒圆角加工
N130	X-25 Y25, R8;	倒圆角加工
N140	G01 Y0;	直线加工
N150	X-17;	直线加工
N160	G40 Y12;	取消刀具半径补偿
N170	#1=#1-1;	#1 以步距为 1 递增
N180	END1;	循环结束
N190	G00 Z100;	抬刀
N200	X0 Y0;	回原点
N210	M30;	程序结束并复位

以上只编出了椭圆部分和内轮廓部分的宏程序，其余部分程序省略了。

5.6.2　半球（凸凹球）宏程序设计

球面加工用自动编程生成的加工程序容量较大，在加工程序容量小时，数控系统采用分层加工，即无法一次传输程序至机床，且各种 CAD/CAM 软件在生成半球形曲面精加工刀具路径时也必然存在差别。加工球面表面粗糙度高，针对这种情况和实际应用，编制以下宏程序，但在编制过程中要注意以下几个问题（凹球加工示意图如图 5-5 所示，凸球加工示意图如图 5-6 所示。加工凹球程序见表 5-9，加工凸球程序见表 5-10：

1）球面加工要根据加工球半径的大小选择合适的铣刀。

2）选择合适的切削用量。

3）采用合适的行切和环切法编制。

4）粗精加工刀具、刀位点的设置。

5）工件坐标系的确立。

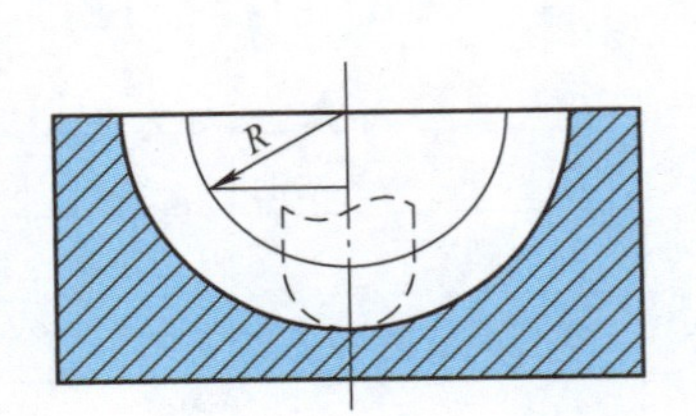

图 5-5　凹球加工示意图

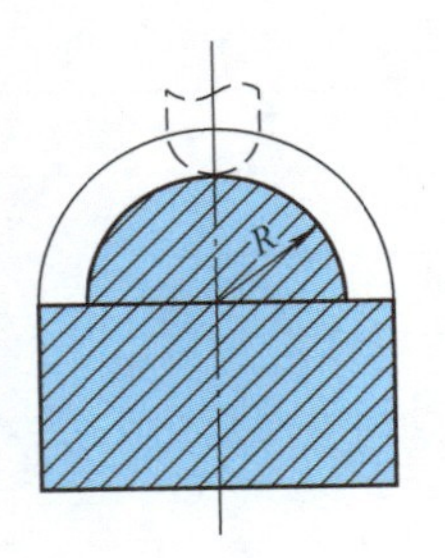

图 5-6　凸球加工示意图

表 5-9　加工凹球程序（球头立铣刀加工）

程序段号	程序	说明
	O8403;	程序名
N10	G90 G80 G40 G54 G17;	模态指令
N20	S500 M03;	主轴正转，转速 500r/min
N30	G00 Z100;	安全高度
N40	G00 X0 Y0;	回原点
N45	G00 Z2;	参考面高度
N50	#10 = 0;	宏程序编程
N60	#11 = R;	*R* 根据刀具直径和球直径来确定
N70	WHILE [#10 LE #11] DO1;	当#10≤#11 时循环
N80	#11 = SQRT [R * R − #10 * #10];	*XY* 面加工
N90	G01 Z [−#10] F500;	下刀深度
N100	G01X [#11] Y0;	移动刀间距
N110	G03 X [#11] Y0 I [−#11] J0;	圆加工
N120	G01X0 Y0;	回原点
N130	#10 = #10 + 0.2;	#10 以步距为 0.2 递增
N140	END1;	循环结束
N150	G00 Z100;	抬刀
N170	M30;	程序结束并复位

表 5-10　加工凸球程序（球头立铣刀加工）

程序段号	程序	说明
	O8405;	程序名
N10	G90 G80 G40 G54 G17;	模态指令
N20	S500 M03;	主轴正转，转速 500r/min
N30	G00 Z100;	安全高度
N40	G00 X0 Y0;	回原点
N45	G00 Z2;	参考面高度
N50	#1 = 90;	（角度）宏程序编程

（续）

程序段号	程序	说明
N60	G01 Z0 F500；	下刀平面
N70	WHILE［#1GE0］DO1；	当#1≥0 时循环
N80	G01X[R*COS[#1]]Z[-[R-R*SIN[#1]]]；	*R* 根据刀具半径和球半径确定
N90	G02X[-R*COS[#1]]Y0 I[R*COS[#1]]；	加工圆
N100	#1=#1-1；	角度每次减小1°
N110	END1；	循环结束
N120	G00 Z100；	抬刀
N140	M30；	程序结束并复位

5.6.3　数控铣床（加工中心）铣削宏程序设计

在数控铣床（加工中心）铣削的深度较大时，不能一次铣削总的深度，此时应用宏程序编写深度加工程序比较简便，如图5-7所示。

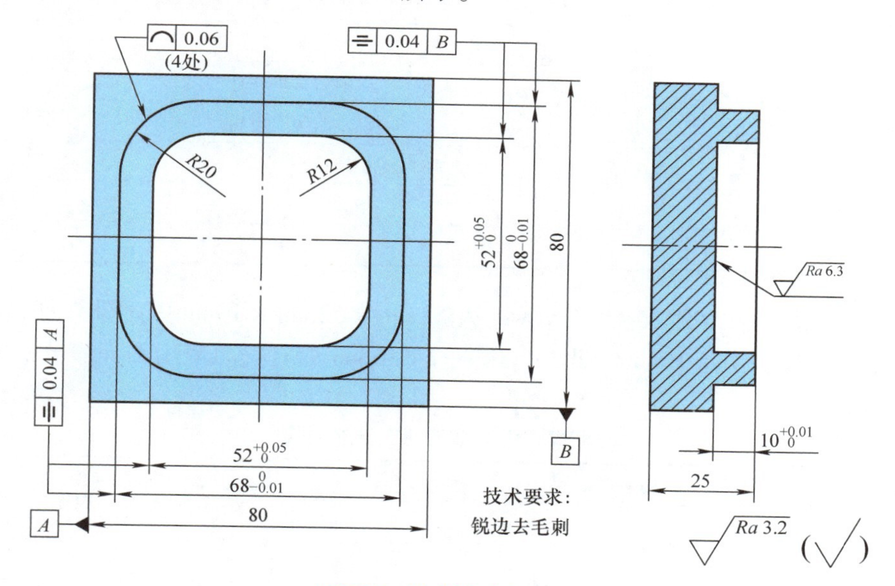

图5-7　铣外轮廓加工图

需要铣削的外轮廓由直线和圆弧组成，使用68mm×68mm×30mm的铝料，外轮廓铣深10mm，无法一次切除10mm，此时，用直径为ϕ16mm的立铣刀使用宏程序分次铣削比较简便。外轮廓铣削宏程序编程见表5-11。

表5-11　外轮廓铣削宏程序编程

程序段号	程序	说明
	O1470；	程序名
N10	G90 G80 G40 G54 G17；	模态指令
N15	G00 X0 Y0 M03 S800；	主轴正转，转速800r/min

（续）

程序段号	程序	说明
N20	Z100；	安全高度
N30	Z2；	参考面高度
N40	#1 =0；	宏程序编程，工件上表面为 Z0
N45	#2 = -10；	总的铣削深度为 -10mm
N50	WHILE [#1GE#2] DO1；	循环语句，当#1≥#2
N60	X -50 Y -50；	刀具起点
N70	G01 Z [-#1] F333；	下刀
N80	G41 X -34 Y0 D01；	加刀具半径补偿
N90	G01 X -34 Y34，R20；	（倒圆角加工）加工圆角
N100	X34 Y34，R20；	倒圆角加工
N110	X34 Y -34，R20；	倒圆角加工
N120	X -34 Y -34，R20；	倒圆角加工
N130	Y0；	直线加工
N140	G01 X -50；	抬刀
N150	G40 Y -50；	取消刀具半径补偿
N160	#1 =#1 -2；	以步距为 2 递增
N170	END1；	循环结束
N180	G00 Z100；	抬刀
N200	M30；	程序结束并复位

所需铣削内轮廓由直线和圆弧组成，为 52mm × 52mm × 10mm 的图形，内轮廓铣深 10mm，由于无法一次切除 10mm，此时，用直径 ϕ16mm 的立铣刀使用宏程序分次铣削比较简便。编程见表 5-12。

表 5-12　内轮廓铣削宏程序编程

程序段号	程序	说明
	O1472；	程序名
N10	G90 G80 G40 G54 G17；	模态指令
N15	G00 X0 Y0 M03 S800；	主轴正转，转速 800r/min
N20	Z100；	安全高度
N30	Z2；	参考面高度
N40	#1 =0；	宏程序编程，工件上表面为 Z0
N45	#2 = -10；	铣削总的深度为 -10mm
N50	WHILE [#1GE#2] DO1；	循环语句，当#1≥#2
N60	X -13 Y13；	刀具起点
N70	G01 Z [-#1] F333；	下刀
N80	G41 X -26 Y0 D01；	加刀具半径补偿

（续）

程序段号	程序	说明
N90	G01 X－26 Y－26，R12；	（倒圆角加工）加工圆角
N100	X26 Y－26，R12；	倒圆角加工
N110	X26 Y26，R12；	倒圆角加工
N120	X－26 Y26，R12；	倒圆角加工
N130	Y0；	直线加工
N140	G01 X－13；	抬刀
N150	G40 Y13；	取消刀具半径补偿
N160	#1＝#1－2；	以步距为2递增
N170	END1；	循环结束
N180	G00 Z100；	抬刀
N200	M30；	程序结束并复位

拓展阅读

常晓飞——数控微雕为国保驾护航

数控加工技术是我国航空航天精密零部件制造的关键技术之一，如果把数控加工的工作比成爬山，那么常晓飞则是在夜里攀登悬崖峭壁的人，必须谨小慎微、摸索前行。这些年来，常晓飞参与了国家导弹和航空航天产品的复杂关键零部件以及新型卫星零部件的制造任务。这些零部件的精度关系着导弹能否精准制导，对于产品的最终性能起着举足轻重的作用。为了练就炉火纯青的数控加工技术，常晓飞不断挑战技艺的极限。一块硬币大小的金属板，高速旋转的极细刀头，一个多小时之后，182个直径比头发丝还细的小孔在他的手下神奇地精确成形。只有通过强光，才能看到182个小孔所呈现出的内容。

1988年出生的常晓飞，有着超出同龄人的老成持重，他总是做事严谨、一丝不苟、追求极致。凭借着这股子韧劲，常晓飞的技能得到了快速提升，他带头攻克了很多技术难题，成为那批新人里最早能独挑大梁的工匠。一次，常晓飞接到了一项新型复合材料的零件加工任务，这是一种极难加工的硬脆材料，零件将用于新型武器装备的关键部位，一旦出现问题，将会直接导致武器试验失败。为此，常晓飞无数次地修改编程、调整刀具，变换走刀轨迹和装夹方式。经过近三个月的时间，常晓飞终于找到了一种最优方式，将这种新型复合材料的加工合格率从30%提高到了80%，最终提高到了100%，这次的成功对常晓飞而言是一种莫大的激励。在这之后，他总是想尽办法把不可能变成可能。

这些年来，凭借着一身真本领，常晓飞获得了无数荣誉。然而，比起这些耀眼的荣誉，常晓飞最自豪的还是能用自己精湛的技术参与到我国航空航天事业中，为国家的安全保驾护航。

思考与练习

5-1　什么是宏程序?

5-2　宏程序与普通程序的区别有哪些?

5-3　FANUC 数控加工系统的转移和循环功能有哪些?

5-4　FANUC 数控加工系统的宏程序经常用到的三角函数有哪些?

5-5　宏程序变量种类有哪些?各变量的含义是什么?

5-6　宏程序中 EQ、NE、GT、LT、GE、LE 表示什么含义?

5-7　铣削椭圆凸台的宏程序设计:毛坯为 100mm×80mm×35mm 方料,材料为 45 钢,用圆柱立铣刀加工如题图 5-1 所示的椭圆凸台,高度为 5mm。铣削加工椭圆形状与在数控车床上用参数方程加工椭圆方法相同。设角度为自变量,起始角度为 0°,终止角度为 360°,角度增量为 0.5°。选用直径为 ϕ16mm 的立铣刀,以 R20mm 的圆弧轨迹切离工件,刀补存入 D02 中,分粗、精两次铣削,D02 中刀补第一次设为 8.5mm,进行粗加工,粗铣完成后停机,将 D02 中刀补设为 8.0mm,再启动程序精加工一次,进给速度用倍率旋钮调节。

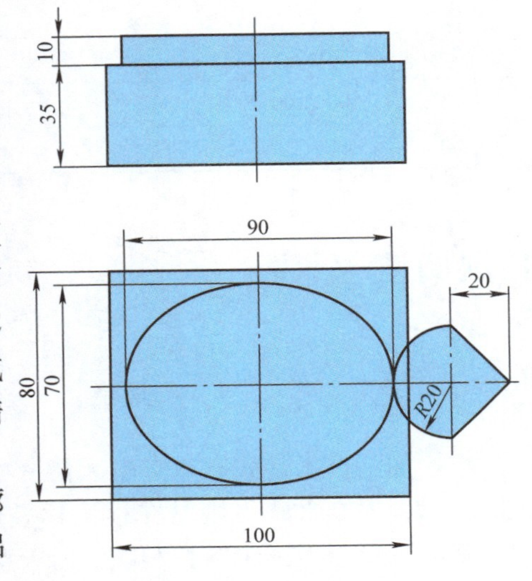

题图 5-1

5-8　如题图 5-2 所示,应用宏程序编制外轮廓和内轮廓程序。毛坯为 60mm×60mm×20mm 的铝料,四边与上下面已加工完。

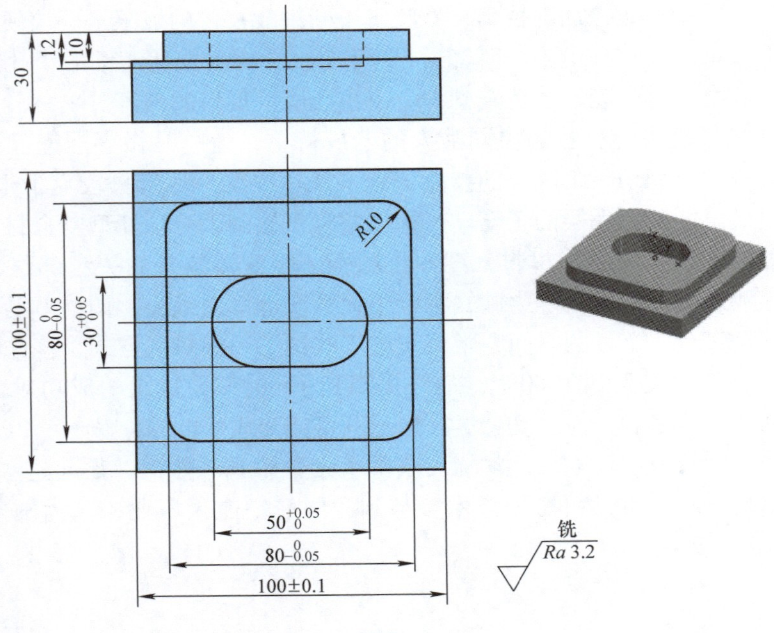

题图 5-2

5-9　在数控铣床（加工中心）上铣削深度为10mm的外边，因深度较大，不能一次铣削总的深度，此时用ϕ16mm的立铣刀，应用宏程序编写深度加工程序比较简便，如题图5-3所示。

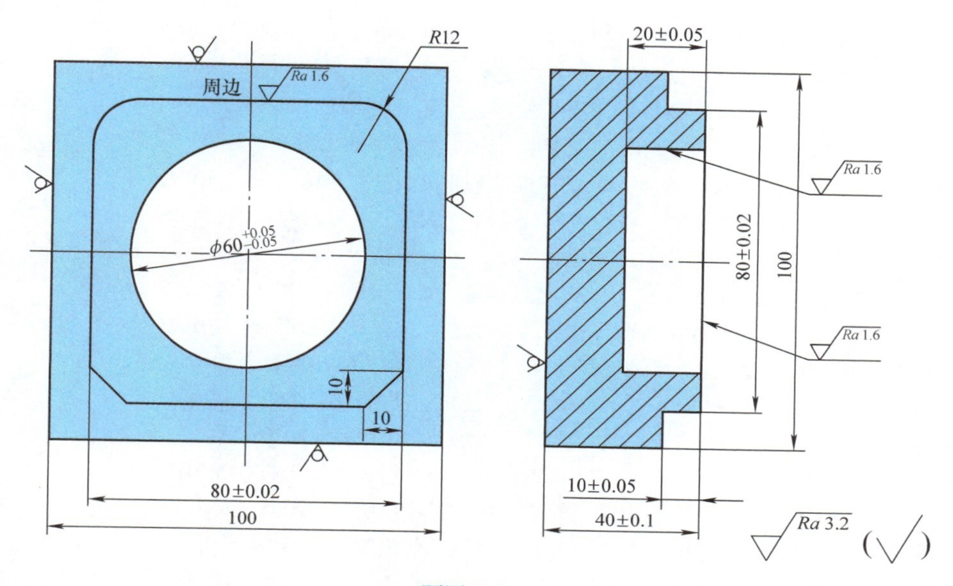

题图5-3

参考文献

[1] 兰松云，周宝誉．数控铣编程与实训教程［M］．北京：电子工业出版社，2010.

[2] 赵辉．数控铣编程与操作项目教程［M］．北京：清华大学出版社，2011.

[3] 蒋林芳，眭光明．数控铣实训教程［M］．北京：航空工业出版社，2012.

[4] 陈学翔．数控铣（中级）加工与实训［M］．北京：机械工业出版社，2011.

[5] 李家杰．加工中心培训教程［M］．北京：机械工业出版社，2012.

[6] 闫华明．数控加工工艺与编程：数控铣部分［M］．天津：天津大学出版社，2009.

[7] 张导成．数控中级工认证强化实训教程［M］．长沙：中南大学出版社，2006.

[8] 崔陵．数控铣床编程与加工技术［M］．北京：高等教育出版社，2010.

[9] 顾晔，张秀玲，金山．数控编程与操作［M］．北京：人民邮电出版社，2010.

[10] 肖日增．数控铣床加工任务驱动教程［M］．北京：清华大学出版社，2010.

[11] 李艳霞．数控机床及应用技术［M］．北京：人民邮电出版社，2009.

[12] 张晓红．数控加工实训与考证［M］．北京：清华大学出版社，2010.

[13] 罗力渊．数控加工编程及工艺［M］．北京：北京航空航天大学出版社，2015.

[14] 袁锋．全国数控大赛试题精选［M］．北京：机械工业出版社，2005.

[15] 刘英超．数控机床编程与操作［M］．北京：机械工业出版社，2010.

[16] 李明．全国数控大赛实操试题及详解［M］．北京：化学工业出版社，2013.

[17] 徐冬元，朱和军．数控加工工艺与编程实例［M］．北京：电子工业出版社，2007.

[18] 杨建明．数控加工工艺与编程［M］．北京：北京理工大学出版社，2014.

[19] 缪德建，顾雪艳．数控加工工艺与编程［M］．南京：东南大学出版社，2013.

[20] 崔元刚．数控机床技术应用［M］．北京：北京理工大学出版社，2006.